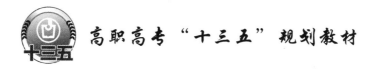

高职高专"十三五"规划教材

机械工程材料

吴　清　编
谢　勇　审

U0342378

北　京

冶 金 工 业 出 版 社

2019

内 容 简 介

本书共分 11 章，主要内容包括金属材料的性能、金属的晶体结构与结晶、二元合金的相结构与结晶、铁碳合金与碳素钢、金属的塑性变形与再结晶、钢的热处理、合金钢、铸铁、有色金属与粉末冶金、非金属材料与复合材料、工程材料的选用与加工等。

本书为高职高专院校机械类、机电类、冶金类以及近机械类专业教材，也可作为技师学院、企业职工培训教材，亦可供相关专业技术人员、技术员工参考。

图书在版编目（CIP）数据

机械工程材料／吴清编 . —北京：冶金工业出版社，
2016. 5 （2019. 1 重印）

高职高专"十三五"规划教材
ISBN 978-7-5024-7211-5

Ⅰ . ①机… Ⅱ . ①吴… Ⅲ . ①机械制造材料—高等职业教育—教材 Ⅳ . ①TH14

中国版本图书馆 CIP 数据核字（2016）第 071823 号

出 版 人 谭学余
地　　址 北京市东城区嵩祝院北巷 39 号 邮编 100009 电话 （010）64027926
网　　址 www.cnmip.com.cn 电子信箱 yjcbs@cnmip.com.cn
责任编辑 俞跃春 美术编辑 彭子赫 版式设计 葛新霞
责任校对 卿文春 责任印制 李玉山
ISBN 978-7-5024-7211-5
冶金工业出版社出版发行；各地新华书店经销；三河市双峰印刷装订有限公司印刷
2016 年 5 月第 1 版，2019 年 1 月第 4 次印刷
787mm×1092mm 1/16；15.25 印张；365 千字；230 页
38. 00 元

冶金工业出版社　投稿电话　（010）64027932　投稿信箱　tougao@cnmip.com.cn
冶金工业出版社营销中心　电话　（010）64044283　传真　（010）64027893
冶金工业出版社天猫旗舰店　yjgycbs.tmall.com
（本书如有印装质量问题，本社营销中心负责退换）

前　言

　　"机械工程材料"是高职高专院校机械类、机电类、冶金类以及近机械类专业必修的技术基础课，主要讲授金属材料的种类、化学成分、组织结构、性能以及热处理方法，教学目的是使学生理解金属材料的组织、性能与加工工艺三者之间的关系，掌握金属材料的基本概念，培养分析与解决问题的能力。

　　本书针对高职高专教育的特点，对教材内容与结构进行了取舍与优化，删繁就简，以掌握概念、强化能力为教学重点，以必要、够用、适度为原则，力求科学性、系统性与适用性。

　　本书中的单位、符号、牌号均采用现行国家标准，尽量列出图表资料与工艺实例，便于学习与理解。为帮助学生思考、复习、巩固所学知识，各章后均附有思考与练习题。

　　编者在编写的过程中参考并引用了一些教材、文献以及互联网资源的有关内容，在此谨向原作者致以衷心的感谢。

　　本书由谢勇老师审阅，并提出宝贵意见，特此感谢。

　　由于编者水平及能力所限，本书存在不当之处，恳请读者批评指正。

编者

2015 年 12 月

目 录

0 绪 论

0.1 材料概述

材料是人类生存、社会发展、科技进步的物质基础。工程材料是指应用于工程构件、机械零件、工具等的材料。按化学组成不同，工程材料可分为金属材料、高分子材料、陶瓷材料、复合材料、纳米材料五大类。

0.1.1 金属材料

金属材料是机械工业生产中应用最为广泛的材料。金属材料一般分为黑色金属和有色金属两类。黑色金属是指铁及铁基合金，主要包括铸铁、碳钢、合金钢等；有色金属是指黑色金属以外的所有金属及其合金，有色金属又分为轻金属、重金属、贵重金属、稀有金属等种类。金属材料具有良好的导电性、导热性、塑性以及正的电阻温度系数等物理性能，金属材料还具有优良的力学性能、工艺性能和使用性能。金属材料通过调整组成元素之间的比例，获得一系列性能不同的合金，可进一步扩大使用范围。

0.1.2 高分子材料

以高分子化合物为主要组分的材料称为高分子材料。高分子化合物是指分子量很大的化合物，高分子材料的元素主要为碳、氢、氧、氮、氯、氟等。高分子材料主要为塑料、合成纤维、橡胶等。高分子材料具有较高的耐腐蚀性、电绝缘性、弹性、减振性等优良性能，应用广泛。

0.1.3 陶瓷材料

陶瓷材料是金属和非金属元素之间的化合物。陶瓷材料主要由氧化硅或金属化合物、碳化物、氮化物等组成，主要包括水泥、玻璃、耐火材料、绝缘材料和陶瓷。由于陶瓷材料不具有金属特性，因此，也称为无机非金属材料。陶瓷材料具有熔点高、化学稳定性高、耐高温、耐磨损、耐氧化、耐腐蚀、高硬度、高脆性、无塑性和绝缘性好等优良性质。陶瓷材料一般分为传统陶瓷和特种陶瓷两大类。

0.1.4 复合材料

复合材料是由两种或两种以上化学性质或组织结构不同的材料通过复合工艺制成的新型材料。复合材料可分为纤维增强复合材料、层状复合材料和颗粒复合材料等。复合材料具有较优异的强度、刚度、耐高温和耐腐蚀性能。通过选择原材料的种类，控制各组分的配比、形态、分布和加工条件，可获得性能优越的复合材料。

0.1.5 纳米材料

纳米材料是指在三维空间中至少有一维处于纳米尺度范围（1～100nm）或由它们作为基本单元构成的材料，这相当于10～100个原子紧密排列在一起的尺度。纳米材料大致可分为纳米粉末、纳米纤维、纳米膜、纳米块体等四类。其中纳米粉末开发时间最长、技术最为成熟，是生产其他三类产品的基础。

纳米材料的应用涉及很多领域，在机械、电子、光学、磁学、化学和生物学领域有着广泛的应用前景。纳米技术基础理论研究和新材料开发等应用研究都得到了快速的发展，并且在传统材料、医疗器材、电子设备、涂料等行业得到了广泛的应用。纳米科学技术的诞生，将对人类社会产生深远的影响，并有可能从根本上解决人类面临的许多问题，特别是能源、人类健康和环境保护等重大问题。

0.2 本书的特点和学习目标

0.2.1 本书的特点

本书是一门理论性和实践性都很强的技术基础课用书，涉及物理、化学、材料力学、晶体学以及金属工艺学等，本书内容具有两大特点：一是广泛性、综合性、多样性和实践性；二是概念多、名词多、术语多、符号多、图表多。对于初学者来说会有一些学习难度。因此，在学习时要掌握基本概念，把握重点，突破难点，在理解的基础上记忆。

0.2.2 学习目标

通过本书的学习，应达到下列学习目标。

（1）知识目标：

1）知道常用工程材料的种类、牌号、性能及用途。

2）知道常用工程材料的成分、组织结构和性能的关系及变化规律。

3）知道常用热处理工艺的基本原理，具有正确选择零件热处理工艺方法的能力。

4）知道材料的失效形式及原因，掌握典型零件的选材与工艺路线的确定。

5）知道金属元素在钢中的作用。

6）了解金属材料强化的各种方法（固溶强化、细晶强化、变形强化等）及其基本原理。

7）了解与本课程相关的新材料、新技术、新工艺及其发展情况。

（2）能力目标。能够根据工程构件、机器零件以及工量具的工作条件，初步具有合理选用材料以及合理安排加工工艺的能力，对于不同材料的失效，初步具有一定的分析问题和解决问题的能力。

（3）素质目标。培养学生善于观察、勤于实践的能力，培养学生分析和解决实际问题的能力；培养学生认真负责的工作态度与严谨细致的工作作风；培养学生协调合作、共同进取的团队精神，使学生具有良好的职业素养和综合素质。

1 金属材料的性能

金属材料的性能通常包括使用性能和工艺性能。使用性能是指金属材料在特定的工作条件下所表现出来的性能，包括物理性能、化学性能和力学性能等。工艺性能是指金属材料在冷、热加工过程中所表现出来的性能，包括铸造性能、锻造性能、焊接性能、切削加工性能、电加工性能和热处理性能等。

1.1 金属材料的物理和化学性能

1.1.1 金属材料的物理性能

金属材料的物理性能是指金属材料在各种物理条件下所表现出来的固有属性，它包括密度、熔点、导热性、导电性、热膨胀性和磁性等。常用金属材料的物理性能见表1-1。

表1-1 常用金属材料的物理性能

金属名称	符　号	密度（20℃）/kg·m⁻³	熔点/℃	热导率 λ(0~100℃)/W·(m·K)⁻¹	线膨胀系数 α(0~100℃)/K⁻¹	电阻率（20℃）/Ω·m
金	Au	19.30×10^3	1063	315.5	14.1	2.4
银	Ag	10.49×10^3	960.8	418.6	19.7	1.63
铜	Cu	8.96×10^3	1083	393.5	17	1.67
铁	Fe	7.84×10^3	1538	75.4	11.76	10.1
铝	Al	2.70×10^3	660	221.9	23.6	2.65
镁	Mg	1.74×10^3	650	153.7	24.3	4.2
钨	W	19.30×10^3	3380	166.2	4.6	5.4
镍	Ni	8.90×10^3	1453	92.1	13.4	6.8
锡	Sn	7.30×10^3	231.9	62.8	2.3	11.5
铬	Cr	7.19×10^3	1903	67	6.2	12.9
锰	Mn	7.43×10^3	1244	7.8	23	185
钛	Ti	4.508×10^3	1677	15.1	8.2	54
钴	Co	8.9×10^3	1494	96	12.5	6.34
钒	V	6.10×10^3	1902	31.6	8.3	19.6
镉	Cd	8.64×10^3	321.1	103	31	7.3
钼	Mo	10.20×10^3	2615	137	5.1	5.7

1.1.1.1 密度

材料单位体积的质量称为密度。密度的计算式为：

$$\rho = \frac{m}{V}$$

式中　ρ——密度，kg/m^3；

　　　m——质量，kg；

　　　V——体积，m^3。

根据密度的大小，金属分为轻金属和重金属，密度小于 $4.5g/cm^3$ 的金属称为轻金属，密度大于 $4.5g/cm^3$ 的金属称为重金属。对于运动构件，材料的密度越小，所消耗的能量就越少，效率就越高。

1.1.1.2　熔点

金属材料由固态向液态转变的温度称为熔点。纯金属都有固定的熔点，合金的熔点取决于它们的成分，熔点是金属材料冶炼、铸造和焊接的重要工艺参数。工业上一般将熔点低于700℃的金属称为易熔金属，将熔点高于700℃的金属称为难熔金属。

1.1.1.3　导热性

金属材料传导热量的能力称为导热性。导热性的指标用热导率（λ）表征，材料的热导率越大，其导热性就越好。热导率是指单位时间内单位面积上通过的热量与温度梯度的比例系数，其单位为 $[W \cdot (m \cdot K)^{-1}]$。金属中导热性最好的是银，其次是铜、铝，纯金属的导热性要比合金好。金属的导热性对于锻造、焊接、热处理等工艺有很大影响。

1.1.1.4　导电性

金属材料传导电流的能力称为导电性。导电性的指标用电阻率（ρ）表征。电阻率是用来表示各种物质电阻特性的物理量。电阻率的单位为（$\Omega \cdot m$）。纯金属的导电性要比合金好，纯金属中，银的导电性最好，其次是铜、铝。

1.1.1.5　热膨胀性

金属材料因温度变化而膨胀、收缩的特性称为热膨胀性。热膨胀性能的大小可用线膨胀系数（α）表征，线膨胀系数是指材料在加热时，单位长度的材料在温度升高1℃时的伸长量。线膨胀系数的计算式如下：

$$\alpha = \frac{l_2 - l_1}{l_1 \Delta t}$$

式中　α——线膨胀系数，1/℃；

　　　l_1——膨胀前长度，m；

　　　l_2——膨胀后长度，m；

　　　Δt——温度变化量，℃，$\Delta t = t_2 - t_1$。

在金属材料的加工过程中以及在零件、部件、构件的装配过程中，要适当考虑金属材料的热膨胀性。

1.1.1.6　磁性

金属材料被磁化后能导磁的性能称为磁性。金属的磁性会随着温度升高而减弱或消失。

根据金属材料在磁场中受到磁化程度的不同，可分为铁磁性材料、顺磁性材料和抗磁性材料。

（1）铁磁性材料。在外加磁场中，能被强烈地磁化的金属材料称为铁磁性材料，如铁、钴、镍等。铁磁性材料应用广泛，常用于制造变压器、交流发电机、电磁铁和各种高频元件的铁芯等。

（2）顺磁性材料。在外加磁场中，磁性十分微弱的金属材料称为顺磁性材料，如锰、钼、铬等。

（3）抗磁性材料。能够抗拒或减弱外加磁场磁化作用的金属材料称为抗磁性材料，如铜、金、银、锌等。

1.1.2 金属材料的化学性能

金属材料的化学性能是指金属材料抵抗各种介质化学作用的能力，它包括抗氧化性和抗腐蚀性等。

1.1.2.1 抗氧化性

金属材料抵抗高温氧化的能力称为抗氧化性。在高温条件下工作的机器设备，如工业锅炉、汽轮机、喷气发动机和加热设备等的相关零部件，需要选用抗氧化性强的材料制造。

1.1.2.2 抗腐蚀性

金属材料抵抗各种介质（空气、水、酸、碱、盐等）腐蚀作用的能力称为抗腐蚀性。在金属材料中，碳钢、铸铁的抗腐蚀性较差，铜合金、铝合金、钛及钛合金的抗腐蚀性较好。

1.2　金属材料的力学性能

金属材料的力学性能是指金属材料在外加载荷的作用下所表现出来的一系列力学性能指标，反映了金属材料在各种形式外加载荷（如拉伸、压缩、弯曲、扭转、冲击、交变等）作用下抵抗变形或破坏的能力。常用的力学性能指标主要包括强度、塑性、硬度、韧性、疲劳等。

为了更好地学习力学性能的知识，需要预先了解一些相关的力学概念。

（1）载荷。将施加于物体的外力称为载荷。根据载荷作用性质的不同分为静载荷、动载荷、冲击载荷和交变载荷、内力、应力。

1）静载荷。作用于物体上不随时间变化的载荷称为静载荷。例如起重机以等速度提升重物，重物对吊索的作用为静载荷。

2）动载荷。作用于物体上随时间变化的载荷称为动载荷。例如起重机以加速度提升重物，重物对吊索的作用为动载荷。

3）冲击载荷。作用于物体上随时间急剧变化的动载荷称为冲击载荷。例如锻工师傅用大锤打击工件。

4）交变载荷。作用于物体上随时间发生周期性变化的动载荷称为交变载荷。例如处于工作状态的转轴、齿轮、连杆和弹簧等机械零件。

5）内力。物体受外力作用后导致物体内部之间相互作用的力称为内力。

6）应力。单位面积上的内力称为应力。应力为试验期间任一时刻的力除以试样原始横截面积 S_0 之商。

（2）应变。物体受载荷作用发生几何形状以及尺寸的相对变化称为应变。

（3）变形。物体受载荷作用发生几何形状以及尺寸的变化称为变形。变形分为弹性变形和塑性变形。当载荷卸除后可恢复其原始形状和尺寸的变形称为弹性变形；当载荷卸除后不可恢复其原始形状和尺寸的变形称为塑性变形（或称为永久变形）。

1.2.1　强度

金属材料在载荷作用下抵抗永久变形或断裂的能力称为强度。表示强度的指标可分为弹性极限、屈服强度、规定残余延伸强度、抗拉强度等，金属材料的强度指标可以通过拉伸试验测得。

1.2.1.1　拉伸试验

拉伸试验在拉伸试验机上进行。拉伸试验是指用轴向载荷对试样进行轴向拉伸，使试样发生变形并拉至断开，记录载荷值和相应的伸长变形量（应变），然后计算其力学性能指标的试验。图 1-1 所示为屏显万能试验机。

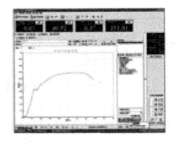

图 1-1　微机控制屏显万能试验机

（1）拉伸试样。按照 GB/T 228.1—2010 中的规定，拉伸试样分为比例试样和非比例试样两种、试样按截面形状分为圆形和矩形两种、按长度又分为长试样和短试样两种，常用的为圆形比例试样。

图 1-2 所示为圆形拉伸试样。d_0 为试样的原始直径；S_0 为试样平行长度的原始横截面积；d_1 为试样拉断后断口处的直径；S_U 为试样拉断后断口处横截面积；L_0 为试样的原始标距；L_c 为试样平行长度；L_t 为原始试样的总长度；L_U 为将拉断的试样对接后测出的标距。长试样 $L_0 = 10d_0$、短试样 $L_0 = 5d_0$。

（2）试验方法。如图 1-3 所示，拉伸试验的方法是将拉伸试样安装在拉伸试验机的上、下夹头中，开动机器，通过液压装置对试样缓慢而均匀地施加轴向拉伸载荷，使试样发生变形并拉至断裂。在拉伸过程中，记录装置记录载荷值并自动绘出拉伸载荷 F 与试样伸长量 ΔL 之间的关系曲线，该曲线称为力-伸长曲线，如图 1-4 所示。

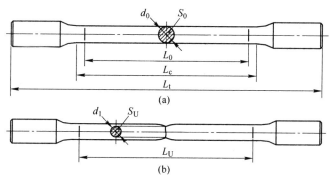

图 1 - 2　圆形拉伸试样

（a）试验前试样；（b）试验拉断后对接的试样

图 1 - 3　拉伸试验方法

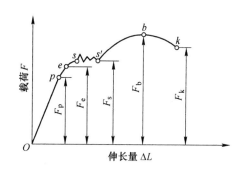

图 1 - 4　退火态低碳钢力 - 伸长曲线

1. 2. 1. 2　力 - 伸长曲线

在退火态低碳钢力 - 伸长曲线图中，分别以拉伸载荷 F 作为纵坐标、伸长量 ΔL 作为横坐标。低碳钢试样在拉伸过程中，将经历以下四个阶段。

（1）弹性变形阶段（Oe）。Oe 段为弹性变形阶段，其中 Op 段为一条斜直线，表明载荷与试样的伸长量成正比关系，符合胡克定律。如果此时卸除载荷，变形也随即消失，试样恢复到原始形状和尺寸，因此，本阶段的变形为比例弹性变形阶段，p 点处是能够保持正比关系的最大载荷 F_p。在 pe 段，试样的伸长量与载荷不再是正比关系，即拉伸曲线不再是直线，但试样仍处于弹性变形阶段，因此，本阶段的变形为非比例弹性变形阶段，e 点处是试样在弹性变形阶段的最大载荷 F_e。

（2）微量塑性变形与屈服阶段（es'）。es' 段为微量塑性变形与屈服阶段（或简称为屈服阶段）。当载荷继续增加，超过 e 点到 s 点时，试样会继续变形，但卸除载荷后，将有一小部分变形不能消失，即 es 段处于微量塑性变形阶段。当载荷继续增加至 s' 点时，拉伸曲线从 s 点到 s' 点表现为一水平线段或上下波动的折线线段，这表明载荷不增加或很少增加，甚至稍微降低的情况下，试样仍然会继续变形，这种现象称为屈服现象。s 点处是试样在屈服变形阶段的最大载荷 F_s。屈服现象是金属材料由弹性变形阶段向塑性变形阶段转变的一个明显标志。

（3）均匀塑性变形阶段（$s'b$）。$s'b$ 段为均匀塑性变形阶段（或称为变形强化阶段）。当载荷超过屈服载荷，从 s' 点到 b 点时，试样开始产生塑性变形，此阶段整个试样均匀变形，在力 - 伸长曲线上表现为一段上升的曲线。此时，试样抵抗变形的能力重新继续增强。由于金属材料在塑性变形过程中产生强化，因此，只有继续增加载荷，变形才能不断进行，这种金属材料由于塑性变形而导致力学性能强化的现象称为冷变形强化（或称为冷加工硬化），b 点处是试样在塑性变形阶段的最大载荷 F_b。

（4）局部塑性变形阶段（bk）。bk 段为局部塑性变形阶段（或称为颈缩与断裂阶段）。此阶段试样发生不均匀变形，当载荷继续增加并过 b 点时，塑性变形开始集中于试样的某一局部区域，即截面出现局部变细的颈缩现象，如图 1-5 所示。颈缩的同时，变形继续进行，而载荷不断下降，在力 - 伸长曲线上表现为一段下降的曲线，当到达 k 点时，试样被拉断，如图 1-6 所示。

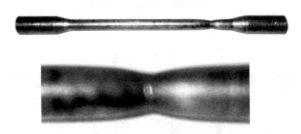

图 1-5　低碳钢拉伸试样的颈缩现象

图 1-6　拉断后的低碳钢拉伸试样

低碳钢的拉伸曲线包括了金属材料在常温拉伸过程中的全部表现，但由于材料在成分与组织上的不同，其变形特点和拉伸曲线则各不相同。例如，铸铁在断裂前没有大量的塑性变形，因此也就没有明显的屈服现象与颈缩现象，如图 1-7 所示。

1.2.1.3　应力 - 应变曲线

图 1-8 所示为退火态低碳钢的应力 - 应变曲线。在拉伸试验中，拉伸载荷 F 与试样伸长量 ΔL 之间的关系曲线称为应力 - 应变曲线。通常以应力 R(试样单位横截面上的拉力) 和应变 e(试样单位长度的伸长率) 代替 F 和 ΔL，应力 R 为纵坐标、应变 e 为横坐标。

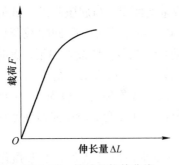

图 1-7　铸铁的拉伸曲线

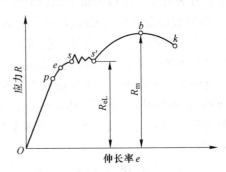

图 1-8　退火态低碳钢应力 - 应变曲线

金属材料的强度指标通常以弹性极限、屈服强度、规定残余延伸强度和抗拉强度为代表对材料性能进行分析。

（1）弹性极限。材料能保持弹性变形的最大应力称为弹性极限，用符号 R_e 表示，其计算式为：

$$R_e = \frac{F_e}{S_0}$$

式中　R_e——弹性极限，MPa；

$\quad\quad\ F_e$——弹性最大载荷，N；

$\quad\quad\ S_0$——试样原始横截面积，mm^2。

胡克定律是力学弹性理论中的一条基本定律，其表述为：固体材料在弹性限度内，应力与应变成正比直线关系。此时，应力 R 与应变 e 的比值称为弹性模量，用 E 表示，即 $E = R/e$，单位为 MPa。

材料抵抗弹性变形的能力称为刚度，刚度的大小一般用弹性模量 E 表示。弹性模量越大，就表示在一定应力作用下能发生的弹性变形就越小，也就是材料的刚度越大。表 1-2 中给出了部分金属材料的 E 值。

表 1-2　部分金属材料的弹性模量

金属类别	铅	镁	铝	金	银	锌	铁	钨
E/MPa	18000	44700	70300	7800	82700	100700	211400	411000

（2）屈服强度。当金属材料呈现屈服现象时，在试验期间达到塑性变形而力不增加的应力点称为屈服强度。屈服强度通常是指金属材料产生屈服时的最低应力。屈服强度分为上屈服强度（R_{eH}）和下屈服强度（R_{eL}），如图 1-9 所示。上屈服强度是指试样发生屈服而力首次下降前的最大应力；下屈服强度是指试样在屈服期间，不计初始瞬时效应时的最小应力。一般用下屈服强度来代表屈服强度，其计算式为：

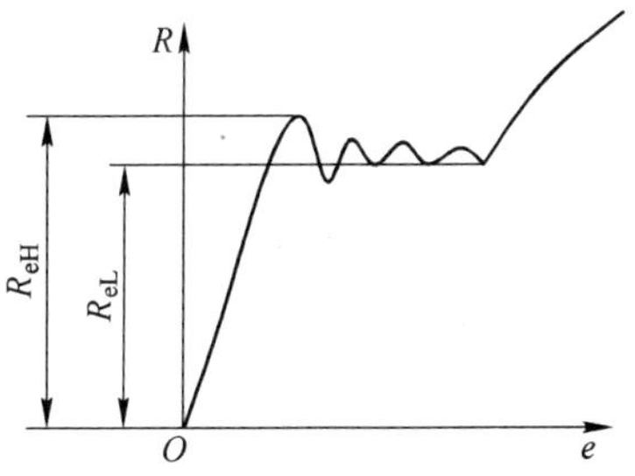

$$R_{eL} = \frac{F_{eL}}{S_0}$$

图 1-9　上屈服强度和下屈服强度

式中　R_{eL}——下屈服强度，MPa；

$\quad\quad\ F_{eL}$——试样屈服时最小载荷，N；

$\quad\quad\ S_0$——试样原始横截面积，mm^2。

（3）规定残余延伸强度。对于无明显屈服现象的金属材料，一般测定其规定残余延伸强度。规定残余伸长应力是指试样卸除拉伸力后，其标距部分的残余延伸达到规定原始标距百分比时的应力，用符号 R_r 表示，如图 1-10 所示。使用的符号应附下角标说明所规定的残余伸长率，例如，$R_{r0.2}$ 表示规定残余伸长率为 0.2% 时的应力。规定残余延伸强度的计算式为：

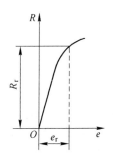

图 1-10　规定残余延伸强度

e—伸长率；R—应力；R_r—规定残余延伸强度；e_r—规定残余伸长率

$$R_{\mathrm{r}} = \frac{F_{\mathrm{r}}}{S_0}$$

式中　R_{r}——规定残余延伸强度，MPa；

　　　F_{r}——试样达到规定残余伸长率时的应力，N；

　　　S_0——试样原始横截面积，mm^2。

1.2.1.4　抗拉强度

金属材料在拉断前所能承受的最大应力称为抗拉强度，用符号 R_{m} 表示。抗拉强度的计算式为：

$$R_{\mathrm{m}} = \frac{F_{\mathrm{m}}}{S_0}$$

式中　R_{m}——抗拉强度，$\mathrm{N/mm}^2$；

　　　F_{m}——试样在断裂前的最大应力，N；

　　　S_0——试样原始横截面积，mm^2。

屈服强度和抗拉强度是金属材料两个最重要的力学性能指标，是机械设计中选择零件的主要依据。大多数情况下，金属材料不能在超过屈服强度的条件下工作，否则会导致零件的塑性变形，失去原有的精度，甚至报废。金属材料更不能在超过抗拉强度的条件下工作，否则会导致零件的破坏。

下屈服强度（R_{eL}）与抗拉强度（R_{m}）的比值称为屈强比。比值越大，就越能发挥材料的潜力，并减轻结构的自重，考虑到安全因素，一般取屈强比（$R_{\mathrm{eL}}/R_{\mathrm{m}}$）$= 0.65 \sim 0.75$。

1.2.2　塑性

材料在载荷的作用下产生塑性变形而不断裂能力称为塑性。塑性变形是指载荷卸除后不能恢复其原始形状和尺寸的变形，塑性变形又称为永久变形。常用的塑性指标为断后伸长率和断面收缩率。

1.2.2.1　断后伸长率

试样被拉断后，标距的延伸长度与原始标距长度之比的百分率称为断后伸长率，用符号 A 表示。短试样和长试样的断后伸长率分别用 A 和 $A_{11.3}$（11.3 表示试样的平行长度和直径之比的比值）表示。断后伸长率的计算式为：

$$A = \frac{L_{\mathrm{U}} - L_0}{L_0} \times 100\%$$

式中　A——断后伸长率，%；

　　　L_{U}——试样断后对接测出的标距部分长度，mm；

　　　L_0——试样原始标距部分长度，mm。

试样在拉断前塑性伸长量越大，A 值就越大，即材料的塑性就越好。例如，纯铁的 A 值可达到 50%；而高碳钢的 A 值只有百分之几；普通铸铁的 A 值几乎为零。

1.2.2.2　断面收缩率

试样被拉断后，断口处横截面积缩减量与原始横截面积之比的百分率称为断面收缩率，用符号 Z 表示。断面收缩率的计算式为：

$$Z = \frac{S_0 - S_U}{S_0} \times 100\%$$

式中　Z——断面收缩率，%；

S_0——试样原始横截面积，mm^2；

S_U——试样断口处横截面积，mm^2。

断后伸长率与断面收缩率越大，就表示材料的塑性越好，通常认为 $A < 5\%$ 的材料属于脆性材料。

1.2.3　硬度

金属材料抵抗更硬物体压入其表面的能力称为硬度。硬度是表示金属材料在一个小范围内抵抗局部弹性变形、塑性变形的能力，是表征金属材料软硬程度的指标。硬度与强度、塑性有所不同，是涉及弹性、韧性、塑性和强度等一系列不同物理量的综合性能指标。通常，材料的硬度越高，耐磨性就越好，故常将硬度值作为衡量材料耐磨性的一项重要指标。

硬度试验方法有布氏硬度、洛氏硬度、维氏硬度、肖氏硬度、里氏硬度、努氏硬度等。本文介绍其中常用的布氏硬度、洛氏硬度和维氏硬度试验方法。

1.2.3.1　布氏硬度

布氏硬度试验是由瑞典工程师布利聂耳（Brinell）于 1900 年建立，因此称为布氏硬度试验，用符号 HB 表示，H 是英文 hardness 的首写字母，意思是坚硬、硬性，在这里表示硬度。布氏硬度试验是用一定直径的硬质合金球，经加载、保荷和卸载后，测量试样表面压痕直径得到的硬度值，该硬度值表示球面压痕单位面积上承受的平均载荷。

图 1－11 所示为液压布氏硬度计。布氏硬度的试验方法如图 1－12 所示，用一定直径 D 的硬质合金球压头，在规定试验力 F 的作用下压入试样表面，保持规定时间后卸除载荷，在读数显微镜下测量出压痕直径 d，然后计算出球面压痕单位面积上承受的平均载荷 (F/S)，该值即为布氏硬度值。通常是根据 d 值查布氏硬度表得到被测材料的硬度值，有些布氏硬度计可以直接显示硬度值。图 1－13 为布氏硬度计标准试块。

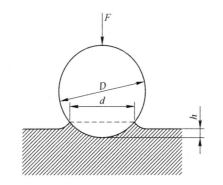

图 1－11　液压布氏硬度计　　　图 1－12　布氏硬度试验方法　　　图 1－13　布氏硬度计标准试块

GB/T 231.1 统一规定，布氏硬度用不同直径的硬质合金球作为测试用球，用符号 HBW 表示，符号中的 W 是指使用碳化钨（WC）这种硬质合金球压头。布氏硬度值的计算式为：

$$HBW = \frac{F}{S} = 0.102 \times \frac{2F}{\pi D(D - \sqrt{D^2 - d^2})}(MPa)$$

式中　F——压入载荷，N；

　　　S——压痕球面积，mm^2；

　　　d——压痕平均直径，mm；

　　　D——硬质合金球直径，mm；

　0.102——常数。

旧的标准中，布氏硬度试验的压头还可用一定直径的淬火钢球，此时，布氏硬度符号用 HBS 表示。

符号 HBW 前面的数字表示硬度值，符号 HBW 后面的数字按顺序分别表示压头直径，试验力大小及试验力保持的时间（当保持时间为 10 ~ 15s 时不标明）。例如，150HBW10/1000/30 表示用直径为 10mm 的硬质合金球压头，在 1000kgf（9807N）试验力作用下保持30s，测得的布氏硬度值为 150；530HBW5/750 表示用直径为 5mm 的硬质合金球压头，在 750kgf（7355N）试验力作用下保持 10 ~ 15s，测得的布氏硬度值为 530。布氏硬度的上限值为 650HBW。

一般情况下，布氏硬度试验方法适用于测试退火件、正火件及调质件的硬度值。对于铸铁件，硬质合金球直径一般为 2.5mm、5mm 和 10mm。对成品件不宜采用布氏硬度试验方法。

1.2.3.2　洛氏硬度

洛氏硬度试验是由美国冶金学家洛克韦尔（Rockwell）于 1919 年建立，因此称为洛氏硬度试验，用符号 HR 表示。洛氏硬度试验采用 120°金刚石圆锥或者硬质合金球作为压头，在规定的试验力作用下压入试样表面，通过测量试样压痕深度得到硬度值。

图 1 – 14 所示为电动洛氏硬度计。洛氏硬度的试验方法如图 1 – 15 所示，首先施加初始试验力 F_0，使压头压入试样1—1位置，对应的压入深度为 h_0，施加初始试验力的目的是为了消除试样表面不平整对试验结果的影响。接着施加主试验力 F_1，在总试验力 $F(F = F_0 + F_1)$ 作用下，使压头压入试样 2—2 位

图 1 – 14　电动洛氏硬度计

置，保持一定时间后，卸除主试验力 F_1，保持初始试验力 F_0，此时，由于试样弹性变形的恢复，压头上升到试样3—3位置，对应的压入深度为 h_1。试样的残余压痕深度 $h = h_0 + h_1$，洛氏硬度值的大小是根据试样的残余压痕深度来衡量。图 1 – 16 为洛氏硬度计标准试块。

对于不同材质的试样，洛氏硬度试验提供了相应的压头和试验力组合，组成了多种试验标尺（A、B、C、D、E、F、G、H、K、N、T），应用较多的是 A、B、C 三种标尺，其中最常用的是 C 标尺。表 1 – 3 列出了常用洛氏硬度标尺的试验条件和应用范围。

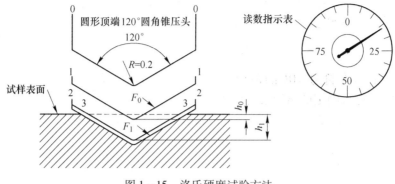

图 1 – 15   洛氏硬度试验方法

(a)   (b)

图 1 – 16   洛氏硬度标准试块

（a）环形试块；（b）长方形试块

表 1 – 3   常用洛氏硬度标尺的试验条件和应用范围

标尺	硬度符号	压头类型	初始试验力 F/N	总试验力 F/N	硬度范围	应用范围
A	HRA	120°金刚石圆锥	98.07	588.4	20 ~ 88	高硬度淬火件、中等厚度硬化层表面零件、较小与较薄件的硬度等
B	HRB	ϕ1.588mm 钢球	98.07	980.7	20 ~ 100	硬度较低的退火件、正火件与调质件的硬度等
C	HRC	120°金刚石圆锥	98.07	1471	20 ~ 70	淬火与回火处理的零件、具有较厚硬化层表面零件的硬度等

如果直接以残余压痕深度 h 的数值来计算硬度值，那么就会出现压痕深度 h 的数值越大，表示试样的硬度就越低的情况，为适应数值越大，表示的硬度值就越高的习惯，洛氏硬度采用一个常数 k（HRA、HRC 用 0.2；HRB 用 0.26）减去 h 来表示硬度的高低，即 HR $= k - h$，并且规定用每 0.002mm 的压痕深度作为一个硬度单位。

当以金刚石圆锥作为压头时，$k = 0.2$，在读数指示表上又规定以压痕深度 0.002mm 作为标尺刻度的一格，这样常数 0.2 相当于读数指示表上的 100 格（标尺刻度量程），由此得到洛氏硬度（HRC）的计算式为：

$$HRA、HRC = 100 - \frac{h}{0.002}$$

当以 ϕ1.588mm 钢球作为压头时，$k = 0.2$，在读数指示表上又规定以压痕深度

0.002mm 作为标尺刻度的一格，这样常数 0.26 相当于读数指示表上的 130 格（标尺刻度量程），由此得到洛氏硬度（HRB）的计算式为：

$$HRB = 130 - \frac{h}{0.002}$$

硬度的数值写在符号 HR 的前面，试验标尺的种类写在符号 HR 的后面。例如，60HRC 表示用 C 标尺测定的洛氏硬度值为 60。

由于洛氏硬度试验方法产生的压痕小，故适用于测定成品与半成品零件表面以及较薄零件的硬度值。

1.2.3.3　维氏硬度

维氏硬度试验方法是 1925 年由英国人斯密斯和桑德兰德提出，后由英国维克斯—阿姆斯特朗公司制造出该仪器，因此称为维氏硬度，用符号 HV 表示。维氏硬度试验采用正四棱锥金刚石压头，经加载、保荷和卸载后，测量压痕对角线经计算而获得硬度值。

图 1 - 17 所示为维氏硬度计。维氏硬度的试验方法如图 1 - 18 所示，将相对面夹角为 136° 的正四棱锥金刚石压头以规定的试验力 F 压入试样表面，保持一定时间后卸除载荷，测出压痕投影的两对角线平均长度 d，计算出压痕表面积 S，再用试验力 F 除以压痕表面积 S，所得的商为被测材料的硬度值，通常是根据 d 值查维氏硬度表即可得到被测材料的硬度值。维氏硬度（HV）的计算式为：

$$HV = \frac{F}{S} = 0.1891 \frac{F}{d^2}(N/mm^2)$$

式中　F——压入载荷，N；

　　　d——压痕对角线平均长度，mm；

　0.1891——常数。

图 1 - 17　维氏硬度计

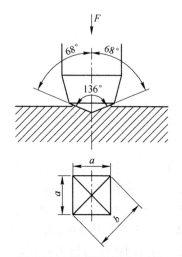

图 1 - 18　维氏硬度试验方法

符号 HV 前面的数字表示硬度值，符号 HV 后面的数字按顺序分别表示试验力和试验力保持时间（当保持时间为 10 ~ 15s 时不标明）。例如，60HV10/30 表示在 10kgf（98.07N）试验力作用下保持 30s，测得的维氏硬度值为 60。维氏硬度的上限值为 1000HV。

维氏硬度值主要适用于测试小件、薄件以及极薄、极硬硬化层零件的表面硬度。GB/T 4340.1包括三种维氏硬度测试方法。

试验力范围为 49.03～98.07N 时，适用于测试小件、薄件的硬度以及具有浅或中等厚度硬化层零件的表面硬度。

小负载试验力范围为 1.961～29.42N 时，适用于测试小件、薄件的硬度以及具有浅或中等厚度硬化层零件的表面硬度。

显微维氏硬度试验力范围为 0.09807～0.980N 时，适用于测试小件、极薄件和显微组织的硬度，以及具有极薄、极硬硬化层零件的表面硬度。

1.2.3.4 部分维氏、布氏、洛氏硬度的对照表

表 1-4 是根据德国标准 DIN50150 摘取部分常用范围的钢材抗拉强度与维氏硬度、布氏硬度、洛氏硬度的换算对照表，仅供比较参考。

表 1-4 部分常用范围的钢材抗拉强度与维氏硬度、布氏硬度、洛氏硬度的对照表（摘取）

抗拉强度 $R_m/N \cdot mm^{-2}$	维氏硬度 HV	布氏硬度 HB	洛氏硬度 HRC
705	220	209	—
755	235	223	—
770	240	228	20.3
785	245	233	21.3
800	250	238	22.5
900	280	266	27.1
1030	320	304	32.2
1125	350	333	35.5
1220	380	361	38.8
1320	410	390	41.8
1420	440	418	44.5
1520	470	447	46.9
2030	610	580	55.7
2180	650	618	57.8
—	660	—	58.3
—	760	—	62.5
—	860	—	65.9
—	940	—	68

1.2.4 韧性

材料在弹性变形、塑性变形和断裂过程中吸收变形能量的能力称为韧性。韧性可分为静力韧性、冲击韧性和断裂韧性。

1.2.4.1 静力韧性

金属材料在静拉伸时单位体积材料断裂前所吸收的变形能量称为静力韧性，它是强度和塑性的综合指标。

1.2.4.2 冲击韧性

金属材料在冲击载荷作用下抵抗变形和断裂的能力称为冲击韧性。许多机械零件和工具在工作过程中，频繁受到冲击载荷的作用，如冲床的冲头，空气锤的锤头、内燃机的活塞销、变速齿轮等。由于冲击载荷加载速度高，作用时间短，因此，其破坏能力要比静载荷大得多，所以这类零件或工具除了具有足够的强度、塑性和硬度外，还必须具有足够的韧性，即具备抵抗冲击载荷的能力。

（1）冲击试验方法。为评定金属材料的冲击韧性，需要在规定条件下进行一次冲击试验，通常采用夏比摆锤冲击试验。夏比摆锤冲击试验是由法国工程师夏比（Charpy）建立，该试验是通过摆锤冲断标准试样所消耗的冲击吸收能量，以测定金属材料抗缺口敏感性（韧性）的试验。GB/T 229—2007 规定了测定金属材料在冲击试验中吸收能量的方法。

图 1-19 所示为夏比摆锤冲击试验机。冲击试验方法，如图 1-20 所示。标准夏比冲击试样分为 U 形缺口试样和 V 形缺口试样两种，如图 1-21 所示。标准试样尺寸为 55mm×10mm×10mm，备用尺寸可使用宽度为 7.5mm、5mm、2.5mm 的小尺寸试样，V 形缺口夹角为 45°，深度为 2mm，底部曲率半径为 0.25mm，U 形缺口深度为 2mm

图 1-19 夏比摆锤冲击试验机

或 5mm，底部曲率半径为 1mm。

试验时，将标准试样放置在两个砧座之间，缺口背向冲击方向，将具有一定质量为 m 的摆锤升至高度 h_1，此时摆锤的位能为 mgh_1，使摆锤自由落下，冲断试样，并继续升至一定高度 h_2，此时摆锤的剩余能量为 mgh_2，这样，摆锤的势能差（$mgh_1 - mgh_2$）即为摆锤冲断试样所消耗的冲击吸收能量。冲击吸收能量用 K 表示，KU_2 表示 U 形缺口试样在 2mm 摆锤刀刃下的冲击吸收能量；KV_2 表示 V 形缺口试样在 2mm 摆锤刀刃下的冲击吸收能量。

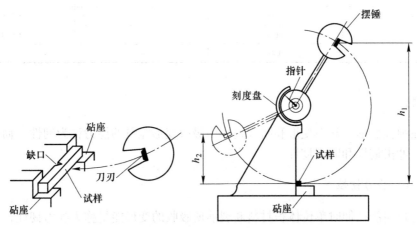

图 1-20 冲击试验方法示意图

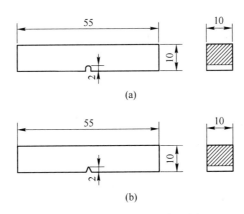

图 1-21 标准夏比冲击试样

(a) U 形缺口；(b) V 形缺口

（2）冲击韧性指标。由于冲击时的载荷难以测量，故以冲断试样所消耗的能量来表示冲击韧性值。冲击韧性指标分为冲击吸收功和冲击韧度。

1）冲击吸收功。试样在试验力一次作用下被冲断时所吸收的能量称为冲击吸收功，用符号 A_K 表示，单位为焦耳（J）。U 形缺口试样用 A_{KU} 表示、V 形缺口试样用 A_{KV} 表示。冲击吸收功的计算式为：

$$A_K = mgh_1 - mgh_2 = mg(h_1 - h_2)$$

实际上，冲击吸收功的数值可直接从试验机的刻度盘上读取，不需计算。

冲击吸收能量低的材料被冲断前无明显的塑性变形，冲断后的断口比较平整，这类材料为脆性材料。冲击吸收能量高的材料被冲断前有明显的塑性变形，冲断后的断口呈纤维状，这类材料为韧性材料。

2）冲击韧度。冲击试样缺口断裂处单位横截面积（S）上的冲击吸收能量称为冲击韧度，用符号 a_K 表示，单位为 J/cm^2，其计算式为：

$$a_K = A_K / S$$

冲击韧度能灵敏地反映出材料的品质、宏观缺陷和显微组织方面的微小变化，主要用来检验冶炼、热加工、热处理工艺质量。冲击韧度一般只作为选材的参考。

1.2.4.3 断裂韧性

在金属材料的冶炼、铸造、锻压、焊接和热处理等生产工艺中，容易产生一些或多或少的缺陷（常见的缺陷有夹杂物、气孔、裂纹、表面划痕等），这些能够引起应力集中的缺陷将导致微裂源并逐渐发展成为裂纹。这些裂纹在应力集中作用下，会发生裂纹失稳扩展引起的低应力脆性断裂。

金属材料抵抗裂纹失稳扩展的能力称为断裂韧性，用 K_{IC} 表示。它是一个临界值，是表征金属材料抵抗断裂性能的一个材料常数，表示了对裂纹扩展的阻力，其计算式为：

$$K_{IC} = Y\sigma_c \sqrt{a_c}$$

式中　Y——形状因子，不同形状的构件，其 Y 值不同，可从有关手册中查出；

　　　　σ_c——断裂应力，MPa；

a_c——临界裂纹尺寸（由无损探伤设备测出），m。

K_{IC}值是材料本身的一种特性，由材料的成分、组织状态所决定，并受到冶炼质量的影响。K_{IC}值越大，裂纹就越不容易扩展，材料就越不容易发生脆性断裂。

1.2.5 疲劳

许多机械零件或构件，如轴、齿轮、连杆、弹簧等是在交变应力或循环应力作用下工作的，这类零件所承受的应力往往低于材料的屈服强度。零件在工作应力远低于屈服极限的情况下发生突然断裂的破坏现象称为金属的疲劳。

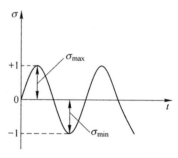

图 1 – 22 对称循环交变应力

循环应力是指应力的大小、方向随时间发生周期性变化的一类应力，常见的为对称循环交变应力，如图 1 – 22 所示，其最大应力值 σ_{max} 和最小应力值 σ_{min} 的绝对值相等，即 $\sigma_{max}/\sigma_{min} = -1$。

1.2.5.1 疲劳现象

因疲劳产生的断裂与静载荷作用下的断裂不同，无论是韧性材料还是脆性材料，在疲劳断裂时都不产生明显的塑性变形，是突然发生的，因此，具有很大的危险性。疲劳破坏是机械零件失效的主要原因之一，据统计，失效的机械零件中大约有80%以上的是由于疲劳破坏造成的。

产生疲劳失效的原因，一般认为是由于材料有杂质、表面划痕以及能产生应力集中的缺陷。研究表明，金属材料的疲劳失效过程一般分为裂纹产生、裂纹扩展和瞬时断裂三个阶段，如图 1 – 23 所示。首先是在零件的应力集中的局部区域形成微小的裂纹核心，即微裂源；随后在循环应力的不断作用下，裂纹继续扩展，形成扩展区，同时使零件的有效工作面积减小，应力不断增大；当应力超过材料的强度极限时，零件突然断裂。图 1 – 24 所示为铁路车辆轴颈卸荷槽处疲劳断裂失效示意图。

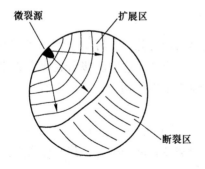

图 1 – 23 疲劳断口示意图

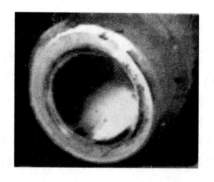

图 1 – 24 铁路车辆轴颈卸荷槽处疲劳断裂示意图
（左上黑色区域为旧痕面，面积约占50%；
右下白色区域为断后新痕面）

为了提高零件的疲劳强度，除在结构设计上要注意改善其结构形状，以避免应力集中外，还可采用表面强化的工艺方法来提高零件表面质量，如高频淬火、表面变形强化（喷丸、滚压、内孔挤压）、化学热处理（渗碳、渗氮、碳－氮共渗）等。

1.2.5.2　疲劳曲线与疲劳强度

疲劳曲线是指对称循环交变应力 σ 与循环次数 N 的关系曲线（也称 $S-N$ 曲线），如图 1-25 所示。试验证明，金属材料所受到的最大应力 σ_{max}（或用 S_{max}）越大，则断裂前应力循环次数越少。当应力下降到某一数值后，疲劳曲线变成一条与横坐标平行的直线，这一现象表明当应力低于此值时，试样可承受无数次应力循环而不断裂。因此，金属材料在无数次循环应力作用下仍不发生疲劳断裂的最大应力称为疲劳强度（或称为疲劳极限），在交变应力是对称循环应力的情况下，疲劳强度用 σ_{-1} 表示。实际上，材料不可能作无

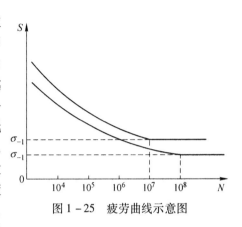

图 1-25　疲劳曲线示意图

限次循环交变应力试验，对于钢铁材料来说，一般当 N 达到 10^7 周次时，疲劳曲线上便出现水平线。GB/T 3075—2008 规定，钢铁材料的循环次数为 10^7 周次，有色金属的循环次数为 10^8 周次。

1.2.6　新旧国标中常用力学性能指标名称与符号介绍

《金属材料室温拉伸试验方法》（GB/T 228—2010）与（GB/T 228—1987）相比，拉伸试验力学性能指标名称、符号及部分术语有较大改动。强度性能主符号由 σ 改为 R；断后伸长率符号由 δ 改为 A；断面收缩率符号由 ψ 改为 Z；上、下屈服点改为上、下屈服强度；规定非比例伸长应力改为规定塑性延伸强度；规定总伸长应力改为规定总延伸强度。由于目前属于新国标的过渡期，旧国标仍然要存在一段时间，因此需要对新旧国标中常用力学性能指标名称与符号有一个了解。表 1-5 列出了金属材料常用力学性能指标的名称与符号的新旧国家标准对照。

表 1-5　金属材料常用力学性能指标的名称与符号的新旧国家标准对照表

GB/T 228—1987		GB/T 228—2010	
性 能 名 称	符 号	性 能 名 称	符 号
屈服点	σ_s	屈服强度	—
上屈服点	σ_{sU}	上屈服强度	R_{eH}
下屈服点	σ_{sL}	下屈服强度	R_{eL}
规定非比例伸长应力	σ_p	规定塑性延伸强度	R_p
规定总伸长应力	σ_t	规定总延伸强度	R_t
规定残余伸长应力	σ_r（如 $\sigma_{r0.2}$）	规定残余延伸强度	R_r（如 $R_{r0.2}$）
抗拉强度	σ_b	抗拉强度	R_m

GB/T 228—1987		GB/T 228—2010	
性 能 名 称	符 号	性 能 名 称	符 号
屈服点伸长率	δ_s	屈服点伸长率	A_e
断后伸长率	δ_5, δ_{10}	断后伸长率	A, $A_{11.3}$
断面收缩率	ψ	断面收缩率	Z

1.3　金属材料的工艺性能

工艺性能是指金属材料在各种冷、热加工工艺条件下所表现出来的加工特性，包括铸造性能、焊接性能、锻造性能、切削性能、电加工性能和热处理性能等。

1.3.1　铸造性能

铸造是将液态金属浇注到铸型空腔、冷却后获得制品的一种成型工艺方法。铸造性能主要包括流动性、收缩率、偏析倾向等。

1.3.2　焊接性能

焊接是将金属材料的对接部分经加热并熔化为一体的一种永久性连接工艺方法。金属材料的化学成分对焊接性能有很大的影响，含碳量越低，焊接性能越好。低碳钢、低碳合金钢的焊接较容易，而铸铁、铝合金的焊接较困难。

1.3.3　锻造性能

锻造是将金属材料进行锤锻、轧制、拉伸、挤压等加工方法获得制品的一种成型工艺方法。锻造性能的好坏主要取决于金属材料的塑性和变形抗力，塑性良好、变形抗力低的材料容易进行锻造加工。锻造分为室温状态下加工和加热状态下加工。

1.3.4　切削性能

切削是利用刀具对金属材料进行切削加工，使其达到一定技术要求的工艺方法。切削加工分为传统机床加工和现代数控机床加工。常用的切削加工方法有车削、铣削、镗削、磨削、刨削、锉削等。切削性能与金属材料的硬度有直接关系，一般认为金属材料的硬度在 170 ~ 260HBS 时，最容易切削加工。铸铁、铜合金、铝合金以及非合金钢都具有较好的切削加工性，而高合金钢的切削加工性能比较差。

1.3.5　电加工性能

电加工是利用电极与工件之间的放电腐蚀效应进行加工的一种工艺方法。电加工的基本类型为电火花加工，电化学加工，电泳加工，电解加工和电子束、离子束加工等。与传统加工相比，其显著特点是加工精度高，能克服传统加工对高硬度材料加工的缺点，能显著提高加工效率和得到较好的表面质量。

1.3.6 热处理性能

热处理是指通过加热、保温和冷却来改变材料组织以获得所需性能的一种工艺方法。热处理工艺分为退火、正火、淬火、回火和表面热处理等。

 ## 思考与练习题

1-1 解释名词
强度、冷变形强化、弹性极限、刚度、屈服强度、规定残余延伸强度、抗拉强度、塑性、硬度、韧性、冲击韧性、冲击吸收能量、冲击韧度、断裂韧性、疲劳、疲劳强度、铸造、焊接、锻造、切削、电加工、热处理

1-2 金属的物理性能和化学性能有哪些指标？

1-3 何谓金属的力学性能？它有哪些常用指标？

1-4 简述低碳钢拉伸曲线的四个变形阶段及各阶段的变形特点。

1-5 表示强度的指标有哪些？

1-6 常用的塑性指标有哪些？

1-7 常用的硬度试验方法有哪些？它们的适用范围是什么？

1-8 疲劳失效是如何产生的？疲劳失效的过程有哪几个阶段？提高疲劳强度的措施有哪些？

1-9 金属材料有哪些工艺性能？

2 金属的晶体结构与结晶

不同的材料具有不同的性能，材料在性能上的差异，取决于其化学成分、组织结构以及加工工艺方法。成分是指组成材料的原子种类和分量；结构是指物质内部原子的排列位置和空间分布。在一定的条件下，原子具有一定的聚合状态，条件改变时物态（气态、液态和固态）可以互相转化，工程上常用的材料为固态。从本质上讲，材料的性能与其内部结构有关，而内部结构的形成又与结晶条件密切相关。

2.1 材料的结合键

2.1.1 结合键

材料由原子结合成分子或晶体，在所有的固体中，原子靠结合键结合在一起。每个原子主要由 3 种基本质点组成，即带负电的电子、带正电的质子和中性的中子，质点间的相互作用力称为结合键。原子在结合成晶体的过程中，会有一定的能量释放出来，这个能量称为结合能。由于原子间相互作用时，其吸引和排斥的情况不同，这样就形成不同类型的结合键，主要分为金属键、离子键、共价键、分子键和氢键。

2.1.1.1 金属键

由金属正离子与电子云（或称为电子气）相互作用而结合的结合键称为金属键。金属在形成晶体时，倾向于构成极为紧密的结构，使每个原子都有尽可能多的相邻原子（金属晶体一般都具有高配位数和紧密堆积结构），金属是由金属键结合而成的，金属没有分子结构，具有同非金属完全不同的特性。金属键具有良好的导电性与导热性、正的电阻温度系数、良好的强度与塑性、良好的延展性以及特有的金属光泽。

2.1.1.2 离子键

正、负离子依靠静电引力结合在一起形成的结合键称为离子键。离子键没有方向性，无饱和性。离子键结合力较强，结合能很高，所以离子键晶体大多具有高熔点、高硬度、低的线膨胀系数。

2.1.1.3 共价键

由共用电子对产生的结合键称为共价键。共价键结合具有饱和性，共价键结合力很大，所以共价晶体具有高熔点、高硬度、脆性大的特点。例如，金刚石具有最高的莫氏硬度（10 级），熔点高达 3750℃。莫氏硬度是表示矿物硬度的一种标准，用测得的划痕的深度分 10 级来表示硬度，10 级为最高级。

2.1.1.4 分子键

一个分子的正电荷部位和另一分子的负电荷部位间以微弱静电引力所形成的结合键称为分子键。分子晶体因其结合键能很低，所以其熔点很低，硬度也低，有很好的绝缘性。

2.1.1.5 氢键

当氢原子与一个电负性很强的原子 X 结合成分子时，氢原子的一个电子转移到 X 原子的壳层上，对另一个电负性较大的原子 Y 表现出较强的吸引力，这样氢原子就在两个电负性很强的原子 X 和 Y 之间形成一个桥梁，把两者结合起来就形成氢键。分子中如果含有氢键，分子的熔点、沸点就高。

金属材料的结合键主要是金属键，也有共价键（如灰锡）和离子键（如金属间化合物 Mg_3Sb_2）。陶瓷材料是包含金属和非金属元素的化合物，其结合键主要是离子键和共价键，陶瓷材料通常具有极高的熔点和硬度，同时脆性也很大。高分子材料的结合键是共价键、氢键和分子键，由于高分子材料的分子很大，所以分子间的作用力也很大，并具有很好的力学性能。

2.1.2 晶体与非晶体

自然界的中固态物质，根据其结构特征，即物质内部粒子（原子、分子、离子、原子集团）的排列特征，可分为晶体与非晶体两大类。

2.1.2.1 晶体

各种粒子在空间呈规则且周期性排列的固态物质称为晶体，如金属材料。晶体可分为离子晶体、原子晶体、分子晶体、金属晶体等四大典型晶体。

2.1.2.2 非晶体

各种粒子在空间呈无规则堆积的固态物质称为非晶体，如玻璃、松香、橡胶、沥青、石蜡等材料。非晶态固体包括非晶态电介质、非晶态半导体、非晶态金属。

如果不考虑材料的结构缺陷，原子的排列可分为三个类型，即无序排列、短程有序排列和长程有序排列，如惰性气体为无序排列、玻璃为短程有序排列、金属为长程有序排列。晶体中的原子是长程有序排列、有固定的熔点、力学性能呈各向异性；而非晶体中的质点是短程有序排列、无固定的熔点、只有软化点，力学性能呈各向同性。

晶体材料在各个方向上的物理、化学与力学性能具有差异的特性称为各向异性。非晶体材料在各个方向上的物理、化学与力学性能具有相同的特性称为各向同性。

晶体与非晶体之间在一定条件下可以互相转化。某些金属采用特殊的结晶工艺措施，可以使固态金属呈非晶态。例如，金属液体在高速冷却条件下可以得到非晶态金属，即金属玻璃；而玻璃经过适当处理，也可形成晶态玻璃。

2.2 纯金属的晶体结构

2.2.1 基本概念

2.2.1.1 晶格、晶胞、晶胞（晶格）常数

晶体中原子规则排列的方式称为晶体结构，如图 2－1(a) 所示。为了方便研究晶体中原子排列的方式与规律，把理想晶体中的原子抽象成空间的几何点（近似看作刚性小球），这些点在三维空间形成的规则排列形式称为空间点阵，用空间直线连接这些点，就构成一个空间格架，这种用于描述晶体中原子排列规律的空间格架称为晶格，如图 2－1(b) 所示。从晶格中选取一个能够完整反映晶格特征的最小几何单元，称为晶胞，如图 2－1(c) 所示。

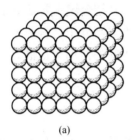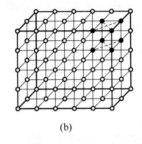

(a)　　　　　　　　　　(b)　　　　　　　　　　(c)

图 2－1　晶体结构模型、晶格模型、晶胞模型示意图

(a) 晶体结构模型；(b) 晶格模型；(c) 晶胞模型

晶胞是由原子堆积而成，具有一定的形状与尺寸，如图 2－2 所示。晶胞的几何特征可以晶胞的三条棱边长度 a、b、c 及棱间夹角 α、β、γ 这 6 个参数来表示，称为晶胞常数，其中三条棱边长度 a、b、c 称为晶格常数，其大小用 Å 表示（$1\text{Å} = 10^{-10}\text{m}$）。金属的晶格常数一般为 1～7Å。三个坐标轴 x、y、z 称为晶轴，因此，棱间夹角也称为轴间夹角。

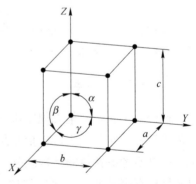

图 2－2　晶胞（格）常数示意图

2.2.1.2 晶胞原子数、原子半径、致密度、配位数

晶体是由大量的晶胞堆积而成，晶胞顶角及每个面上的原子为与相邻晶胞所共有，只有晶胞内部的原子才为晶胞所独有，因此，晶胞原子数是指晶胞实际占有原子的数目。原子半径是指晶胞原子密度最大方向相邻两原子之间距离的一半。晶体中原子排列的紧密程度是反映晶体结构特征的一个重要参数，通常用配位数和致密度来表示。配位数是指晶体结构中，与任一原子最近且距离相等的原子数目。致密度是指在晶胞中原子所占的体积分数。致密度和配位数越大，原子排列的紧密程度越大。

2.2.2 金属的晶格类型

金属的晶格类型很多，除了少数具有复杂的晶格类型外，绝大多数（约有90%以上）属于体心立方晶格、面心立方晶格和密排六方晶格等三种晶格类型。

2.2.2.1 体心立方晶格

如图2-3所示，体心立方晶格的晶胞为一立方体，晶格常数 $a = b = c$，且 $\alpha = \beta = \gamma = 90°$，所以只需用一个晶格常数 a 表示即可。晶胞的中心和8个顶角各有一个原子，晶胞顶角上的8个原子与中心原子紧密接触，晶胞顶角上的原子为与相邻的8个晶胞所共有，故每个晶胞只占有1/8个原子，中心的原子为晶胞独有。故体心立方晶格占有的晶胞原子数是 $1/8 \times 8 + 1 = 2$ 个。在体心立方晶格中，以体心原子为基点，与其最近且距离相等的原子数有8个，所以体心立方晶格的配位数为8个。属于体心立方晶格类型的金属有 $\alpha - Fe$、Mo、W、V、Cr 等。

体心立方晶格类型金属的致密度为0.68，即晶胞中68%的体积为原子，32%的体积为间隙。体心立方晶格的参数详见表2-1。

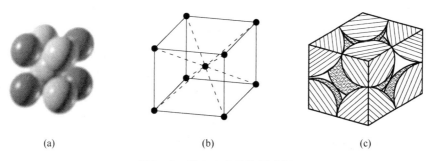

(a)   (b)   (c)

图2-3 体心立方晶格示意图

（a）晶体模型；（b）晶胞模型；（c）晶胞原子数

表2-1 晶格类型与特性参数

晶格类型	晶格常数	配位数	晶胞原子数	原子半径	致密度	类型金属
体心立方	a	8	$1/8 \times 8 + 1 = 2$	$r = \dfrac{\sqrt{3}}{4}a$	0.68	$\alpha - Fe$、Mo、W、V、Cr 等
面心立方	a	12	$1/8 \times 8 + 1/2 \times 6 = 4$	$r = \dfrac{\sqrt{2}}{4}a$	0.74	$\gamma - Fe$、Al、Cu、Ni 等
密排六方	a, c	12	$1/6 \times 12 + 3 + 1/2 \times 2 = 6$	$r = a/2$	0.74	Mg、Zn、$\alpha - Ti$ 等

2.2.2.2 面心立方晶格

如图2-4所示，面心立方晶格的晶胞也为一立方体，晶胞的8个顶角和6个面的中心处各有一个原子，晶格常数 $a = b = c$，且 $\alpha = \beta = \gamma = 90°$。晶胞顶角上的原子为与相邻的8个晶胞所共有，因此，每个晶胞只占有1/8个原子；每个面心原子为两个晶胞所共有，每个晶胞只占有1/2个原子，所以面心立方晶格占有的晶胞原子数是 $1/8 \times 8 + 1/2 \times 6 = 4$ 个。在面心立方晶格中，以1个面心原子为基点，与其最近且距离相等的原子数有4个，这样的平面共有 3 个且相互垂直，所以面心立方晶格的配位数为 12 个。属于面心立方晶格类型的金属有 γ – Fe、Al、Cu、Au、Ag、Ni、Pb 等。

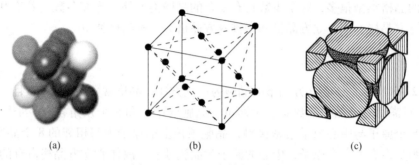

图 2 – 4　面心立方晶格示意图
（a）晶体模型；（b）晶胞模型；（c）晶胞原子数

2.2.2.3　密排六方晶格

如图 2 – 5 所示，密排六方晶格的晶胞为一正六棱柱体，晶胞的 12 个顶角和上下底面的中心处各有一个原子，在上下底面之间均匀分布 3 个原子。晶格常数 $a = b \neq c$，且 $\alpha = \beta = 90°$，$\gamma = 120°$。晶胞顶角上的原子为与相邻的 6 个晶胞所共有，因此，每个晶胞只占有 1/6 个原子；上下底面中心的原子为两个晶胞所共有，每个晶胞只占有 1/2 个原子；柱体中间的 3 个原子为晶胞独有，故密排六方晶格占有的晶胞原子数是 1/6 × 12 + 1/2 × 2 + 3 = 6 个。在密排六方晶格中，晶胞的上底面中心的原子不仅与周围 6 个顶角上的原子最近且距离相等，还与中心处的 3 个原子相近以及其上相邻晶胞内的 3 个原子相近，故其配位数为 12 个。属于密排六方晶格类型的金属有 α – Ti、α – Co、Mg、Zn、Be、Cd 等。

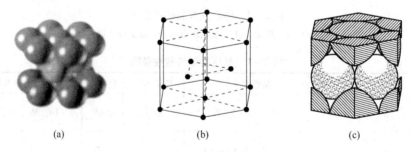

图 2 – 5　密排六方晶格示意图
（a）晶体模型；（b）晶胞模型；（c）晶胞原子数

在晶体中，通过晶体中一系列原子中心的平面称为晶面。通过两个以上原子中心的直线称为原子列，其所代表的方向称为晶向。由于晶体中的原子是规则排列的，因此在不同晶面、晶向上原子排列的密集程度不同。原子排列最密集的晶面称为密排面；原子排列最密集的晶向称为密排方向。图 2 – 6 所示为体心立方晶格、面心立方晶格和密排六方晶格等三种晶格类型的密排面和密排方向。认识晶体的密排面和密排方向对于了解金属材料的塑性变形有重要的意义。

由于晶体中不同晶面及晶向上的原子密度不同，原子之间的空间距离不同，这就导致原子间的结合力不同，使晶体在不同晶向上的物理、化学和力学性能不同，这就是晶体各向异性的原因。

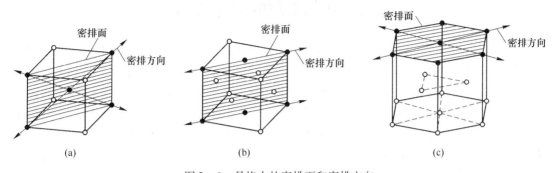

图2-6 晶格中的密排面和密排方向

（a）体心立方晶格；（b）面心立方晶格；（c）密排六方晶格

2.2.3 实际金属的晶体结构

2.2.3.1 单晶体和多晶体

晶体又分为单晶体和多晶体两类。在晶体中，将晶格位向（原子排列方向）一致、具有各向异性的小区域称为晶粒（或称为晶块）；由一个晶粒组成的晶体称为单晶体。如图2-7所示，其整块晶体是由一颗晶粒组成，能用一个空间点阵图形贯穿整个晶体，单晶体是半导体的重要材料，如单晶硅等。由许多晶粒组成的晶体称为多晶体。如图2-8所示，其整块晶体由大量晶粒组成，不能用一个空间点阵图形贯穿整个晶体，如常用的金属等。

2.2.3.2 多晶体结构

在工业生产中，实际金属的晶体结构为多晶体。多晶体内部包含着许多小晶体，即使是一块很小的金属中也包含着许多外形不规则的小晶体。多晶体的每个晶粒实际上是由许多尺寸为 $10^{-3} \sim 10^{-5}$ mm 的细晶块组成，这些细晶块称为嵌镶块或亚晶，如图2-9所示。在每个嵌镶块内部，晶面位向一致，近似理想晶体。由于各嵌镶块之间的位向差一般为 $1° \sim 2°$，在嵌镶块边界上原子排列较不规则，由多列位错组成。

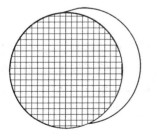
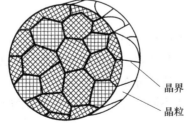

晶界

晶粒

图2-7 单晶体结构示意图　　图2-8 多晶体结构示意图　　图2-9 晶体内部嵌镶块示意图

多晶体中由于众多晶粒位向不同，性能相互影响，彼此抵消，再加上晶界的作用，因此掩盖了晶体的各向异性，使多晶体的性能表现为各向同性。所以在工业生产用金属材料中通常见不到晶体的各向异性现象，这种现象也称为伪各向同性。

2.3 实际金属的晶体缺陷

实际金属的原子排列，不可能像单晶体那样非常规则和完整，即原子不可能严格的作周期性和规律性的排列，这是由于实际金属的原子排列会受到干扰，导致一些原子偏离规则排列，形成一些不规则、不完整、有缺陷的区域，这种原子排列的不规则性称为晶体缺陷。金属晶体中偏离排列位置的原子数量最多占原子总数的千分之一，因此，从总体来看，其晶体结构还是接近完整的。即便如此，这些极微小的晶体缺陷对于金属的性能却有着重大影响。根据晶体缺陷的几何形态特点与影响程度，晶体缺陷可分为点缺陷、线缺陷和面缺陷三大类。

2.3.1 点缺陷

点缺陷的特征是在三维方向的尺寸都很小，影响范围仅为几个原子的距离空间。点缺陷的形式主要有空位、间隙原子和置换原子。晶格中某个原子脱离了平衡位置，形成空结点，这种现象称为空位，如图 2-10 所示。晶格空隙处出现挤进来的异类原子，这种原子称为间隙原子，如图 2-11 所示。晶格中某些结点上的原子被异类原子所置换，这种原子称为置换原子，如图 2-12 所示。由于金属材料中总是存在一些其他元素，它们可以形成间隙原子，也可以取代原来原子的位置，形成置换原子。

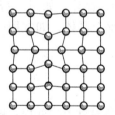 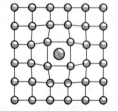 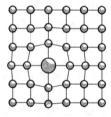

图 2-10 空位模型示意图　　图 2-11 间隙原子模型示意图　　图 2-12 置换原子模型示意图

点缺陷所形成的空位、间隙原子和置换原子，使其周围原子间作用力的平衡被破坏，造成原子偏离原来的平衡位置，使晶格产生变形，这种现象称为晶格畸变。点缺陷造成局部的晶格畸变，使金属的强度、硬度和电阻率提高，而塑性、韧性降低。

2.3.2 线缺陷

线缺陷的特征是在二维方向上的尺寸很小，另一维方向上的尺寸相对很长，甚至可以贯穿整个晶体。线缺陷的主要形式是位错，晶体中某处有一列或若干列原子发生有规律的错排现象称为位错。由于位错是呈线状分布，所以属于线缺陷。错排现象是晶体内部局部滑移造成的，根据局部滑移的方式不同，位错的基本类型分为刃型位错和螺型位错两种。

2.3.2.1 刃型位错

刃型位错模型，如图 2-13 所示。由图 2-13 可见，在 *ABCD* 晶面以上，多出一个与该面成垂直方向的 *HEFG* 截面，该截面称为半原子面，它中断于 *ABCD* 晶面的 *EF* 处，该半原子面如同刀刃一样切入晶体，使 *ABCD* 晶面上下两部分的晶体产生了位错，故称为刃型位错。*EF* 线称为刃型位错线。在位错线附近区域，原子错排，偏离平衡位置，以位错线为轴线的一个 2～5 个原子间距为半径的管状区域内晶格发生畸变，形成了一个应力场。距位错线越远，晶格畸变越小，应力就越小。

刃型位错有正负之分，若半原子面位于晶体的上半部，则为正刃型位错，用符号"⊥"表示；若半原子面位于晶体的下半部，则为负刃型位错，用符号"⊤"表示。

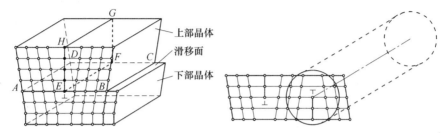

图 2-13　刃型位错模型示意图

2.3.2.2　螺型位错

螺型位错模型，如图 2-14 所示。由左图可见，在一切应力（τ）作用下，晶体右端上下两部分沿 *ABCD* 滑移面发生了一个原子间距的相对切变，即晶体的上下两部分相对错动了一个原子间距，在 *ab* 和 *BC* 之间发生了上、下两层原子错排和不对齐现象，它们围绕着位错线 *BC* 连成了一个螺旋线，这一错排区域称为过渡地带。此过渡地带的原子被扭曲成了螺旋形状，因此，此过渡地带的晶面则变成了一个连续的螺旋面。在切应力作用下，晶面在位错线附近扭曲为螺旋面的位错称为螺型位错。

根据螺旋面旋转方向的不同，螺型位错分为右螺旋位错和左螺旋位错。右图表示螺型位错模型中为右螺旋位错（从 *a* 点顺时针螺旋至 *b* 点）。螺型位错与刃型位错不同，它没有半原子面，位错线与滑移矢量方向平行。位错线附近的点阵发生弹性畸变，点阵畸变随离位错线距离的增加而急剧减少，故螺型位错的畸变范围也是以位错线为轴线的一个 3～5 个原子间距为半径的管状区域。

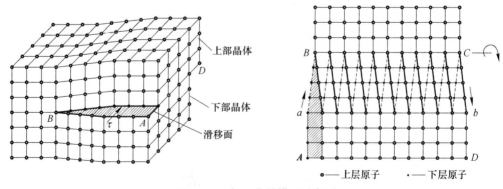

图 2-14　螺型位错模型示意图

实际晶体中存在大量的位错，一般用位错密度表示位错的多少，位错密度是指单位体积晶体中所包含的位错线的总长度，其计算式为：

$$\rho = S/V$$

式中　ρ——位错密度，m^{-2}；

　　　S——位错线的总长度，m；

　　　V——晶体的体积，m^3。

位错对于金属的强度、塑性变形和断裂等方面起决定性的作用。位错是在金属的结晶、塑性变形和相变等过程中通过滑移形成的，因此，位错密度容易实现。生产中一般采用增加位错密度的方法提高金属的强度，金属材料在进行均匀塑性变形加工时，位错密度会不断增加，抗拉强度不断增高，这种变形强化方法的实质就是位错强化。

2.3.3　面缺陷

面缺陷的特征是缺陷在空间一个方向上的尺寸很小，而在其余两个方向的尺寸很大。面缺陷是指沿着晶格内或晶粒间某些面的两侧局部范围内所出现的晶格缺陷。面缺陷的形式有晶界、亚晶界、层错、孪晶界、相界等，本节介绍其中的晶界、亚晶界。

2.3.3.1　晶界

晶界是指晶粒之间的接触界面。由于相邻晶粒之间有较大的位向差（一般在15°以上），故晶界是不同位向晶粒之间的过渡层，如图2-15所示。晶界处原子排列不规则，晶格畸变较大，能量较高。

2.3.3.2　亚晶界

亚晶界是指相邻亚晶粒之间的接触界面。亚晶界由位向差很小（1°~2°）的刃型位错所形成的小晶界，如图2-16所示。晶粒的平均直径通常在0.015~0.25mm范围内，亚晶粒的平均直径则通常为0.001mm的范围内。亚晶界处原子排列也不规则。

面缺陷的晶格畸变较大，界面处能量较高，影响的范围较大。晶界、亚晶界越多，则位错密度越大，金属材料的强度越高。因此，面缺陷的存在对金属的力学性能有很大的影响。

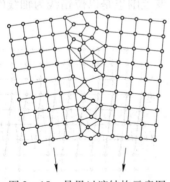

图2-15　晶界过渡结构示意图

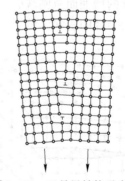

图2-16　亚晶界结构示意图

2.4　纯金属的结晶

在一定条件下，物质的状态能够相互转化，通常将物质由液态转变为固态的过程称为凝固。固态金属是晶体，故将液态金属的凝固过程称为结晶。

2.4.1 纯金属的冷却曲线与过冷度

液态金属的结晶过程可以用实验方法来进行研究，采用热分析实验方法作出纯金属的冷却曲线来研究结晶过程是常用的方法之一。实验方法是首先将金属加热至熔化状态，然后使其缓慢冷却，在冷却过程中，每隔一定时间测量一次温度值，直至结晶完成并继续冷却到室温，再将测量数据绘制在温度－时间坐标图上，这样就得到一条表示液态金属在冷却过程中温度随时间变化的关系曲线，这条曲线称为冷却曲线，如图2－17所示。由图可见，液态金属随冷却时间的增加，不断向外散失热量，温度将不断下降，当冷却至某一温度时，冷却时间虽然增加，但温度并不下降，在曲线上出现了一段水平直线（这段直线也称为平台），这是由于金属在结晶时所释放出的结晶潜热补偿了冷却时所散失的热量，使金属的温度在一定时间

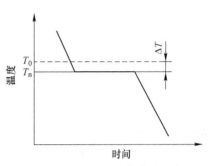

图2－17　纯金属的冷却曲线示意图

保持不变，这说明金属的结晶是在恒温条件下进行的，当结晶完成后，由于没有结晶潜热补偿散失的热量，温度将重新下降，直至室温。

纯金属液体在极其缓慢的冷却条件下（即平衡条件下）的结晶温度称为理论结晶温度，用T_0表示。但在实际生产中，液态金属结晶时，冷却速度都很大，因此，液态金属总是在理论结晶温度以下某一温度开始进行结晶，这个温度称为实际结晶温度，用T_n表示。金属实际结晶温度低于理论结晶温度的现象称为过冷现象。理论结晶温度与实际结晶温度之差称为过冷度，用ΔT表示，即$\Delta T = T_0 - T_n$。

研究表明，金属的过冷度不是一个恒定值，金属结晶时的过冷度与冷却速度有关，结晶时的冷却速度越大，过冷度就越大，则金属的实际结晶温度就越低。

2.4.2 纯金属的结晶过程

研究表明，纯金属的结晶过程是晶核不断形成和晶核不断长大的过程，图2－18所示为金属的结晶过程。当液态金属的温度低于理论结晶温度时，一些尺寸较大的原子团开始按照金属所固有的晶格，有规则地排列成小的晶体，这些小的晶体称为晶核。随着时间的推移，液态金属的原子不断向晶核聚集，使晶核不断长大，同时液态金属中又会不断有新的晶核形成并长大，直至液态金属全部消失，小晶体彼此互相接触完成结晶过程。每个晶核长大成为一个晶粒，而每个晶粒外形不规则、但其内部晶格位向大致相同。因此，结晶后的金属是由许多外形不规则、位向不同的晶粒所组成的多晶体。

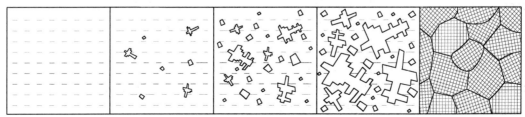

图2－18　纯金属的结晶过程示意图

　　晶核形成的方式分为自发形核和非自发形核两种。以液态金属内部自发产生的原子团所形成的晶核称为自发形核（或称为均匀形核）。实际金属中总是存在一些杂质，这些杂质能够促进晶核在其表面上形成，这种依附于杂质所形成的晶核称为非自发形核（或称为非均匀形核）。通常自发形核和非自发形核同时存在于结晶过程中，非自发形核需要的过冷度很小，要比自发形核更容易发生，往往起着优先和主导作用，是金属结晶形核的主要方式。

　　晶核长大的实质是原子由液体向固体表面转移的过程。晶核形成后，当过冷度较大或存在杂质时，晶核主要以树枝状方式长大，如图 2 – 19 所示。在晶核成长初期，外形一般比较规则，但随着晶核的长大，形成了晶体的棱角。棱角处具有最好的散热条件，且杂质少，阻碍作用小，因此长大首先在棱角处以较快的生长速度形成树枝状的主干，这些枝干称为一次晶轴（或称为一次枝晶）。在枝干的长大过程中，同时又会不断地生长分枝，这些分枝称为二次晶轴、三次晶轴（或称为二次枝晶、三次枝晶），由此形成的树枝状晶体称为树枝晶，简称枝晶，每一个枝晶成长为一个晶粒。在三维空间各方向上尺

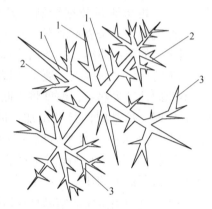

图 2 – 19　枝晶示意图
1——一次晶轴；2—二次晶轴；3—三次晶轴

寸相差较小的一次晶轴的晶粒称为等轴晶粒，简称等轴晶，其截面呈不规则多边形。枝晶不断地在三维空间均衡发展，当所有的枝晶都相互紧密接触，液体填满枝晶间的空隙并全部凝固，则结晶过程结束，最后得到由无数个多边形晶粒组成的多晶体金属组织。

2.4.3　结晶晶粒大小的控制

　　晶粒的大小称为晶粒度，通常用晶粒的平均面积和平均直径来表示。金属结晶时通过改变结晶的条件，可以控制晶粒长大的方式、达到控制晶体的组织和性能的目的。对金属材料而言，晶粒的大小与其力学性能有密切关系。一般情况下，晶粒越细小，则金属的强度、硬度越高，塑性和韧性也越好。所以通过控制金属结晶过程来细化晶粒，对于改善金属材料的力学有着重要意义。

　　金属结晶后的晶粒度与形核率 N 和长大率 G 有关。形核率是指单位时间内在单位体积液体中生成的晶核数目。长大率是指在单位时间内晶核长大的线速度。形核率越大，单位体积中生成的晶核数目就越多，晶粒就越细小；工业生产中，为了获得细化晶粒，采取的措施一般有增大过冷度、变质处理、附加振动等。

2.4.3.1　增大过冷度

　　金属结晶时的冷却速度越大，过冷度就越大。如图 2 – 20 所示，金属结晶时，形核率 N 和长大率 G 都随过冷度 ΔT 的增大而增大，但二者的速度不同，形核率的速度大于长大率的速度，故过冷度越大，则 N 与 G 的比

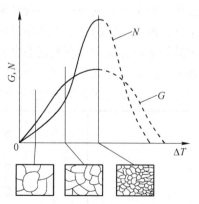

图 2 – 20　形核率 N 和长大率 G 与
过冷度 ΔT 的关系

值也就越大，则金属组织中的晶粒就越多、越细小。在铸造生产中，为提高小型铸件和薄壁铸件的冷却速度，可采用金属铸型、水冷铸型、低温浇注等方法。对于体积大、形状复杂的铸件不宜采用大的冷却速度，这是因为冷却速度过大会产生较大的内应力，易使铸件变形或开裂。

2.4.3.2　变质处理

变质处理是在浇注前向液态金属中加入变质剂（难熔金属或合金元素），促进非自发形核或抑制晶核长大，达到细化晶粒的工艺方法。变质剂的作用分为两种情况。一种情况是在浇注前向液态金属中加入同类金属细粒或难熔金属细粒，在液体中形成活性质点，直接起到外来晶核的作用，从而大幅度增加晶核的数目，这一类变质剂又称为孕育剂，相应的处理又称为孕育处理，如向液态铸铁中加入硅铁、硅钙合金；向液态铝合金中加入钛、锆；向液态钢中加入钛、钒、铝等。另一种情况是虽然不能提供结晶核心，但是能够附着在晶核的周围、起到阻止晶核长大的作用，如向铝硅合金中加入钠盐等。

2.4.3.3　附加振动

在液态金属结晶过程中，通过输入一定频率的振动波，能够折断和击碎正在长大的枝晶，这样就增加了形核率，起到细化晶粒的作用。常用的振动方法有机械振动、超声波振动、电磁振动等。

2.5　金属的同素异晶转变

大多数金属在结晶完成后，其晶格类型不再发生变化。但也有一些金属，如铁、钛、钴、锰、锡等，在结晶完成后，继续冷却的过程中，还会出现晶体结构的变化，从一种晶格类型转变为另一种晶格类型，这种金属在固态下随温度变化发生不同类型晶格之间的转变现象称为同素异晶转变。

由同素异晶转变得到的不同晶格的晶体称为同素异晶体。根据同素异晶体存在的温度由低到高，分别用 α、β、γ、δ 表示，常温下的同素异晶体用 α 表示。在金属晶体中，纯铁的同素异晶转变最为典型，纯铁在结晶后继续冷却至室温的过程中，先后发生两次晶格转变。纯铁的冷却曲线，如图 2-21 所示，纯铁在 1538℃时由液态结晶为具有体心立方晶格的 δ-Fe；冷却至 1394℃时发生同素异晶转变，由体心立方晶格的 δ-Fe 转变为面心立方晶格的 γ-Fe；继续冷却至 912℃时发生第二次晶格转变，由面心立方晶格的 γ-Fe 转变为体心立方晶格的 α-Fe。继续冷却至室温，

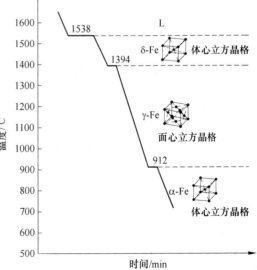

图 2-21　纯铁的冷却曲线

晶格类型不再发生转变。纯铁的同素异晶转变可表示为：

$$\delta - Fe \xrightleftharpoons{1394℃} \gamma - Fe \xrightleftharpoons{912℃} \alpha - Fe$$

同素异晶转变是金属在固态下发生的晶格类型转变，其转变过程是原子重新排列的过程，也就是形核与晶核长大的结晶过程。为了与液态金属的结晶过程相区别，一般称其为二次结晶。纯铁的同素异晶转变是钢铁材料利用热处理、达到改变组织与性能的重要理论依据。

2.6　金属铸锭的组织与缺陷

在实际生产中，液态金属是在铸模中完成结晶过程并形成铸锭等制品。铸模的散热条件、液态金属的物理和化学性质都将影响铸锭的结晶过程、形成的组织与缺陷。

2.6.1　铸锭的组织

铸锭结晶过程中，由于不同部位的散热条件不同，因此铸锭的结晶组织是不均匀的。典型的铸锭结晶组织如图 2 - 22 所示，其组织由外向内分为表层细等轴晶粒区、柱状晶粒区、中心粗大等轴晶粒区等 3 个晶区。

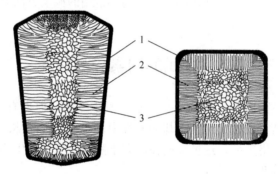

图 2 - 22　纯铁的结晶体
1—表层细等轴晶粒区；2—柱状晶粒区；3—中心粗大等轴晶粒区

2.6.1.1　表层细等轴晶粒区

表层细等轴晶粒区位于铸锭的外表层。金属熔液注入铸模后，先与模壁接触的一层熔液会产生极大的过冷度，同时模壁具有非自发（异质）形核的作用，可产生大量的晶核，在金属的表面形成很薄的一层细等轴晶粒。表层细等轴晶粒区的晶粒细小、成分均匀、组织致密。该层区由于很薄，故对铸锭力学性能影响不大。

2.6.1.2　柱状晶粒区

当表层细等轴晶粒区形成后，模壁的温度因熔液的加热会继续升高，使熔液的散热速度减缓，过冷度减小，形核较困难，此时，一次晶轴的晶粒垂直于模壁，沿着晶轴向模壁散热相反的方向优先生长，从而形成柱状晶粒。柱状晶粒区与表层细等轴晶粒区紧密相接，彼此平行的柱状晶粒垂直于模壁，组织比较严密。在柱状晶粒区，由于晶粒之间界面处存在较多的低熔点杂质或非金属杂质，易形成明显的脆弱交界面，在热压力加工时易沿脆弱交界面形成裂纹或开裂。

2.6.1.3 中心粗大等轴晶粒区

中心粗大等轴晶粒区位于铸锭的中心。铸锭凝固的后期，通过已结晶的柱状晶粒区向外散热的速度越来越慢，散热的方向性已不明显，逐渐趋于均匀冷却状态，未结晶的液态金属由于过冷度较小，不能形成更多的晶核，而且晶核在各个方向的长大率也基本相同，因此出现了粗大等轴晶粒。中心粗大等轴晶粒区的晶粒粗大，组织疏松，力学性能较低。

2.6.2 铸锭的缺陷

在金属铸锭中，除组织不均匀外，还存在各种铸造缺陷，如缩孔、缩松、气泡、偏析与夹杂等。

2.6.2.1 缩孔

铸件在冷却和凝固过程中，由于合金的液态收缩和凝固收缩，往往在铸件最后凝固的地方出现孔洞，这些容积大而且比较集中的孔洞称为缩孔，如图 2-23 所示。缩孔的形状不规则，表面粗糙，对产品质量有一定影响，因此，缩孔部分一般在轧制或锻造之前都要切去。

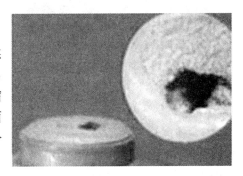

图 2-23 铸件缩孔

2.6.2.2 缩松

铸件最后凝固的区域没有得到液态金属或合金的补缩形成分散和细小的缩孔称为缩松，如图 2-24 所示。缩松隐藏于铸件的内部，外观上不易被发现。若缩松程度较轻，则在锻轧加工时可以焊合；若缩松程度较重，则易在锻轧件内部产生裂纹。

2.6.2.3 气孔

气孔是指液态金属中溶解的一部分气体，在金属凝固时未能及时逸出金属表面而停留在铸锭内部形成的孔洞，如图 2-25 所示。铸锭中的气孔一般在锻轧加工时可以焊合，但表皮下的气孔容易形成细微裂纹，影响产品质量。

图 2-24 铸件缩松

图 2-25 铸件气孔

2.6.2.4　偏析

合金中各组成元素在结晶时分布不均匀的现象称为偏析，如图 2-26、图 2-27 所示。偏析分为三种类型，即晶内偏析、区域偏析和比重偏析。有时铸件上只存在某一种类型的偏析，有时则几种类型同时并存。由于偏析的存在，铸件断面上或晶粒与晶界处的力学性能也不一致，从而会影响到铸件的使用寿命。为此，在铸件的生产中，应尽量防止偏析的产生。

图 2-26　铸件偏析

图 2-27　合金树枝状偏析的显微组织

2.6.2.5　夹杂

金属在冶炼过程中生成的金属氧化物、熔渣或外来的杂质等称为夹杂，如图 2-28 所示。它们以固体状态分布于晶界，破坏了晶粒间的结合力，使金属产生分层和裂纹，伸长率大大下降，易产生脆性断裂，影响金属材料的使用寿命。

铸锭的缺陷都会使铸锭各部分的力学性能产生差异，降低铸件的使用性能。通过适当的热处理工艺可改善铸锭的组织状态，提高其使用性能。

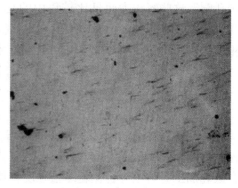

图 2-28　铸件夹杂（图中黑点）

 ## 思考与练习题

2-1　解释名词

结合键、晶体、非晶体、各向异性、各向同性、晶格、晶胞、晶面、晶向、密排面、密排方向、晶粒、单晶体、多晶体、晶体缺陷、晶格畸变、位错、位错强化、结晶、过冷度、等轴晶、变质处理、同素异晶转变、偏析

2-2　常见的金属晶格有哪几种类型？说明其晶胞的结构特征。

2-3　实际金属中存在哪些晶体缺陷？各种缺陷对金属的晶格、力学性能有什么影响？

2-4　晶体的力学性能为什么具有各向异性？实际金属的力学性能为何表现为各向同性？

2-5　晶粒大小对金属的力学性能有何影响？影响晶粒大小的因素以及控制方法有哪些？

2-6　金属铸锭组织一般由哪几个晶粒区组成？说明其各自形成原因。

3 二元合金的相结构与结晶

纯金属的力学性能较低，难以满足工业生产中对金属材料的性能要求，在使用上受到很大的限制。在工业生产中实际使用的金属材料绝大多数是合金，合金的强度、硬度、耐磨性等力学性能比纯金属高许多，某些合金还具有特殊的电、磁、耐热、耐蚀等物理、化学性能。

3.1 基本概念

3.1.1 合金

由两种或两种以上组元经熔炼等方法形成并具有金属特性的物质称为合金。例如，钢铁材料是以铁和碳为主的合金，普通黄铜是铜和锌的合金。合金的类型可分为固溶体、金属化合物和机械混合物。

3.1.2 组元

组成合金最基本的、独立的单元称为组元，简称元。组元可以是金属元素，也可以是非金属元素或稳定的化合物。根据组成合金的组元的多少，合金可分为二元合金、三元合金和多元合金。例如，普通黄铜是由铜和锌两个组元组成的二元合金。硬铝是由铝、铜和镁三个组元组成的三元合金。

3.1.3 合金系

由给定组元按不同比例配制出一系列不同成分的合金称为合金系。例如，铁和碳按不同的比例，可以配制出一系列不同成分的碳钢和铸铁，它们就构成了铁碳合金系。

3.1.4 相

金属或合金中具有相同化学成分、相同晶体结构、并有明显的界面与其他部分分开的均匀组成部分称为相。液态物质称为液相，固态物质称为固相。由一种固相组成的合金称为单相合金，由几种不同固相组成的合金称为多相合金。固态合金中有两类基本相：固溶体和金属化合物。

在液态时，大多数合金的组元都能相互溶解，形成一个均匀的液溶体。在结晶时，由于各个组元之间相互作用的不同，固态合金中可能出现固溶体、金属化合物或机械混合物。

3.1.5 组织

合金中由各相组合而成的综合体称为组织。合金的组织是具有一定数量、形态、大小和分布的金属内部的微观形貌，可通过显微镜观察，因此，也称为显微组织。

3.2　合金相结构的类型

合金的性能一般是由合金的组织所决定，而合金的组织又由合金的晶体结构所决定。根据其成分和结构特点，固态合金中的基本相为固溶体和金属化合物。

3.2.1　固溶体

合金中的组元在固态下相互溶解形成的均匀固相称为固溶体。合金中与固溶体晶格相同的组元为溶剂，其含量较多；另一组元为溶质，其含量较少。

根据溶质原子在溶剂晶格中所处位置不同，固溶体可分为间隙固溶体和置换固溶体两类。

（1）间隙固溶体。溶质原子进入溶剂晶格的间隙之中所形成的固溶体称为间隙固溶体，如图 3-1 所示。金属元素与氢、氮、氧、碳、硼等原子半径较小的非金属元素形成合金时能形成间隙固溶体。如碳溶入 γ-Fe 中形成的间隙固溶体称为奥氏体。由于溶剂晶格的空隙有限，所以间隙固溶体能溶解的溶质原子数量也是有限的。

间隙固溶体的形成可提高晶体的硬度、熔点和强度。间隙式固溶体的固溶度仍然取决于离子尺寸、离子价、电负性，结构等因素。固溶度是指金属在固体状态下的溶解度，合金元素要溶解在固态的钢中，前提是将钢加热到奥氏体化后，奥氏体晶格间的间隙较大，能够溶解更多的合金元素。

（2）置换固溶体。溶质原子置换溶剂晶格中某些结点位置上的部分溶剂原子所形成的固溶体称为置换固溶体，如图 3-2 所示。置换固溶体中溶质在溶剂中的溶解度取决于两组元的晶格类型、组元间原子半径的相对差别、电化学特性等。

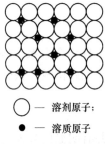

○ — 溶剂原子；

● — 溶质原子

图 3-1　间隙固溶体结构示意图

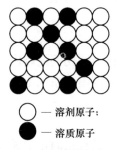

○ — 溶剂原子；

● — 溶质原子

图 3-2　置换固溶体结构示意图

一般而言，两组元的原子半径及电化学特性相近，晶格类型相同的组元，一般形成置换固溶体。当溶剂和溶质原子直径相差不大，一般在 15% 以内时，易于形成置换固溶体。铜镍二元合金即形成置换固溶体，镍原子可在铜晶格的任意位置替代铜原子。

当溶质元素含量很少时，固溶体性能与溶剂金属性能基本相同。但随溶质元素含量的增多，会使金属的强度和硬度升高，而塑性和韧性有所下降。例如，纯铜的抗拉强度 R_m 为 220MPa、硬度为 40HBW、断面收缩率 Z 为 70%，当加入 1% 的镍形成单相固溶体后，抗拉强度 R_m 提高到 390MPa、硬度提高到 70HBW、而断面收缩率 Z 仍为 50%，这种通过增加溶质元素的含量以提高金属的强度和硬度，而塑性和韧性有所下降的现象称为固溶强化。

间隙固溶体和置换固溶体都会产生固溶强化现象。如图 3 - 3 所示，在固溶体中，由于溶质原子的融入使溶剂晶格发生畸变，晶格畸变阻碍了位错的运动，使晶格间的滑移变得困难，从提高了合金抵抗塑性变形的能力。

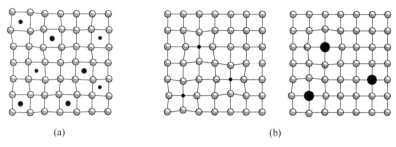

图 3 - 3　固溶体类型示意图
（a）间隙固溶体；（b）置换固溶体

适当控制溶质含量，可明显提高强度和硬度，同时仍能保证足够高的塑性和韧性，所以说固溶体一般具有较好的综合力学性能。因此要求有综合力学性能的结构材料，几乎都以固溶体作为基本相。这就是固溶强化成为一种重要强化方法，在工业生产中得以广泛应用的原因。

3.2.2　金属化合物

合金组元间发生相互作用而形成一种具有金属特性的物质称为金属化合物。金属化合物一般具有复杂的晶体结构。

金属化合物的晶格类型和特性完全不同于组成它的任一组元，一般可用分子式来表示。其类型主要有正常价化合物、电子化合物及间隙化合物。

在金属材料中，金属化合物一直用作金属基体的强化相。其性能特点是熔点高、硬度高、脆性大。当合金中出现金属化合物时，通常能提高合金的硬度和耐磨性，但塑性和韧性会降低。金属化合物是许多合金的重要组成相。

3.2.3　机械混合物

由纯金属、固溶体、金属化合物等合金的基本相按照一定比例构成的组织称为机械混合物。组成机械混合物的组织既不溶解，也不化合，它们仍保持各自的晶体结构，在显微镜下可以直接观察到不同形貌的机械混合物。

实际使用的金属材料大多是单相固溶体或以固溶体为基础的多相合金，其性质取决于固溶体与金属化合物的数量、大小、形态和分布状况。

3.3　金属的结晶

金属由液态冷却转变为固态过程称为结晶。金属的冶炼和铸造都要经过由液态转变为固态的结晶过程，金属的性能与结晶后的组织密切相关。同一个合金系，因成分的不同，其合金的组织也不同；同一成分的合金，其组织也随温度的不同而变化。因此为了掌握合金的组织与性能之间的关系，必须了解合金的结晶过程，了解合金中各组织的形成及变化规律。下面以二元合金相图为例来讨论这些问题。

3.3.1　二元合金相图的建立

合金相图是表示在平衡状态下，合金系的状态与温度、成分之间关系的图解，又称为合金状态图或平衡相图，简称相图。合金相图是研究和选用合金的重要工具，对于金属材料的理论研究以及生产加工工艺和热处理工艺的制定具有重要的指导意义。

二元合金相图都是通过实验方法得到的，建立一个合金系相图的主要目的是测出一系列不同成分合金的熔点和固态转变温度，即相变临界点。目前测定相变临界点的实验方法较多，其中最常用的是热分析法。现以铅锑二元合金为例，说明测绘合金相图的方法和步骤。

（1）配制若干组不同成分的 Pb – Sb 合金，见表 3 – 1。

表 3 – 1　Pb – Sb 合金的成分和临界点

合金序号	化学成分/%		相变临界点/℃	
	Pb	Sb	开始结晶温度	终了结晶温度
1	100	0	327	327
2	95	5	300	252
3	89	11	252	252
4	50	50	460	252
5	0	100	631	631

（2）根据表 3 – 1 所列出的各组合金相变临界点（开始结晶温度和终了结晶温度），作出各组合金的冷却曲线，纵坐标表示温度，横坐标表示时间，如图 3 – 4（1、2、3、4、5）所示。

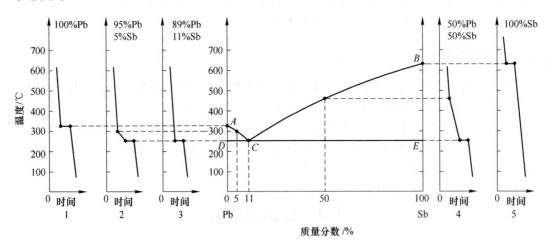

图 3 – 4　Pb – Sb 合金相图的绘制

（3）再将各组合金冷却曲线上的相变临界点标在成分 – 温度坐标系的坐标图上，连接各临界点，就得到铅锑二元合金相图，如图 3 – 4(3、4 之间)所示。

3.3.2 二元匀晶相图

组成合金的各组元在液态和固态下都能按照任意比例无限互溶的反应称为匀晶反应，这类合金结晶时，都是从液相中结晶出单相固溶体，这类合金的相图称为匀晶相图。该类合金系有 Cu－Ni、Au－Ag、Fe－Cr 等。下面以图 3－5 所示的 Cu－Ni 合金相图为例介绍匀晶相图的分析方法。

3.3.2.1 相图分析

如图 3－5 所示，A、B 两点分别为纯铜、纯镍的熔点。由 $A \sim B$ 镍的质量分数由 0 逐渐增加到 100%，铜的质量分数由 100% 逐渐减少到 0。

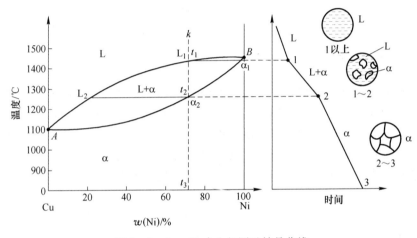

图 3－5 Cu－Ni 合金相图及结晶曲线

A 相线

AL_1B 为液相线，表示各种成分的 Cu－Ni 合金在冷却（或加热）过程中开始结晶（或熔化终了）的温度；$A\alpha_1B$ 为固相线，表示各种成分的 Cu－Ni 合金在冷却（或加热）过程中结晶终了（或开始熔化）的温度。

B 相区

液相线和固相线把匀晶相图分成三个不同相区，液相线以上为单相液相 L（Liquidus）区；固相线以下为单相固相 α 区；在液相线和固相线之间，合金处于液相 L 和固相 α 两相共存区（即结晶区），用 L＋α 表示。

3.3.2.2 合金的平衡结晶

平衡结晶是指金属在非常缓慢冷却条件下进行的结晶过程。所谓平衡，是指在一定条件下合金系中参与相变过程的各相的成分和相对质量不再改变时的一种动态平衡状态。此时合金系稳定，不随时间而改变。平衡结晶过程中各相处于平衡状态，所得的组织为平衡组织。下面以图 3－5 中成分为 k 的 Cu－Ni 合金为例，分析合金的结晶过程。

在 t_1 点温度以上时，合金为液相 L。

当合金缓慢冷却至 t_1 点温度时，合金正处于液相线上，开始从液相合金中结晶出 α 固溶体。此时，固溶体的成分为 α_1，与其平衡的液相成分为 L_1。

合金继续冷却至 t_1 点 ~ t_2 点温度时，发生匀晶转变，由液相中不断结晶出 α 固溶体，合金的组成相变化为 $L + \alpha$。随着温度继续下降，结晶出的 α 固溶体数量不断增加，其成分也沿着固相线不断变化，剩余的液相 L 也不断减少。

当合金缓慢冷却至 t_2 点温度时，合金正处于固相线上，液相全部结晶成含镍量为 $k\%$ 的 α 固溶体，匀晶转变结束。此时，固溶体的成分为 α_2，与其平衡的液相成分为 L_2。

在 t_2 点温度以下并继续下降至室温 t_3 点时，合金组织不再发生变化，得到的室温组织为与原合金成分相同的单相 α 固溶体。

通过上述结晶过程的分析可以知道，固溶体结晶不是一个恒温过程，而是在一个温度区间内完成结晶的。在此区间内的一定温度下，只能结晶出一定成分和一定数量的固溶体，随着温度的降低，固溶体的数量和成分不断改变，这就需要通过两种原子的相互扩散，才能得到成分均匀的固溶体，实现平衡结晶。固溶体的结晶速度要比纯金属慢。

3.3.2.3　枝晶偏析

结晶过程中，只有在非常缓慢的冷却条件下，原子才有充分的时间进行扩散，最终形成成分均匀的固溶体。但在实际生产中，液态合金的结晶过程不可能在非常缓慢冷却条件下进行，而是具有较大的冷却速度，由于原子在固态下的扩散很困难，因此，实际固溶体的结晶是在一定范围内进行的，其结晶过程一般是按树枝晶的方式进行。在高温状态下先结晶出来的枝干多为高熔点组元；在低温状态下后结晶出来的枝间多为低熔点组元。

由于冷却速度较快，使液相中的原子来得及扩散而固相中的原子来不及扩散，以至于固溶体先结晶中心和后结晶部分成分不同，这种现象称为晶内偏析。由于这种偏析多呈树枝状，先结晶的枝干与后结晶的枝间成分不同，所以又称为枝晶偏析。固相线与液相线的水平距离和垂直距离越大，枝晶偏析越严重。简言之，这种在一个晶粒内部化学成分不均匀、呈枝状分布的现象称为枝晶偏析（或称为晶内偏析）。

如图 3 - 6 所示，Cu - Ni 合金枝晶偏析显微组织中，枝干含高熔点组元 Ni，不易侵蚀，故呈白亮色；枝间含低熔点组元 Cu，易侵蚀，故呈黑色。

图 3 - 6　Cu - Ni 合金枝晶偏析的显微组织

枝晶偏析的存在，会降低合金的力学性能，严重影响合金的工艺性能和耐腐蚀性能。为了消除其影响，一般采用均匀化退火的热处理方法加以消除和改善。

3.3.2.4　二元相图的杠杆定律

合金在结晶过程中，液相和固相的成分以及它们的相对质量都在不断地发生变化，利用相图及杠杆定律，能够确定两相区内任一成分的合金在任一温度下处于平衡时的各相成分，同时可以确定各相的质量。

A 确定两平衡相的成分

如图 3 − 7 所示，r 点表示成分为 X 的合金在温度 T_1 时，液相 L 和固相 α 处于两相共存（L + α）状态。通过 r 点作一条水平线，与液相线交于 a 点，与固相线交于 b 点，分别将 a 点和 b 点投影在成分坐标轴上，则 X_L 和 $X_α$ 分别是液相 L 和固相 α 的成分。

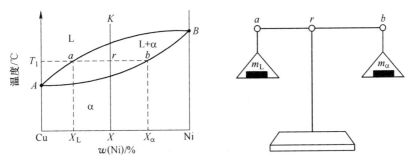

图 3 − 7 杠杆定律的证明及其力学比例

B 确定两平衡相的相对质量

设图中合金 K 的总质量为 m，温度为 T_1 时，合金中液相 L 的质量为 m_L，固相 α 的质量为 $m_α$，则用水平截线法可以确定液相 m_L 和固相 $m_α$ 的成分，即

$$m_L + m_α = m$$

此外，合金 K 中的含镍量 X 等于液相 L 和固相 α 中含镍量之和，即

$$X_L m_L + X_α m_α = mX$$

由以上两式可以得出杠杆的平衡条件，即

$$\frac{m_L}{m_α} = \frac{rb}{ra}$$

上面的计算式与力学中的杠杆定律相似，所以称为杠杆定律。杠杆的两端表示该温度下两相的成分，杠杆全长 ab 表示合金的总质量，液臂长度 ar 对应固相 α 的质量，固臂长度 br 对应液相 L 的质量。

3.3.3 二元共晶相图

二元共晶相图是二元合金相图的又一种基本类型。二元共晶相图是合金中两组元在液态下无限互溶，在固态下有限互溶，并在冷却中发生共晶反应所形成的相图，如 Al − Si、Pb − Sn、Ag − Cu 等合金相图。共晶反应所形成组织的称为共晶组织。下面以 Pb − Sn 二元共晶相图为例进行分析。

3.3.3.1 相图分析

如图 3 − 8 所示，A、B 两点分别为纯铅、纯锡的熔点；D 点、E 点分别为 α 和 β 固溶体的最大溶解度点；F 点、G 点分别为 α 和 β 固溶体的室温溶解度点；C 点为共晶点。

（1）相。L 为液相；锡（Sn）溶于铅（Pb）形成的固溶体为 α 相；铅（Pb）溶于锡（Sn）形成的固溶体为 β 相。

（2）相线。ACB 线为液相线；AD、DCE、BE 为固相线，固相线 DCE 也称为共晶线，共晶线对应的温度为 183℃。任何成分在 DCE 线之间的液态合金冷却到共晶线对应的温度时，剩余液相的成分将成为共晶点 C 的成分。具有 C 点成分的液相 L_C 在共晶点 C 对应的温度，将同时结晶出成分为 D 点的固溶体 α_D 和成分为 E 点的固溶体 β_E 的两相混合物。

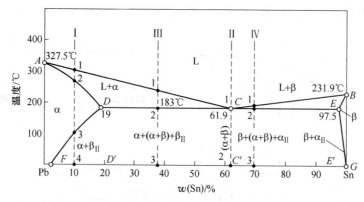

图 3-8　Pb-Sn 合金相图

在共晶转变过程中，液相 L_C 和两个固相 α_D 与 β_E 处于三相共存状态。一种液相在恒温下同时结晶出两种固相的反应称为共晶反应（转变），所形成的两相混合物称为共晶体。发生共晶反应时有三相共存，它们各自的成分是确定的，反应是在恒温状态下平衡地进行。

（3）相区。相图中有三个单相区，分别是 L 相（ACB 线以上）、α 相（ADF 线以内）和 β 相（BEG 线以内）；三个双相区，分别是 L+α 相区（ACD 线以内）、L+β 相区（CBE 线以内）和 α+β 相区（$FDEG$ 线以内）、一个三相区，即一个三相（L+α+β）共存区（水平线 DCE 线以上）。

DF 线是 Sn 在固溶体 α 中的溶解度曲线（固溶线）；EG 线是 Pb 在固溶体 β 中的溶解度曲线（固溶线），曲线表明，固溶体的溶解度随着温度的下降而降低。

3.3.3.2　合金的结晶过程及组织

下面以四种典型合金为例，分析合金在平衡状态下的结晶过程及组织。

（1）合金 I。合金 I 是成分在 D 点~F 点之间的合金，其冷却曲线与结晶过程，如图 3-9 所示。

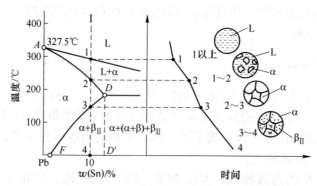

图 3-9　合金 I 的冷却曲线及结晶过程示意图

在 1 点温度以上为液相区。液相合金缓慢冷却到 1 点温度时，开始从液相 L 中结晶出 α 相。在 1~2 点温度之间为液固两相区。随着温度继续下降，不断从液相 L 中析出 α 相，α 相增多，L 相减少，组成相变化为 L + α 液固两相区，其成分沿 AD 线变化；剩余液相减少，其成分沿 AC 线变化。

当继续冷却至 2 点温度时，合金完全结晶为固相 α，这一过程称为匀晶转变。在 2~3 点温度之间，固相 α 不发生相变。

当继续冷却至 3 点温度时，Sn 在 Pb 中的溶解度达到饱和状态。继续冷却至 3 点以下温度时，Sn 在 Pb 中处于过饱和状态，过剩的 Sn 将不断以 β 固溶体的形式从 α 固溶体中析出，使 α 固溶体的成分沿溶解度曲线 DF 线变化；析出的 β 固溶体沿溶解度曲线 EG 线变化。这种从 α 固溶体析出的 β 固溶体称为二次 β 固溶体，又称为次生相，用 β_{II} 表示。最后合金 I 得到的室温组织为 $\alpha + \beta_{II}$，其组成相是 F 点成分的 α 相和 G 点成分的 β 相。

（2）合金 II。合金 II 是成分为 C 点 [$w(Sn) = 61.9\%$] 的合金，称为共晶合金。合金 II 的冷却曲线与结晶过程，如图 3-10 所示。

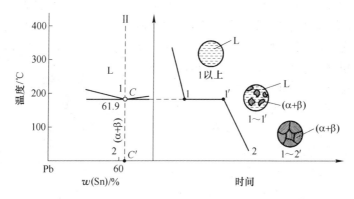

图 3-10 合金 II 的冷却曲线及结晶过程示意图

在 C 点（1 点）温度以上为液相区。液相合金缓慢冷却到 1 点温度时，将发生共晶转变，即从液相 L 中同时结晶出 α 和 β 两相固溶体，共晶转变是在恒温状态下平衡地进行。

继续冷却时，共晶组织中的 α 和 β 两相固溶体将发生二次结晶，即分别从 α 固溶体中析出 β_{II}、从 β 固溶体中析出 α_{II}。由于 α 和 β、α_{II} 和 β_{II} 混合在一起，在金相显微镜下难以分辨，故在室温下的组织为共晶组织（α + β）。

继续冷却时，共晶组织中的 α 和 β 两相固溶体将发生二次结晶，即分别从 α 固溶体中析出 β_{II}、从 β 固溶体中析出 α_{II}。由于 α 和 β、α_{II} 和 β_{II} 混合在一起，在金相显微镜下难以分辨，故在室温下的组织为共晶组织（α + β）。

图 3-11 所示为 Pb-Sn 共晶合金的显微组织，图中黑色部分为富 Pb 的 α 相，白色基体为富 Sn 的 β 相，α 相与 β 相呈层状相间分布。

（3）合金 III。合金 III 是成分为 D 点~C 点的合金，称为亚共晶合金。合金 III 的冷却曲线与结晶过程，如图 3-12 所示。

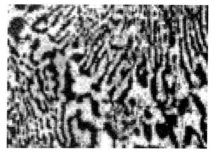

图 3-11 Pb-Sn 共晶合金的显微组织

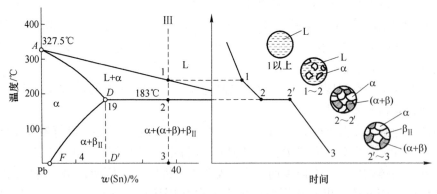

图 3 - 12　合金 III 的冷却曲线及结晶过程示意图

在 1 点温度以上为液相区。液相合金缓慢冷却到 1 点温度时开始结晶,从液相 L 中析出 α 固溶体,称为初生 α 固溶体,组成相变化为 L + α。

继续冷却时,结晶不断进行,初生 α 固溶体数量增加,其成分沿 AD 线变化;剩余液相的数量不断减少,其成分沿 AC 线变化。当温度继续降至 2 点时,α 固溶体的成分达到 D 点,

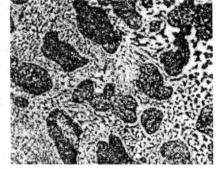

剩余液相的成分达到 C 点,此时,合金处于共晶线 DCE 上,剩余液相成分达到共晶成分,在恒温状态下发生共晶反应,剩余液相全部转变为共晶组织 ($α_D$ + $β_E$)。在共晶转变过程中,初生 α 固溶体不发生变化。共晶反应完成后的合金组织为 α + (α + β)。

从 2 点继续向室温冷却,共晶组织中的 α 固溶体和 β 固溶体中将分别不断析出次生相 $β_{II}$ 和 $α_{II}$。冷却至室温时,合金的组织为 α + $β_{II}$ + (α + β)。

图 3 - 13 所示为 Pb - Sn 亚共晶合金的显微组织,图中黑色斑块部分为初生 α 固溶体,黑色斑块上的白色颗粒组织为次生相 $β_{II}$,其余黑白相间部分为共晶组织 α + β。

图 3 - 13　Pb - Sn 亚共晶合金的显微组织

(4) 合金 IV。合金 IV 是成分为 C 点 ~ E 点的合金,称为过共晶合金。合金 IV 的冷却曲线与结晶过程,如图 3 - 14 所示。

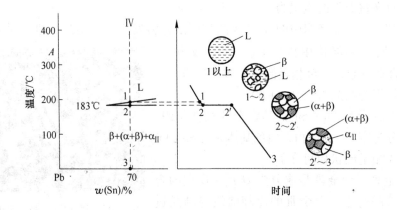

图 3 - 14　合金 IV 的冷却曲线及结晶过程示意图

过共晶合金的结晶过程的分析方法和步骤与亚共晶合金类似,所不同的是初生相为 β 固溶体,次生相为 α_{II} 固溶体,所以过共晶合金的室温组织为 $\beta + \alpha_{II} + (\alpha + \beta)$。

图 3 – 15 所示为 Pb – Sn 过共晶合金的显微组织,除次生相 α_{II} 固溶体观察不到外,图中亮白色斑块部分为 β 固溶体,其余黑白相间部分为 $\alpha + \beta$。

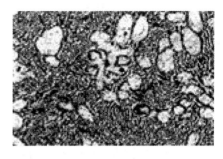

图 3 – 15 Pb – Sn 过共晶合金的显微组织

3.3.3.3 密度偏析

通过对上述四种合金结晶过程的分析可以知道,合金在结晶过程中,从液态合金中结晶出两种与液态密度完全不同的 α 相和 β 相。当初生相与合金液体之间的密度相差较大时,初生相便会在液体中上浮或下沉,使结晶后的上、下部分的化学成分不一致,这种因密度不同所造成化学成分不均匀的现象称为密度偏析(或称为比重偏析)。密度偏析使合金铸件各处性能不同,影响合金铸件的加工与使用。密度偏析可采用热处理工艺方法来消除和改善,一般采用增大冷却速度,使晶粒来不及上浮或下沉,也可采用增加外来晶核达到快速结晶的方法来减轻或防止密度偏析。

3.3.4 二元包晶相图

两组元在液态下无限互溶,在固态下有限互溶(或不互溶),即在冷却时已经结晶出来的固相与包围它的液相作用,合成另一个成分固定的固相的反应,称为包晶反应(转变),这种反应形成的组织称为包晶组织,其相图称为包晶相图,如二元合金系 Pt – Ag、Ag – Sn、Al – Pt 相图等。下面以 Pt – Ag 相图为例进行分析。

如图 3 – 16 所示,A、B 两点分别为 Pt、Ag 的熔点。

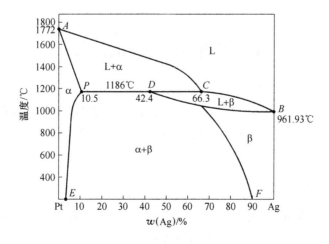

图 3 – 16 Pt – Ag 合金相图

（1）相。L、α、β 相。α 相是 Ag 溶入 Pt 中的固溶体；β 相是 Pt 溶入 Ag 中的固溶体。

（2）相线。ACB 线为液相线；$APDB$ 线为固相线。PE 线是 Ag 溶入 Pt 中的溶解度曲线；DF 线是 Pt 溶入 Ag 中的溶解度曲线。

（3）相区。相图中有三个单相区，分别是 L、α 和 β 相；有三个双相区，分别是 L + α 相区、L + β 相区和 α + β 相区；有一个三相（L + α + β）共存区，在这里表现为介于 L + α 相区与 α + β 相区之间的一条三相（L + α + β）共存水平线（PDC 线）。PDC 线为包晶线。凡是成分在 PC 范围内的合金都要在恒温下发生包晶转变反应，其反应式为

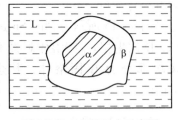

图 3 – 17　包晶反应示意图

$L_C + α_P \xrightleftharpoons{1186℃} β_D$。图 3 – 17 所示为包晶转变反应示意图，从 L 相中先析出固相 α，β 相为 L 相与 α 相反应形成的新相，新相 β 相包围着初生相 α 生长，这种形式的反应就是包晶转变反应。

3.3.5　二元共析相图

在恒定温度下，由一定成分的固相同时析出两个成分和结构完全不同的新的固相的过程称为共析反应（转变）。共析转变也是固态相变，共析反应的产物称为共析组织，具有共析组织转变的相图称为共析相图。共析相图与共晶相图相似，所不同的是反应相为固相而不是液相，是由固相到固相的转变，属于二次结晶。

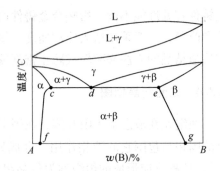

图 3 – 18　共析反应（转变）合金相图

图 3 – 18 所示为具有共析反应的二元合金相图。两组元 A、B 组成的固溶体 γ 冷却至 cde 水平线 d 点时发生共析转变，其反应式为 $γ_d \rightleftharpoons α_c + β_e$。$cde$ 线为共析线，$γ_d$、$α_c$、$β_e$ 三个固相均在共析线上，d 点为共析点，共析组织也是两相混合物。

3.4　相图与合金性能的关系

合金的性能取决于合金的化学成分与结晶后的组织，相图反映了合金的成分与平衡组织之间的关系以及合金的结晶特点。相图与合金成分、材料性能之间存在着一定的必然关系，利用相图可大致判断不同合金的性能特点，以作为选用合金材料和制定加工工艺的重要参考。

3.4.1　相图与使用性能的关系

利用相图可大致判断合金在平衡状态下的力学性能和物理性能。图 3 – 19 所示为不同类型相图中合金成分与使用性能之间的对应关系。

二元合金在室温下的平衡组织可分为单相固溶体合金和两相机械混合物合金。实验证

明，单相固溶体合金的力学性能和物理性能与其成分呈曲线关系变化，如图3－19(a) 所示；两相机械混合物合金的力学性能和物理性能与其成分主要呈直线关系变化，如图3－19(b) 所示。

对于单相固溶体合金而言，随着溶质组元的增加，固溶体的晶格畸变程度增大，固溶强化效果增强，其强度、硬度均得到提高。晶格畸变程度的增大，会使合金中自由电子运动的阻力增加，电导率下降。固溶体的电导率随着溶质组元含量的增加而下降，而电阻随着溶质组元含量的增加而增加，因此，工业上常采用 $w(Ni) = 50\%$ 的 Cu－Ni 合金制造加热元件和可变电阻器的材料。

对于两相机械混合物（共晶成分）合金而言，若两相的晶粒比较粗大，且分布均匀时，则合金的力学性能和物理性能是两相性能的平均值，故性能与合金成分之间呈直线关系变化。当合金处在共晶成分附近时，由于共晶转变形成细密的共晶组织，对组织形态敏感的一些性能，如强度、硬度等会出现与直线发生偏离的变化现象，如图3－19(b) 中由虚线所示的高峰曲线，其峰值的大小随着组织的细密程度的增加而增加。

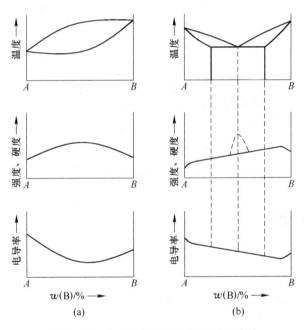

图3－19 合金的使用性能与相图的关系
(a) 曲线；(b) 直线

3.4.2 相图与合金铸造性能的关系

合金的铸造性能主要包括流动性、缩孔、偏析和热裂倾向等，合金的铸造性能与相图之间的关系如图3－20所示。合金的铸造性能取决于合金的结晶特点以及相图中液相线与固相线之间的水平距离与垂直距离，即结晶区间的大小。相图中结晶区间越大，则合金结晶时的温度范围就越大，其流动性就越差，分散缩孔也越多，枝晶偏析与热裂倾向就愈严重，合金的铸造性能就越差。反之，结晶区间越小，合金的铸造性能就越好。

共晶成分合金的铸造性能最好。这是因为共晶成分合金的熔点低，在恒温下结晶凝固

（即结晶温度区间为零），流动性最好，分散缩孔少，热裂倾向小。故铸造合金一般选用共晶成分或接近共晶成分的合金。

　　单相固溶体合金的压力加工性能好。这是因为单相固溶体合金的强度低，塑性好，变形均匀，不易开裂。故压力加工一般选用单相固溶体成分范围内的单相合金或含有少量第二相的合金。单相固溶体合金的硬度一般较低，在切削加工时不易断屑，加工表面粗糙，故不宜切削加工。

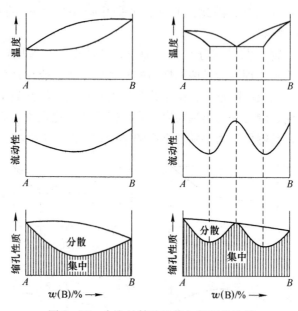

图3-20　合金的铸造性能与相图的关系

 思考与练习题

3-1　解释名词

　　　合金、组元、合金系、相、组织、固溶体、间隙固溶体、置换固溶体、金属化合物、机械混合物、结晶、相图、匀晶反应、平衡结晶、共晶反应、密度偏析、包晶反应、共析反应

3-2　何谓固溶强化？

3-3　何谓枝晶偏析？枝晶偏析产生的原因是什么？枝晶偏析的危害有哪些？

3-4　为何铸造合金常选用具有共晶成分或接近共晶成分的合金？

3-5　为何进行压力加工的合金常选用单相固溶体合金？

4 铁碳合金与碳素钢

钢铁是现代工业生产中应用最为广泛的金属材料，它们是以铁、碳为基本组元的复杂合金。为了解铁碳合金的成分、组织及性能之间的关系，就必须研究铁碳合金相图。掌握铁碳合金相图，对于钢铁材料的热加工及热处理工艺等方面有重要的意义。

4.1 铁碳合金的基本相

4.1.1 固溶体

4.1.1.1 α铁素体

碳溶于α-Fe中所形成的结构为体心立方晶格的间隙固溶体称为α铁素体，用字母"F"或"α"表示。其晶胞示意图如图4-1所示。α铁素体的显微组织如图4-2所示，金相显微镜下呈网络状多边形晶粒。由于α-Fe是体心立方晶格，晶格间隙较小，所以碳在α-Fe中的溶解度较低，在727℃时，α-Fe中的最大溶解度为0.0218%，随着温度下降，溶碳量逐渐减小，在室温时溶解度仅为0.008%。

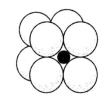

图4-1 铁素体晶胞示意图

铁素体的居里点为770℃，即铁素体在770℃以下时具有铁磁性，在770℃以上时失去铁磁性。由于铁素体的含碳量很低，其性能与纯铁相近，因此，具有良好的塑性和韧性，因此，铁素体是碳钢中的软韧相。铁素体的抗拉强度 R_m 为 180~280MPa，规定残余延伸强度 $R_{r0.2}$ 为 100~170MPa，断后伸长率 A 为 30%~50%，断面收缩率 Z 为 70%~80%。

4.1.1.2 δ铁素体

碳溶于δ-Fe中所形成的结构为体心立方晶格的间隙固溶体称为δ铁素体，用字母"δ"表示。δ铁素体的显微组织如图4-3所示，金相显微镜下呈网络状多边形晶粒。δ铁

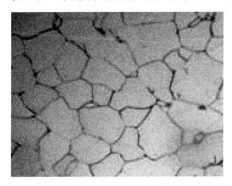

图4-2 α铁素体的显微组织

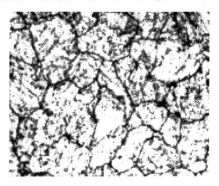

图4-3 δ铁素体的显微组织

素体在1394℃以上存在，在1495℃时，δ-Fe中的最大溶碳量为0.09%。

4.1.1.3　奥氏体

碳溶于γ-Fe中所形成的结构为面心立方晶格的间隙固溶体称为奥氏体，用字母"A"或"γ"表示。其晶胞示意图如图4-4所示。奥氏体显微组织如图4-5所示，金相显微镜下呈不规则的多边形晶粒。由于γ-Fe是面心立方晶格，晶格间隙较大，故奥氏体的溶碳能力较大，在1148℃时溶碳量为最大，可达2.11%，随着温度下降，溶碳量逐渐减小，在727℃时溶碳量为最小，为0.77%。

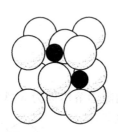

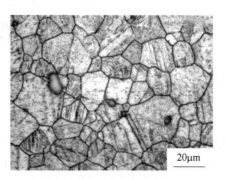

图4-4　奥氏体晶胞示意图　　　　　图4-5　奥氏体显微组织

奥氏体的力学性能与其溶碳量及晶粒大小有关，奥氏体的强度和硬度较低，塑性和韧性较高，易于压力加工。一般奥氏体的硬度为170～220HBW，断后伸长率A为40%～50%，因此工业生产中常将钢加热到高温奥氏体状态下进行轧制和锻压成型。

4.1.2　渗碳体

渗碳体是一种具有复杂晶格的间隙化合物，其分子式为Fe_3C。由于碳在α-Fe中溶解度很小，在常温下，铁碳合金中的碳主要以渗碳体的形式存在于组织中，分为一次渗碳体（从液相中析出）、二次渗碳体（从奥氏体中析出）、三次渗碳体（从铁素体中析出）。渗碳体的碳质量分数为$w(C)=6.69\%$，熔点为1227℃，不发生同素异构转变，但有磁性转变，居里点为230℃。渗碳体的显微组织如图4-6所示。

渗碳体的硬度很高，塑性和韧性几乎为零，硬度可达800～820HBW，抗拉强度R_m仅为30MPa，因此，渗碳体是碳钢中的强硬相。渗碳体的形态、数量、分布与大小对钢的力学性能有很大的影响。

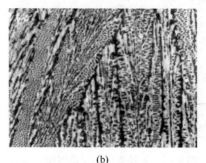

(a)　　　　　　　　　　　　　(b)

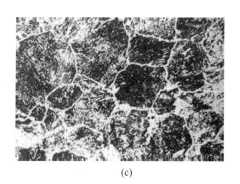

(c)

图4-6 渗碳体显微组织

（a）一次渗碳体显微组织；（b）二次渗碳体显微组织；（c）三次渗碳体显微组织

4.1.3 机械混合物

4.1.3.1 珠光体

由铁素体和渗碳体组成的两相机械混合物称为珠光体，用字母 P 表示。珠光体的显微组织如图 4-7 所示，其组织为铁素体和渗碳体片层相间、交替排列。

在缓慢冷却条件下，珠光体的碳质量分数为 $w(C) = 0.77\%$，其力学性能良好，介于铁素体和渗碳体之间，强度较高，硬度适中，并具有一定的塑性。其力学性能指标为：硬度为 180HBW，抗拉强度 $R_m = 770MPa$，断后伸长率 $A = 20\% \sim 30\%$。

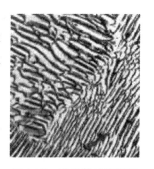

图4-7 珠光体显微组织

4.1.3.2 莱氏体

由奥氏体和渗碳体组成的两相机械混合物称为莱氏体，其组织为渗碳体基体上分布着奥氏体。莱氏体分为高温莱氏体和低温莱氏体，高温莱氏体是指存在于 727℃ 以上由奥氏体和渗碳体组成的两相机械混合物，用字母 L_d 表示，高温莱氏体的显微组织如图 4-8 所示；莱氏体冷却至室温时成为低温莱氏体，低温莱氏体是由珠光体和渗碳体组成的两相机械混合物，用字母 L_d' 表示，又称为变态莱氏体，莱氏体硬而脆，其力学性能与渗碳体相似。低温莱氏体的显微组织如图 4-9 所示。

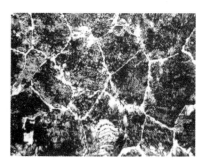

图4-8 高温莱氏体显微组织

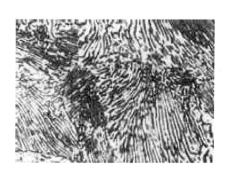

图4-9 低温莱氏体显微组织

4.2 铁碳合金的相图

铁碳合金相图是研究铁碳合金的基础。铁碳合金相图是指在缓慢加热（或冷却）的条件下，表示不同成分的铁碳合金随着温度变化所处的状态或组织的图形。在铁碳合金中，铁与碳可以形成 Fe_3C、Fe_2C、FeC 等一系列化合物，所以铁与碳可以构成 $Fe - Fe_3C$、$Fe - Fe_2C$、$Fe_3C - Fe_2C$、$Fe - FeC$ 等一系列二元合金相图。由于 $w(C) > 6.69\%$ 的铁碳合金脆形性极大，没有应用价值，所以在铁碳合金相图中只需研究 $Fe - Fe_3C[w(C)$ 为 $0 \sim 6.69\%]$ 部分。因此，铁碳合金相图实际上是指 $Fe - Fe_3C$ 相图，如图 4 - 10 所示。为了便于分析和研究，将相图上应用意义不大的左上角部分予以简化，简化后的铁碳合金相图如图 4 - 11 所示。

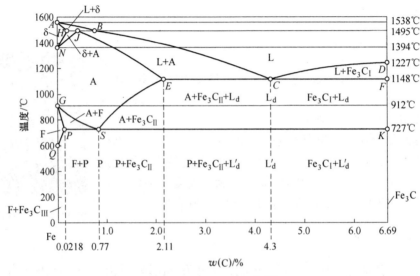

图 4 - 10 $Fe - Fe_3C$ 相图

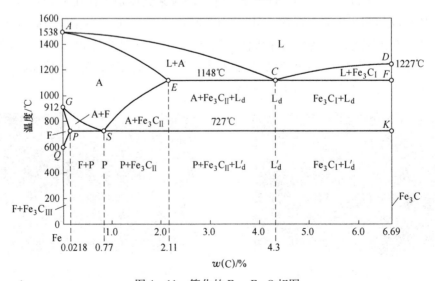

图 4 - 11 简化的 $Fe - Fe_3C$ 相图

4.2.1 铁碳合金相图分析

4.2.1.1 铁碳合金相图中的特性点

铁碳合金相图中的主要特性点的温度、成分及其含义如表4-1所示。

表4-1 Fe-Fe₃C 相图中的主要特性点

特性点符号	温度/℃	$w(C)/\%$	含 义
A	1538	0	纯铁的熔点
C	1148	4.3	共晶点，$L_C \xrightleftharpoons{1148℃} A_E + Fe_3C$
D	1227	6.69	Fe_3C 的熔点
E	1148	2.11	碳在 $\gamma - Fe$ 中的最大溶解度点
F	1148	6.69	共晶 Fe_3C 的成分点
G	912	0	$\alpha - Fe \xrightleftharpoons{912℃} \gamma - Fe$ 同素异晶转变点
K	727	6.69	共析 Fe_3C 的成分点
Q	600	0.0057	600℃时碳在 $\alpha - Fe$ 中的最大溶解度点
P	727	0.0218	727℃时碳在 $\alpha - Fe$ 中的最大溶解度点
S	727	0.77	共析点，$A_S \xrightleftharpoons{727℃} F_P + Fe_3C$

4.2.1.2 铁碳合金相图中的特性线

铁碳合金相图中的主要特性线及其含义如下。

(1) ACD 线（液相线）。铁碳合金在此线以上处于液态（L），缓冷至 AC 线时，液体中开始结晶出奥氏体，缓冷至 CD 线时，从液态合金中开始结晶出渗碳体，此渗碳体称为一次渗碳体（Fe_3C_I）。

(2) $AECF$ 线（固相线）。铁碳合金缓冷至此温度线时全部结晶为固相，加热至此温度线时，合金开始熔化。

(3) ECF 线（共晶转变线）。凡 $w(C) > 2.11\%$ 的铁碳合金，缓冷至该线（1148℃）时，均发生共晶转变。$w(C) = 4.3\%$ 的铁碳合金，在此温度会同时结晶出奥氏体 $[w(C) = 2.11\%]$ 和渗碳体两种新的固相，这两种固相共晶转变的产物称为莱氏体（L_d），其转变式为 $L_C \xrightleftharpoons{1148℃} L_d(A_E + Fe_3C)$。这种由一定成分的液相，在一定温度下，同时结晶出两种不同的固相的转变称为共晶转变。

(4) PSK 线（共析转变线，代号 A_1）。凡 $w(C) > 0.0218\%$ 的铁碳合金，缓冷至该线（727℃）时，均发生共析转变。$w(C) = 0.77\%$ 的奥氏体，在此温度会同时析出铁素体 $[w(C) = 0.0218\%]$ 和渗碳体两种新的固相，这两种固相共析转变的产物为机械混合物 $(F + Fe_3C)$，称为珠光体（P），其转变式为 $A_S \xrightleftharpoons{727℃} P(F_P + Fe_3C)$。这种由一定成分的固相，在一定温度下，同时析出两种新的固相的转变称为共析转变。

(5) GS 线（代号 A_3）。$w(C) < 0.77\%$ 的奥氏体在缓慢冷却至 GS 线时，开始析出铁素体，即奥氏体向铁素体开始转变的温度线。GS 线也是缓慢加热时铁素体转变为奥氏体

的终了线。

（6）ES 线（代号 A_{cm}）。ES 线是碳在奥氏体中的溶解度曲线。1148℃时，奥氏体的最大溶碳量为 2.11%（E 点）。随着温度的降低，溶解度降低，温度降至 727℃时，奥氏体的溶碳量为 0.77%（S 点）。$w(C) > 0.77\%$ 的铁碳合金，自 1148℃冷却至 727℃的过程中，将从奥氏体中析出渗碳体，为与直接从液态合金中结晶出的呈规则长条状的一次渗碳体相区别，将从奥氏体中析出的网络状渗碳体称为二次渗碳体（Fe_3C_{II}）。代号"A_{cm}"中的下角标"cm"是英文"渗碳体""cementite"的缩略语。

（7）PQ 线。PQ 线是碳在铁素体中的溶解度曲线。在 727℃时，铁素体的最大溶碳量为 0.0218%（P 点）。到 600℃时，铁素体的含碳量仅为 0.0057%（Q 点）。铁素体从 727℃冷却至室温时，铁素体中多余的碳以渗碳体形式析出，这种由铁素体中析出的渗碳体称为三次渗碳体（Fe_3C_{III}）。

4.2.1.3　铁碳合金相图中的相区

（1）4 个单相区：L、F、A 和 Fe_3C 单相区。

（2）5 个双相区：L + A、L + Fe_3C、F + A、A + Fe_3C 和 F + Fe_3C 双相区。

（3）2 个三相区：在 ECF 线上是 L + A + Fe_3C 三相区；在 PSK 线上是 A + F + Fe_3C 三相区。

4.2.2　典型铁碳合金的结晶过程及组织

4.2.2.1　铁碳合金分类

铁碳合金按其碳的质量分数和室温组织的不同分为 3 类共 7 种。

（1）工业纯铁。$w(C) \leqslant 0.0218\%$ 的铁碳合金，其室温平衡组织为铁素体和极少量的三次渗碳体（F + Fe_3C_{III}）。

（2）碳钢。$w(C) = 0.0218\% \sim 2.11\%$ 的铁碳合金，碳钢按其碳的质量分数和室温组织的不同分为如下 3 种：

1）亚共析钢。$w(C) = 0.0218\% \sim 0.77\%$ 的铁碳合金（共析点 S 以左），其室温平衡组织为铁素体和珠光体（F + P）。

2）共析钢。$w(C) = 0.77\%$ 的铁碳合金（共析点 S），其室温平衡组织为珠光体（P）。

3）过共析钢。$w(C) = 0.77\% \sim 2.11\%$ 的铁碳合金（共析点 S 以右），其室温平衡组织为珠光体和二次渗碳体（P + Fe_3C_{II}）。

（3）白口铸铁。$w(C) = 2.11\% \sim 6.69\%$ 的铁碳合金，白口铸铁按其碳的质量分数和室温组织的不同分为如下 3 种：

1）亚共晶白口铸铁。$w(C) = 2.11\% \sim 4.3\%$ 的铁碳合金（共晶点 C 以左），其室温平衡组织为低温莱氏体、珠光体和二次渗碳体（$L_d' + P + Fe_3C_{II}$）。

2）共晶白口铸铁。$w(C) = 4.3\%$ 的铁碳合金（共晶点 C），其室温平衡组织为低温莱氏体（L_d'）。

3）过共晶白口铸铁。$w(C) = 4.3\% \sim 6.69\%$ 的铁碳合金（共晶点 C 以右），其室温平衡组织为低温莱氏体、一次渗碳体（$L_d' + Fe_3C_I$）。

4.2.2.2 典型铁碳合金的结晶过程分析

下面以 7 种典型的铁碳合金为例，通过分析，了解其平衡结晶及组织转变过程，所选取的铁碳合金成分与其相应的冷却曲线，如图 4 - 12 所示。

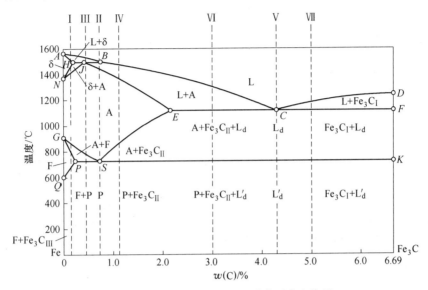

图 4 - 12 Fe - Fe₃C 相图上 7 种典型合金位置

A 工业纯铁

图 4 - 13 所示合金 I 为工业纯铁 [$w(C) = 0.01\%$] 的结晶过程。在 1 点以上时，合金全部为液相；合金溶液冷却至 1~2 点之间时，发生匀晶转变，开始由液体结晶出 δ 固溶体，冷却至 2~3 点之间时，全部结晶为 δ 固溶体；冷却至 3~4 点之间时合金发生同素异构转变 δ→A，冷却至 4~5 点之间时合金全部转变为奥氏体（A）；冷却至 5~6 点之间时合金又发生同素异构转变 A→F，冷却至 6~7 点之间时奥氏体全部转变为铁素体（F）；

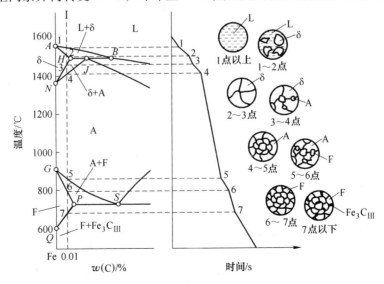

图 4 - 13 $w(C) = 0.01\%$ 的工业纯铁结晶过程

冷却至 7 点以下时，将从铁素体中析出三次渗碳体 Fe_3C_{III}，所以，工业纯铁的室温平衡组织由铁素体和极少量的三次渗碳体组成。

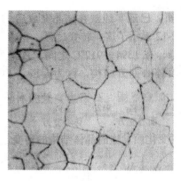

工业纯铁的显微组织如图 4 - 14 所示。图中白色基体是铁素体的不规则等轴晶粒，晶界处呈黑色，在部分晶界处可以观察到不连续的薄片状的三次渗碳体。工业纯铁的强度和硬度较低，塑性较好，工业上很少使用，仅作为功能材料使用，如变压器的铁芯等。

图 4 - 14　工业纯铁的显微组织

B　碳钢

a　共析钢

图 4 - 15 所示铁碳合金 II 为共析钢 [$w(C) = 0.77\%$] 的结晶过程。在 1 点以上时，合金全部为液相；合金溶液冷却至 1 ~ 2 点之间时，由液相析出奥氏体（A）；冷却至 2 ~ 3 点之间时，全部转变为单相的奥氏体；冷却至 3 ~ 3′点（共析钢转变温度 727℃）之间时，奥氏体开始发生共析反应并转变为珠光体（P），珠光体中的 Fe_3C 称为共析渗碳体；冷却至 3′点以下时，奥氏体全部转变为珠光体，因此共析钢的室温平衡组织为珠光体。

共析钢的显微组织为层片状特征，如图 4 - 16 所示。图中白色基体为铁素体，呈黑色细条状的为渗碳体。

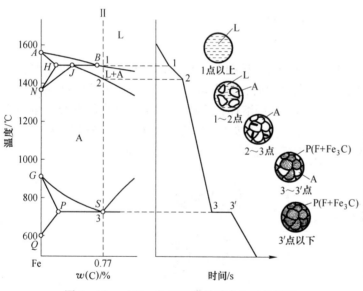

图 4 - 15　$w(C) = 0.77\%$ 的铁碳合金结晶过程

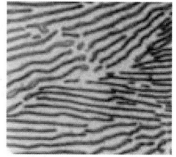

图 4 - 16　共析钢的显微组织

b　亚共析钢

图 4 - 17 所示铁碳合金 III 为亚共析钢 [$w(C) = 0.45\%$] 的结晶过程。在 1 点以上时，合金全部为液相；合金溶液冷却至 1 点时，由液相开始析出 δ 固溶体，温度在 1 ~ 2 点之间时，为 L + δ；冷却至 2 ~ 2′点之间时，发生包晶反应，L + δ→A；冷却至 2′ ~ 3 点之间时，从液相中结晶出奥氏体（A）；冷却至 3 ~ 4 点之间时，液相全部转变为单相的奥氏体（A）；冷却至 4 ~ 5 点之间时，由奥氏体析出铁素体（F），称为先共析铁素体，此时铁素体的成分增多，沿 GP 线变化，奥氏体的成分减少，沿 GS 线变化，先共析铁素体的含碳

量为0.0218% （P点），剩余奥氏体的含碳量达到0.77% （S点）；冷却至5～5′点之间时，剩余奥氏体发生共析转变A→F + Fe₃C；冷却至5′点以下时，共析转变后的组织为F + P，因此亚共析钢的室温平衡组织由铁素体和珠光体组成。

亚共析钢的显微组织，如图4-18所示。图中白色块状为铁素体，珠光体呈黑色块状。

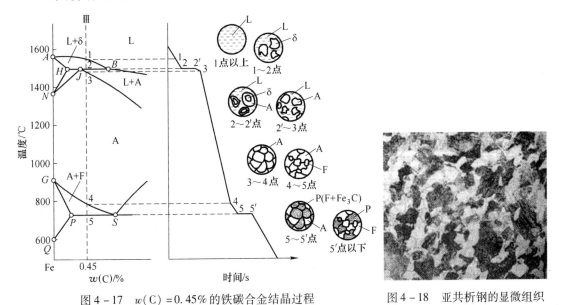

图4-17 $w(C)$ =0.45%的铁碳合金结晶过程

图4-18 亚共析钢的显微组织

c 过共析钢

图4-19所示铁碳合金Ⅳ为亚共析钢 ［$w(C)$ =1.2%］ 的结晶过程。在1点以上时，合金全部为液相；合金溶液冷却至1～2点之间时，由液相开始析出奥氏体；冷却至2～3点之间时，全部转变为单相的奥氏体；冷却至3～4点之间时，由奥氏体中析出Fe₃C_Ⅱ，奥氏体的成分沿ES线变化并至共析点S；冷却至4～4′点之间时，共析成分的奥氏体发生共析反应并转变为珠光体（P）；冷却至4′点以下时，共析转变后的组织为P + Fe₃C_Ⅱ，因

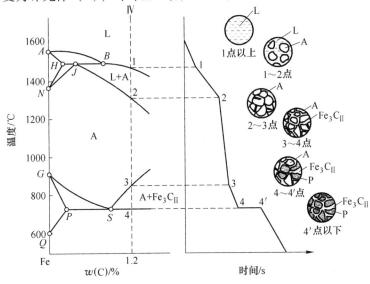

图4-19 $w(C)$ =1.2%的铁碳合金结晶过程

此过共析钢的室温平衡组织由珠光体和二次渗碳体组成。

过共析钢的显微组织，如图 4 - 20 所示。图中白色细网状部分为二次渗碳体，黑色部分为珠光体。

C 白口铸铁

a 共晶白口铸铁

图 4 - 21 所示铁碳合金Ⅳ为共晶白口铸铁 [$w(C)$ = 4.3%] 的结晶过程。在 1 点以上时，合金全部为液相；合金溶液冷却至 1 ~ 1′点（C 点为共晶点）之间时，发生

图 4 - 20 过共析钢的显微组织

共晶反应并转变为莱氏体（L_d），其转变式为 $L_c \xrightleftharpoons{1148℃}$ (A_E + Fe_3C)，由共晶转变形成的奥氏体称为共晶奥氏体，同时形成的渗碳体称为共晶渗碳体（Fe_3C）；冷却至 1′ ~ 2 点之间时，共晶奥氏体不断析出 Fe_3C_{II}，其成分沿 ES 线变化，冷却至 2 点时，剩余共晶奥氏体的含碳量为 0.77%（S 点）；冷却至 2 ~ 2′点之间时，剩余共晶奥氏体在恒温状态下发生共析反应并转变为珠光体，此时的组织为 P + Fe_3C_{II} + 共晶 Fe_3C；继续冷却至 2′点以下时，其组织基本不变，因此共晶白口铸铁的室温平衡组织由珠光体、二次渗碳体和共晶渗碳体组成，称为低温莱氏体（L_d'）。

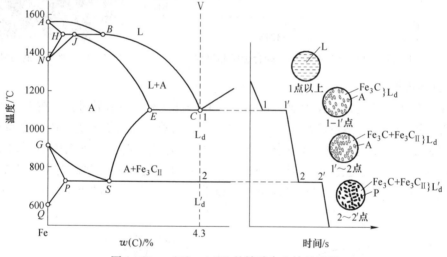

图 4 - 21 $w(C)$ = 4.3% 的铁碳合金结晶过程

共晶白口铸铁的显微组织，如图 4 - 22 所示。图中呈黑色粒状或条状分布的为珠光体，渗碳体、二次渗碳体与共晶渗碳体连成一片，呈亮白色，不易分辨。

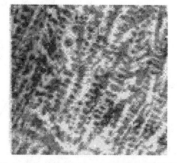

图 4 - 22 共晶白口铸铁的显微组织

b 亚共晶白口铸铁

图4-23所示铁碳合金Ⅵ为共晶白口铸铁 $[w(C)=3.0\%]$ 的结晶过程。在1点以上时，合金全部为液相；合金溶液冷却至1~2点之间时，按匀晶反应先结晶出一部分奥氏体（A），这部分奥氏体称为先共晶奥氏体；冷却至2~2′点之间时，剩余液相在恒温状态下发生共晶反应并转变为莱氏体（L_d）；冷却至2′~3点之间时，从先共晶奥氏体中不断析出二次渗碳体（Fe_3C_{II}），冷却至3~3′点之间时，先共晶奥氏体在恒温状态下转变为珠光体（P），莱氏体也在恒温状态下转变为低温莱氏体（L_d'），此时的组织为 $L_d' + P + Fe_3C_{II}$；3′点以下继续冷却时，其组织基本不变，因此亚共晶白口铸铁的室温平衡组织由低温莱氏体、珠光体和二次渗碳体组成。

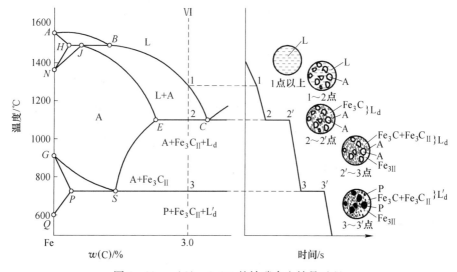

图4-23 $w(C)=3.0\%$ 的铁碳合金结晶过程

亚共晶白口铸铁的显微组织，如图4-24所示。呈黑色大块状的为珠光体，黑色斑点状的为莱氏体，在它们的周围是二次渗碳体和低温莱氏体。

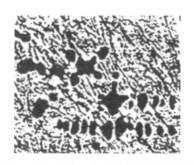

图4-24 亚共晶白口铸铁的显微组织

c 过共晶白口铸铁

图4-25所示铁碳合金Ⅶ为过共晶白口铸铁 $[w(C)=3.0\%]$ 的结晶过程。在1点以上时，合金全部为液相；合金溶液冷却至1~2点之间时，从液相中开始结晶出渗碳体，这种在共晶反应之前首先结晶出的针状渗碳体称为一次渗碳体（Fe_3C_I）；冷却至2~2′点之间时，剩余液相在恒温状态下发生共晶反应并转变为莱氏体（L_d），一次渗碳体不发生

变化；冷却至 $2' \sim 3$ 点之间时，一次渗碳体不发生变化，从奥氏体中析出二次渗碳体 (Fe_3C_{II})；冷却至 $3 \sim 3'$ 点之间时，一次渗碳体不发生变化，莱氏体转变为低温莱氏体 (L'_d)，此时的组织为 $Fe_3C_I + L'_d(P + Fe_3C_{II} + Fe_3C)$；$3'$ 点以下继续冷却时，其组织基本不变，因此过共晶白口铸铁的室温平衡组织由一次渗碳体和低温莱氏体组成。

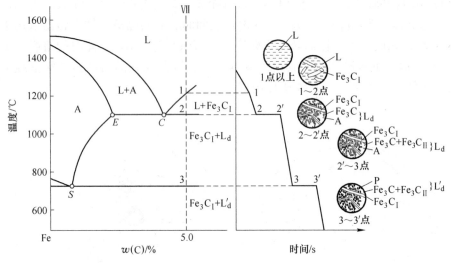

图 4 - 25　$w(C) = 5.0\%$ 的铁碳合金结晶过程

过共晶白口铸铁的显微组织，如图 4 - 26 所示。亮白色条状的为一次渗碳体，其余的组织为低温莱氏体。

图 4 - 26　过共晶白口铸铁的显微组织

4.2.3　含碳量（质量分数）对铁碳合金平衡组织和力学性能的影响

4.2.3.1　含碳量（质量分数）对铁碳合金平衡组织的影响

铁碳合金中组织组成物、相组成物之间的关系如表 4 - 2 所示。铁碳合金的室温组织由铁素体和渗碳体两相组成的，随着含碳量的增加，铁素体的相对量不断减少，渗碳体的相对量不断增加。组织组成物的相对量也随着含碳量的增加而发生变化，这就导致不同含碳量的铁碳合金具有不同的组织，如亚共析钢组织中铁素体的量不断减少，而珠光体的量不断增加；过共析钢组织中珠光体的量不断减少，而二次渗碳体的量不断增加。

表 4 – 2 铁碳合金中组织组成物、相组成物之间的关系

铁碳合金分类	工业纯铁	钢			白口铸铁		
		亚共析钢	共析钢	过共析钢	亚共晶白口铸铁	共晶白口铸铁	过共晶白口铸铁
含碳量(质量分数)/%	$0 \sim 0.0218$	$0.0218 \sim 0.77$	0.77	$0.77 \sim 2.11$	$2.11 \sim 4.3$	4.3	$4.3 \sim 6.69$
组织组成物	F	F+P	P	$P + Fe_3C_{II}$	$P + Fe_3C_{II} + L'_d$	L'_d	$Fe_3C_I + L'_d$
组织组成物相对量/%							
相组成物	F	F+Fe₃C					
相组成物相对量/%							

4.2.3.2 含碳量(质量分数)对铁碳合金力学性能的影响

含碳量对铁碳合金力学性能的影响如图 4 – 27 所示。在铁碳合金中,铁素体属软韧相,渗碳体属硬脆相。如亚共析钢,随着含碳量的逐渐增多,渗碳体的量也随之增多,因而其强度、硬度提高,塑性和韧性下降。当过共析钢中渗碳体以网状沿晶界分布,尤其是当 $w(C) > 0.9\%$ 时,其硬脆性增大,强度大幅降低。白口铸铁中渗碳体作为基体形成莱氏体时,不仅使铁碳合金的塑性和韧性大幅降低,而且其强度也随之降低,因此,白口铸铁在机械制造行业中应用较少。为了保证铁碳合金具有适当的塑性和韧性,对于碳素钢以及普通低、中合金钢而言,其 $w(C)$ 一般不超过 1.3% 。

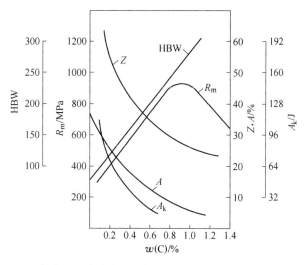

图 4 – 27 含碳量对铁碳合金(以 45 退火钢为例)力学性能的影响

铁碳合金的硬度主要取决于组成相或组织组成物的形态和分布，随着含碳量的增加，其强度和硬度显著上升，塑性和韧性显著降低。

铁碳合金的塑性和韧性主要取决于铁素体的含量。当含碳量不断增加，铁素体的含量不断减少时，其塑性和韧性将逐渐下降。

4.3　铁碳合金相图的应用

铁碳合金相图反映了铁碳合金组织、性能随温度和成分变化的规律。铁碳合金相图是指导选材、制定各种加工工艺的重要依据。

4.3.1　在选材方面的应用

选材要依据铁碳合金相图，根据工件的性能要求来进行选择。当需要塑性、韧性高的材料时，应选用低碳钢 $[w(C) \leqslant 0.25\%]$；当需要强度、塑性与韧性都较好的材料时，应选用中碳钢 $[w(C) = 0.30\% \sim 0.55\%]$；当需要较高硬度、较高耐磨性的材料时，应选用高碳钢 $[w(C) = 0.65\% \sim 1.30\%]$；白口铸铁具有很高的硬脆性和很高的耐磨性，可用来制造耐磨且不受冲击载荷的工件，如拔丝模、球磨机的磨头、犁铧等。

4.3.2　在热加工方面的应用

铁碳合金相图总结了不同成分合金在缓慢加热和冷却时组织转变的规律，从而为制定热加工和热处理工艺提供了依据。

4.3.2.1　在铸造工艺方面的应用

铁碳合金相图中，沿 ABCD 液相线表示不同成分合金的熔点温度，为确定合适的浇注温度提供了基本依据。如图 4 - 28 所示，碳钢和铸铁的浇注温度一般在液相线以上 50 ~ 100℃。此外，合金的铸造性能可以用相图定性地进行判断。由相图可知，纯铁、共晶点合金和共晶点附近的合金，由于结晶温度区间较小，故流动性较好，不易形成分散缩孔，有可能得到致密的铸件，所以铸铁的成分应尽量选择在共晶点附近。铸钢是常用的铸造合金，由于其结晶温度区间较大，故流动性较差，偏析严重，缩孔与疏松区域

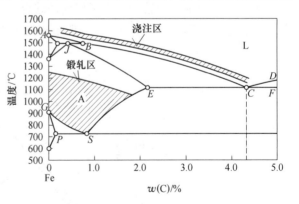

图 4 - 28　Fe - Fe₃C 相图与热加工的关系

较大，内应力也较大，因此，生产上将铸钢的成分规定在适当的范围内，含碳量（质量分数）一般在 0.15% ~ 0.60% 之间，因为这时的结晶温度区间相对较小，内应力也相对较小，铸造性能也较好。铸钢在铸造后须进行热处理（退火或正火），以消除铸造时产生的铸造缺陷。

4.3.2.2 在压力加工工艺方面的应用

钢处于奥氏体状态时，具有强度低、塑性好和较小的变形抗力，适宜进行塑性变形加工。因此，在制定钢材的轧制或锻造工艺时，应选择在奥氏体单相区中的适当温度范围内进行。其选择原则是开轧或开锻的温度不能过高，以避免钢材严重氧化，甚至发生奥氏体晶界的熔化，一般控制在固相线以下 100～200℃范围内。终轧或终锻的温度不能过低，以避免钢材由于温度低而使塑性变差，导致产生裂纹的现象，因此，一般应控制在 GS 线以上。

4.3.2.3 在焊接工艺方面的应用

焊接时，由焊缝到热影响区的加热温度不同，则冷却后其组织与性能也不同，因此，焊接工艺需要配合合适的热处理方法，以改善热影响区的不良组织，提高焊接质量。对于钢材而言，含碳量越低，则焊接性能越好；白口铸铁中由于渗碳体多，使焊接性能变差。

4.3.2.4 在热处理工艺方面的应用

各种热处理工艺与铁碳合金相图有密切联系。实施各种热处理工艺，如退火、正火、淬火、回火的加热温度的选择以及相变过程的分析都必须参考铁碳合金相图。

4.3.3 碳素钢

钢铁材料按化学成分的不同可分为碳素钢与合金钢两大类。碳素钢简称碳钢，是指含碳量小于 2.11% 并含有硅、锰、硫、磷等杂质元素的铁碳合金。碳素钢的冶炼工艺较为简单、冶炼成本较低，广泛应用于机械制造和工程结构。

4.3.3.1 杂质元素对碳钢性能的影响

碳钢中除 Fe 和 C 两个主要元素外，还含有少量的硅、锰、硫、磷等金属元素以及氢、氮、氧等气体，这些杂质元素的存在，对于碳钢的组织和性能产生较大的影响。

（1）硅的影响。硅是作为脱氧剂加入钢中的，硅有很强的脱氧能力，可降低钢中的氧含量，减少 FeO 夹杂物，改善碳钢的质量。硅固溶于铁素体，适量的硅含量可提高钢的强度、硬度和弹性。硅在钢中是一种有益杂质元素，硅在钢中的含量一般控制在 $w(\mathrm{Si})$ < 0.5%。

（2）锰的影响。锰也是作为脱氧剂加入钢中的，锰可以形成 MnS，降低硫的有害作用。锰固溶于铁素体，也溶入渗碳体中，形成合金渗碳体，对钢有一定的强化作用。锰在钢中也是一种有益杂质元素，锰在钢中的含量一般控制在 $w(\mathrm{Mn})$ < 0.8%，高含锰碳钢一般控制在 $w(\mathrm{Mn})$ = 0.8% ～1.2%。

（3）硫的影响。硫是由矿石和燃料带入钢中的杂质元素。硫不溶于铁，是以 FeS 的形式存在于钢中与铁形成低熔点共晶体（FeS + Fe）分布在奥氏体晶界上，熔点为 989℃。当钢加热到 1000～1200℃进行锻、轧等压力加工时，晶界上的共晶体已熔化，破坏了晶粒间的结合，使钢材在加工过程中沿晶界开裂，这种现象称为"热脆"。

一般情况下，硫是钢中的有害杂质元素，为了消除硫的有害作用，可在炼钢中加入适量锰铁。锰与硫优先形成高熔点（1620℃）的 MnS，MnS 在高温下具有一定的塑性，可避免"热脆"现象。钢中硫的含量须严格控制，普通钢控制在 $w(S)\leqslant0.050\%$；优质钢控制在 $w(S)\leqslant0.035\%$；高级优质钢控制在 $w(S)\leqslant0.030\%$；特殊优质钢控制在 $w(S)\leqslant0.020\%$。在易切削钢中，硫是有益元素，因其 MnS 有断屑作用，可改善钢的切削加工性能。

（4）磷的影响。钢中的磷主要来自矿石。磷能溶于铁素体中，使钢的强度、硬度增加，而塑性、韧性急剧下降，这种脆化现象在低温时尤为突出，故称为"冷脆"。

一般情况下，磷是钢中的有害杂质元素，需要应该控制其含量。普通钢控制在 $w(P)\leqslant0.045\%$；优质钢控制在 $w(P)\leqslant0.035\%$；高级优质钢控制在 $w(P)\leqslant0.030\%$；特殊优质钢控制在 $w(P)\leqslant0.025\%$。在易切削钢中，磷是有益元素，适量的磷，可使铁素体脆化，从而改善钢的切削加工性能。

（5）氢（H）的影响。炼钢时，由于炉料中含有水分，使得钢中含有氢，氢是钢中的有害杂质元素。氢在钢中以原子或分子状态聚集，微量的氢能使钢的塑性急剧下降，这种现象称为"氢脆"。严重时，氢会集中在钢内缺陷处形成氢分子，使钢件产生局部显微裂纹，这种裂纹在显微镜下呈现白色点状，故称为"白点"。合金钢的大型锻、轧件容易出现"氢脆"，使零件在工作时出现突然脆断。

钢的强度越高，则"氢脆"倾向越大，如钢轨、汽轮机主轴等。实际生产中，可在锻、轧加工后通过保温缓冷或退火工艺来降低钢件的"氢脆"倾向。

（6）氮（N）的影响。氮由炉气进入钢中，氮是钢中的有害杂质元素。氮固溶于铁素体中，如果含氮较高的钢从高温快速冷却，可使氮过饱和地溶解在铁素体中，此类钢材经放置或加热一定时间后，氮将以氮化铁的形式析出，使钢的强度、硬度提高，而塑性、韧性大幅下降，这种现象称为"时效脆化"。

实际生产中，可向钢中加入与氮有亲和力的铝、钒、钛等元素形成氮化物，以减少铁素体中的氮含量，消除"时效脆化"倾向。

（7）氧（O）的影响。冶炼过程中，氧小部分溶于铁素体中，大部分以氧化物夹杂的形式存在，它们会使钢的强度、塑性、韧性和疲劳强度降低。实际生产中，可向钢液中加入脱氧剂进行脱氧处理。

炼钢中，炉渣、耐火材料以及冶炼过程中所出现的反应产物，会一定程度地残留于钢液中，形成非金属夹杂物，如氧化物、氮化物、硫化物、硅酸盐等。这些非金属夹杂物在钢中会降低钢的塑性、韧性和疲劳强度等力学性能。

4.3.3.2　碳钢的分类

生产中使用的钢材在千种以上，碳钢的分类也很多，比较常用的有以下几种：

（1）按含碳量分类。根据钢的含碳量，钢可分为低碳钢 $[0.0218\%<w(C)\leqslant0.25\%]$；中碳钢 $[0.25\%<w(C)\leqslant0.60\%]$；高碳钢 $[0.60\%<w(C)\leqslant1.35\%]$ 三类。

（2）按冶炼质量分类。根据钢中有害元素硫、磷含量的多少，钢可分为普通钢 $[w(S)\leqslant0.050\%,w(P)\leqslant0.045\%]$；优质钢 $[w(S)\leqslant0.035\%,w(P)\leqslant0.035\%]$；高级优质钢 $[w(S)\leqslant0.030\%,w(P)\leqslant0.030\%]$；特级优质钢 $[w(S)\leqslant0.020\%,w(P)\leqslant0.025\%]$ 四类。

（3）按脱氧方法分类。根据冶炼与浇注时的脱氧剂与脱氧程度的不同，钢可分为沸腾钢（用符号 F 表示）；半镇静钢（用符号 b 表示）；镇静钢（用符号 Z 表示）；特殊镇静钢（用符号 TZ 表示）四类。

1）沸腾钢。在冶炼末期与浇注前，用脱氧剂（锰铁和少量铝）进行不完全脱氧处理，致使大量的 FeO 存在于钢液中。钢液在凝固过程中，由于 C 和 FeO 发生反应，会不断溢出 CO 气泡并导致钢液表面剧烈沸腾，故称为沸腾钢。

沸腾钢的优点是钢锭缩孔小、成材率高，塑性较好。缺点是偏析比较严重，组织致密性、冲击韧性与焊接性能较差。沸腾钢广泛用于力学性能要求较低的一般工程结构。

2）镇静钢。钢液在浇注前采用脱氧剂（锰铁、硅铁和铝）进行完全脱氧处理，钢液在凝固过程中不发生沸腾，表现平静，故称为镇静钢。

镇静钢的优点是偏析程度小，组织致密性、冲击韧性与焊接性能很好。缺点是成本高，成材率低。镇静钢适用于预应力混凝土等重要结构工程，优质钢和合金钢一般都是镇静钢。

3）半镇静钢。钢液在浇注前采用中等程度脱氧处理，脱氧程度介于沸腾钢与镇静钢之间。浇注时产生轻微沸腾，故称为半镇静钢。

半镇静钢的性能、特点，如成分偏析、成材率、冲击韧性、冷冲压性能、焊接性能等都在镇静钢和沸腾钢之间。半镇静钢可作为普通或优质钢使用。

4）特殊镇静钢。钢液在浇注前采用比镇静钢脱氧程度更充分彻底的钢，故称为特殊镇静钢。特殊镇静钢的质量最好，适用于特别重要的结构工程。

（4）按用途分类。根据碳钢不同的用途，钢可分为碳素结构钢（主要用于制造各种工程构件和机械零件等）和碳素工具钢（主要用于制造各种工具、刃具、量具、模具等）两大类。

4.3.3.3 碳钢的牌号、性能与用途

A 普通碳素结构钢

普通碳素结构钢（简称普碳钢）是指含碳量较低 $[w(C) = 0.06\% \sim 0.38\%]$，在冶炼过程中无严格规定，一般以热轧空冷状态制成的碳素结构钢。普碳钢的产量占钢总产量的 70% ~80%，其中大部分用于工程结构件，少量用于机械零件。普碳钢冶炼容易、价格低廉，主要产品为圆钢、方钢、工字钢、槽钢、角钢、盘钢、钢板等各种型材，如图 4-29 所示。

国家标准规定普碳钢的牌号由代表屈服强度"屈"字的汉语拼音的首写字母"Q"、屈服点数值、质量等级符号、脱氧方法符号等四个部分按顺序组成。质量等级符号分为 A、B、C、D 四级，表示硫、磷含量不同，从 A 至 D 表示硫、磷含量不断减少。其中 A、B、C 为普通级，D 为优质级。例如，Q235 - A·F，表示屈服强度不小于 235MPa、质量等级为 A 级、脱氧方法为沸腾钢的普碳钢。

根据 GB/T 1591—2008，普碳钢按屈服强度分为 Q195、Q215、Q235、Q255、Q275 等五类，其牌号、化学成分、力学性能见表 4-3 和表 4-4。

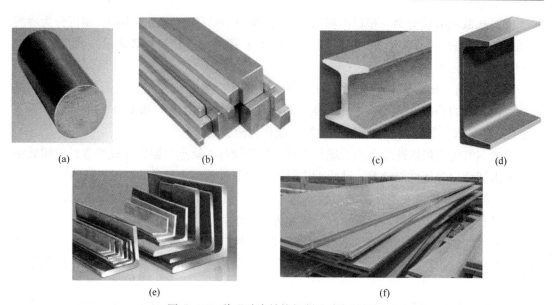

（a）　　　　　　　（b）　　　　　　　（c）　　　　　　　（d）

（e）　　　　　　　　　　　　（f）

图 4 - 29　普通碳素结构钢制造的各种型材

（a）圆钢；（b）方钢；（c）工字钢；（d）槽钢；（e）角钢；（f）钢板

表 4 - 3　普碳钢的牌号与化学成分（摘自 GB/T 1591—2008）

牌号	等级	化学成分（质量分数）/%						脱氧方法
		C	Mn	Si	S	P		
					≤			
Q195	—	0.06 ~ 0.12	0.25 ~ 0.50	0.30	0.050	0.045		F、b、Z
Q215	A	0.09 ~ 0.15	0.25 ~ 0.55	0.30	0.050	0.045		F、b、Z
	B				0.045			
Q235	A	0.14 ~ 0.22	0.30 ~ 0.65	0.30	0.050	0.045		F、b、Z
	B	0.12 ~ 0.20	0.30 ~ 0.70		0.045			
	C	≤0.18	0.35 ~ 0.80		0.040	0.040		Z
	D	≤0.17			0.035	0.035		TZ
Q255	A	0.18 ~ 0.28	0.40 ~ 0.70	0.30	0.050	0.045		Z
	B				0.045			
Q275	—	0.28 ~ 0.38	0.50 ~ 0.80	0.35	0.050	0.045		Z

表 4 - 4　普碳钢的力学性能（摘自 GB/T 1591—2008）

牌号	等级	拉伸试验														冲击试验	
		屈服强度 $R_{p0.2}$/N·mm^{-2}						抗拉强度 σ_b /N·mm^{-2}	伸长率 A/%							温度 /℃	V 形冲击吸收功（纵向）/J
		钢材厚度（直径）/mm							钢材厚度（直径）/mm								
		≤16	>16 ~40	>40 ~60	>60 ~100	>100 ~150	>150		≤16	>16 ~40	>40 ~60	>60 ~100	>100 ~150	>150			
		≥							≥								≤
Q195	—	(195)	(185)	—	—	—	—	315 ~ 390	33	32	—	—	—	—		—	—
Q215	A B	215	205	195	185	175	165	335 ~ 410	31	30	29	28	27	26		— 20	27

续表4-4

牌号	等级	拉伸试验													冲击试验	
		屈服强度 $R_{p0.2}$/N·mm^{-2}						抗拉强度 σ_b /N·mm^{-2}	伸长率 A/%						温度 /℃	V形冲击吸收功（纵向）/J
		钢材厚度（直径)/mm							钢材厚度（直径）/mm							
		≤16	>16~40	>40~60	>60~100	>100~150	>150		≤16	>16~40	>40~60	>60~100	>100~150	>150		
		≥							≥							≤
Q235	A B C D	235	225	215	205	195	185	375~460	26	25	24	23	22	21	— 20 0 -20	27
Q255	A B	255	245	235	225	215	205	410~510	24	23	22	21	20	19	— 20	27
Q275	—	275	265	255	245	235	225	490~610	20	19	18	17	16	15	—	—

表4-3中Q195钢与Q275钢是不分质量等级的，出厂时应保证其化学成分与力学性能。

Q195钢与Q215钢的含碳量较低，具有很高的塑性和较低的强度，常用于制造承受载荷不大的桥梁、建筑等构件以及用于制造普通的铆钉（如图4-30所示）、螺钉（如图4-31所示）、螺母（如图4-32所示）、垫圈（如图4-33所示）、冲压件、焊接件、板材等。

图4-30 铆钉

图4-31 螺钉

图4-32 螺母

图4-33 垫圈

Q235钢的含碳量居中，具有较高的塑性与适中的强度，是应用最为广泛的一种普碳钢。常用于制造承受载荷较大的桥梁、建筑、车辆等构件以及用于制造一般的机械零件。

Q255钢与Q275钢的含碳量较高，具有较高的强度和较低的塑性，常用于制造承受中等载荷的机械零件，如螺栓（如图4-34所示）、轴（如图4-35所示）、齿轮（如图4-36所示）、链轮（如图4-37所示）、活塞销（如图4-38所示）等以及钢筋混凝土结构件。

图 4 - 34　螺栓

图 4 - 35　轴

图 4 - 36　齿轮

图 4 - 37　链轮

图 4 - 38　活塞销

B　优质碳素结构钢

优质碳素结构钢（简称优碳钢）与普碳钢相比，其钢中有害元素含量低（S、P ≤ 0.035%），非金属夹杂物少，出厂时应保证其化学成分与力学性能，主要用于制造比较重要的机械零件。

优碳钢的牌号是用两位数字表示钢中平均含碳量的万分之几 $[w(C) \times 10000]$，例如，08 钢表示钢的平均含碳量（质量分数）为 0.08%，45 钢表示钢的平均含碳量（质量分数）为 0.45%。

根据钢中含锰量的不同，优碳钢分为普通含锰量和高含锰量两种。普通含锰量为 $w(Mn) = 0.25\% \sim 0.50\%$、$w(Mn) = 0.35\% \sim 0.65\%$、$w(Mn) = 0.50\% \sim 0.80\%$ 三组，普通含锰量的优碳钢，其牌号中不标出含锰量；高含锰量分别为 $w(Mn) = 0.70\% \sim 1.00\%$、$w(Mn) = 0.90\% \sim 1.20\%$ 二组，高含锰量的优碳钢，应在牌号数字后面加"Mn"字，如 15Mn 钢，表示平均含碳为 0.15%、高含锰量的优碳钢。若为沸腾钢，应在牌号数字后面加"F"字，如 10F 钢，表示平均含碳量为 0.10%、低含锰量的优碳沸腾钢。优碳钢的牌号、化学成分及力学性能见表 4 - 5。

表 4 - 5　优碳钢的牌号、化学成分及力学性能（摘自 GB/T 699—1988）

牌号	化 学 成 分			力 学 性 能		
	$w(C)/\%$	$w(Mn)/\%$	$w(Si)/\%$ ≤	$\sigma_b/\%$ ≥	$\sigma_s/\%$ ≥	$\delta_s/\%$
08F	0.05 ~ 0.11	0.25 ~ 0.50	0.03	295	175	35
10F	0.07 ~ 0.14		0.07	315	185	33
15F	0.12 ~ 0.19			355	205	29

牌号	化 学 成 分			力 学 性 能		
	$w(C)/\%$	$w(Mn)/\%$	$w(Si)/\%$	$\sigma_b/\%$	$\sigma_s/\%$	$\delta_s/\%$
			$\leqslant$	$\geqslant$		
08	0.05~0.12			325	195	33
10	0.07~0.14	0.35~0.65		335	205	31
15	0.12~0.19			375	225	27
20	0.17~0.24			410	245	25
25	0.22~0.30			450	275	23
30	0.27~0.35			490	295	21
35	0.32~0.40			530	315	20
40	0.37~0.45			570	335	19
45	0.42~0.50			600	355	16
50	0.47~0.55		0.17~0.37	630	375	14
55	0.52~0.60	0.50~0.80		645	380	13
60	0.57~0.65			675	400	12
65	0.62~0.70			695	410	10
70	0.67~0.75			715	420	9
75	0.72~0.80			1080	880	7
80	0.77~0.85			1080	930	6
85	0.82~0.90			1130	980	6
15Mn	0.12~0.19			410	245	26
20Mn	0.17~0.24	0.70~1.00		450	275	24
25Mn	0.22~0.30			490	295	22
30Mn	0.27~0.35			540	315	20
35Mn	0.32~0.40			560	335	18
40Mn	0.37~0.45	0.70~1.00		590	355	17
45Mn	0.42~0.50		0.17~0.37	620	375	15
50Mn	0.48~0.56			645	390	13
60Mn	0.57~0.65			695	410	11
65Mn	0.62~0.70	0.90~1.20		735	430	9
70Mn	0.67~0.75			785	450	8

　　低含碳量的优碳钢具有很低的强度与硬度、很高的塑性与韧性,因而具有优良的冲压、拉伸、弯曲等冷压力成型性能以及良好的焊接性能。其中08F钢、08钢、10钢具有最低的

强度、最好的塑性，一般轧制成薄板材料，用于制造冷冲压件，如垫圈、仪表板、汽车车身等；15 钢、20 钢、25 钢也具有高的塑性以及良好的冷冲压性能和焊接性能，用于制造各种冷冲压件、焊接件、韧性要求较高的结构件和机械零件，如螺钉、螺母、法兰盘（如图 4 - 39所示）、轴套等。15 钢、20 钢经渗碳处理，可用于制造一般要求的凸轮（如图 4 - 40 所示）、齿轮、轴、销等零件。15Mn 钢、20Mn 钢、25Mn 钢常用于制造心部力学性能要求较高的渗碳件，如凸轮轴（如图 4 - 41 所示）、齿轮、联轴器（如图 4 - 42 所示）等。

图 4 - 39　法兰盘

图 4 - 40　凸轮

图 4 - 41　凸轮轴

图 4 - 42　联轴器

中含碳量的优碳钢经正火、调质等热处理后具有较高的强度与硬度、较好的塑性与韧性，即具有良好的综合力学性能，是应用广泛的一类碳钢。主要用于制造载荷较小、受力复杂的齿轮、轴、套筒、连杆、活塞销等。其中 45 钢的应用较广；35Mn 钢、45Mn 钢、50Mn 钢用于制造承受一定载荷、耐磨性要求稍高的零件，如转轴、曲轴等。

高含碳量的优碳钢具有高的屈服强度、硬度、弹性极限、屈强比和较高的耐磨性，如60 钢、65 钢、70 钢、65Mn 钢、70Mn 钢等，主要用于制造各种弹簧以及轧辊、轴、凸轮等。

C　碳素工具钢

碳素工具钢分为优质碳素工具钢和高级优质碳素工具钢，碳素工具钢的牌号是在汉字碳拼音首写字母"T"后附以平均含碳量的千分之几，如 T7 钢表示钢的平均含碳量为0.7%，T13 钢表示钢的平均含碳量为 1.3%；若为高级优质碳素工具钢，应在牌号后加字母 A，如 T7A 钢、T13A 钢等；若含锰量较高时，应在牌号后加元素符号 Mn，如T8Mn、T8MnA。

碳素工具钢属于高碳钢 [$0.65\% < w(C) \leqslant 1.35\%$]，高含碳量可保证淬火后具有足够的硬度和耐磨性，碳素工具钢的含碳量越高，其硬度和耐磨性就越高。碳素工具钢主要用于制作刃具、模具、量具和工具。碳素工具钢的牌号、化学成分及力学性能见表 4 - 6，碳素工具钢的性能特点和用途见表 4 - 7。

表4-6 碳素工具钢的牌号、化学成分及力学性能（摘自 GB/T 1298—2008）

牌号	主要成分					退火后硬度（HBW）	淬火温度及冷却剂	淬火后硬度（HRC）
	$w(C)/\%$	$w(Mn)/\%$	$w(Si)/\%$	$w(S)/\%$	$w(P)/\%$			
				≤		≤		≥
T7 T7A	0.65 ~ 0.74	≤0.40	0.35	0.030 0.020	0.035 0.030	187	800 ~ 820℃ 水	62
T8 T8A	0.75 ~ 0.84	≤0.40	0.35	0.030 0.020	0.035 0.030	187	780 ~ 800℃ 水	62
T8Mn T8MnA	0.80 ~ 0.90	0.40 ~ 0.60	0.35	0.030 0.020	0.035 0.030	187	780 ~ 800℃ 水	62
T9 T9A	0.85 ~ 0.94	≤0.40	0.35	0.030 0.020	0.035 0.030	192	760 ~ 780℃ 水	62
T10 T10A	0.95 ~ 1.04	≤0.40	0.35	0.030 0.020	0.035 0.030	197	760 ~ 780℃ 水	62
T11 T11A	1.05 ~ 1.14	≤0.40	0.35	0.030 0.020	0.035 0.030	207	760 ~ 780℃ 水	62
T12 T12A	1.15 ~ 1.24	≤0.40	0.35	0.030 0.020	0.035 0.030	207	760 ~ 780℃ 水	62
T13 T13A	1.25 ~ 1.35	≤0.40	0.35	0.030 0.020	0.035 0.030	217	760 ~ 780℃ 水	62

表4-7 碳素工具钢的性能特点和用途

牌 号	性能特点	用途举例
T7、T7A、T8、T8A、 T8Mn、T8MnA	具有一定的硬度，韧性较好，可承受冲击载荷	木工工具、钳工工具，如凿子、锤子、斧子、剪刀、錾子等，T8Mn、T8MnA 可制作截面较大的工具
T9、T9A、T10、T10A、 T11、T11A	具有较高的硬度和耐磨性，可承受很小的冲击载荷	钳工工具，如丝锥、板牙、手用锯条、拉丝模等
T12、T12A、T13、T13A	具有高硬度、高耐磨性，不能承受冲击载荷	钳工工具、量具，如锉刀、刮刀、卡规、塞规等

思考与练习题

4-1 解释名词

铁素体、奥氏体、渗碳体、莱氏体、共晶转变、共析转变、工业纯铁、钢、白口铸铁、碳素钢

4-2 简述铁素体、奥氏体、渗碳体的晶体结构与性能特点。

4-3 何谓铁碳合金相图？

4-4 画出简化的 $Fe-Fe_3C$ 相图，标出各特性点的符号、温度、成分和各相区的相组成以及组织组成。

4-5 含碳量对铁碳合金的力学性能有哪些影响？

4-6 钢中常存的杂质有哪些？这些杂质对钢的性能有哪些影响？

4-7 碳素钢按照含碳量、冶炼质量和用途如何分类？

5 金属的塑性变形与再结晶

在机械制造中，很多金属材料在加工过程中要经过不同程度的压力加工（塑性变形加工），如广泛采用的轧制、锻造、挤压、冲压、冷拔、冷镦等工艺。通过压力加工，一方面通过金属材料产生塑性变形来改变材料的形状和尺寸，以获得成品或半成品；另一方面可通过压力加工来消除或减轻铸造缺陷，以改善内部组织结构和性能。因此，研究金属的塑性变形，了解塑性变形过程中组织、性能的变化规律，对于合理选用金属材料、改进加工工艺并充分发挥金属材料的潜能，提高产品质量和生产效率有着重要意义。

5.1 金属的塑性变形

金属在外力作用下所产生的变形分为弹性变形和塑性变形。当载荷卸除后可恢复其原始形状和尺寸的变形称为弹性变形；当载荷卸除后不可恢复其原始形状和尺寸的变形称为塑性变形（或称为永久变形）。

5.1.1 单晶体的塑性变形

单晶体塑性变形的基本方式有滑移和孪生。其中滑移是塑性变形的主要方式。

5.1.1.1 滑移

所谓滑移，是指晶体在切应力作用下，晶体的一部分沿着一定的晶面（滑移面）和晶向（滑移方向），相对于另一部分发生滑动的现象。

A 单晶体滑移变形过程

晶体在外力作用下，晶面上所受应力，可分解为垂直于晶面的正应力与平行于晶面的切应力。正应力导致弹性变形或被拉伸至断裂，图 5-1 所示为在正应力作用下单晶体产

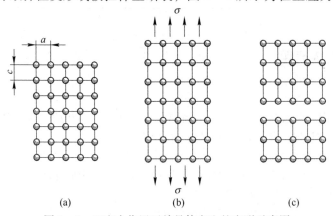

图 5-1 正应力作用下单晶体产生的变形示意图

(a) 变形前 $(c=a)$；(b) 弹性变形 $(c>a)$；(c) 拉断

生的变形。图5-2所示为在切应力作用下单晶体产生的滑移变形。单晶体在切应力作用下，首先产生弹性变形，导致晶格弹性扭曲；当切应力进一步增加，超过一定的临界值后，就开始产生滑移，当外力卸除后，晶体的上下部分原子处于新的平衡位置，此时，所产生的塑性变形不能自行恢复，晶体就产生了塑性变形。众多晶面的滑移，就产生了宏观的塑性变形。

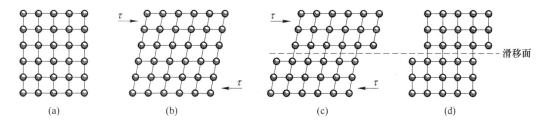

图5-2 切应力作用下单晶体产生的变形示意图
（a）变形前；（b）弹性变形；（c）弹、塑性变形；（d）塑性变形

B 单晶体滑移变形特点

（1）滑移是在切应力作用下进行的。不同金属产生的滑移临界切应力大小不同。钨、钼、铁的滑移临界切应力比铜、铝的要大。

（2）滑移总是沿着原子排列密度最大的晶面和晶向发生。这是因为密排面之间、密排方向之间的间距最大，结合力最弱。一个滑移面与其上的一个滑移方向组成一个滑移系。滑移系越多，金属发生滑移的可能性越大，塑性就越好。三种晶格类型的滑移系见表5-1。

表5-1 三种晶格类型的滑移系

晶格类型	体心立方晶格	面心立方晶格	密排六方晶格
滑移面	6个	4个	1个
每个滑移面上的滑移方向	2个	2个	3个
滑移系	6×2=12个	4×2=8个	1×3=3个

（3）滑移的同时伴随晶体的转动。切应力使晶体产生滑移，正应力构成一力偶，使晶体在滑移的同时发生晶面转动，如图5-3（a）所示。大量晶面的滑移和转动见图5-3（b），使晶体拉长变细如图5-3（c）所示。

（4）滑移实际上是位错在切应力作用下运动的结果。晶体滑移时，并不是整个滑移面上的全部原子一起作整体刚性的移动，因为那么多的原子同时移动，需要克服的滑移阻力十分巨大。经过大量实验与研究，计算出滑移所需要的切应力比实测值大几百倍到几千倍，因此，刚性滑移与实际情况不符。晶体滑移实际上是借助位错来实现的，如图5-4所示，在切应力作用下，位错在滑移面上一层层地移动到晶体表面，从而形成一个原子间距的滑移量，大量的位错移出晶体表面，就产生了宏观的塑性变形。图5-5所示为奥氏体钢中的交叉滑移带。

（5）由于位错每移出晶体一次即造成一个原子间距的变形量，滑移时两部分晶体的相对位移是原子间距的整数倍。因此，晶体滑移后并不破坏其原子排列的完整性。

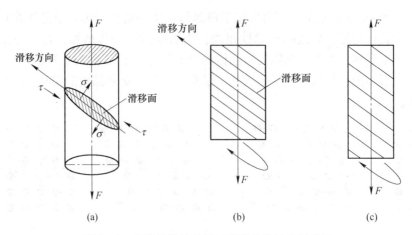

图 5 - 3　单晶体滑移的同时伴随晶体转动示意图

(a) 在滑移面的应力分布；(b) 大量晶面的滑移与转动；(c) 晶体拉长变细

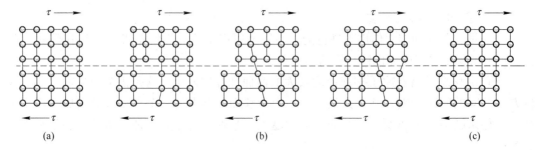

图 5 - 4　刃型位错移动产生滑移运动示意图

(a) 未变形；(b) 位错移动；(c) 塑性变形

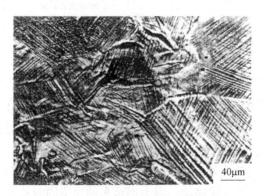

图 5 - 5　奥氏体钢中的交叉滑移带

5.1.1.2　孪生

孪生是单晶体塑性变形的另一种基本形式。孪生是指在切应力作用下，晶体的一部分沿着一定的晶面（孪生面）和一定的晶向（孪生方向）发生的均匀剪切变形。如图 5 - 6 所示，孪生变形的特征是晶体的变形部分与未变形部分构成镜面对称关系。发生剪切变形的区域称为孪晶带，对称的两部分晶体称为孪晶。

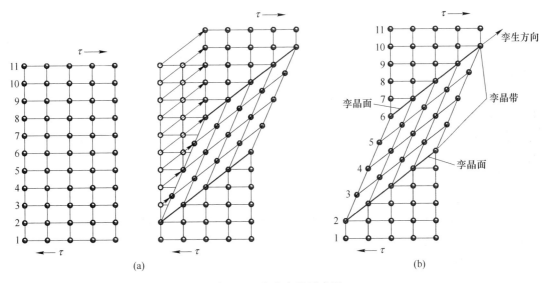

图 5-6 孪生变形示意图

(a) 未变形；(b) 孪生变形

孪生与滑移相似，也是通过位错运动来实现的。孪生发源于应力集中的部位，其临界切应力远大于滑移所需要的切应力，因此，只有晶体滑移过程极其困难时才出现孪生。一些具有密排六方晶格结构的金属（Mg、Zn、Cd），由于滑移系少，特别是在不利于滑移取向时，塑性变形常以孪生方式进行，图 5-7 所示为锌中的孪晶带。孪生所产生的塑性变形量一般不大，但可改变滑移的受力状态，能够起到调整滑移取向的作用，有利于产生新的滑移变形。在金属的塑性变形过程中，滑移和孪生这两种变形方式往往是交替进行。

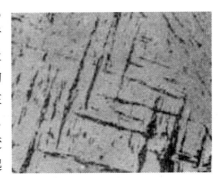

图 5-7 锌中的孪晶带

5.1.2 多晶体的塑性变形

实际使用的金属材料大多数是多晶体，多晶体塑性变形的方式与单晶体基本相同，主要以滑移和孪生方式进行。由于多晶体的各个晶粒的晶格位向不同以及大量晶界的影响，使得各个晶粒的变形受到互相制约与阻碍，因此，多晶体的塑性变形要比单晶体的塑性变形更为复杂。

5.1.2.1 晶界的影响

由于晶界处原子排列紊乱，是杂质与晶体缺陷集中、晶格畸变严重的区域，从而增大了位错在该处进行滑移运动时的阻力。故多晶体发生塑性变形时，必须克服晶界对变形过程的阻碍作用。因此，晶界的存在，增加了塑性变形的抗力，提高了金属的强度。

5.1.2.2　晶粒位向的影响

多晶体是由形状、大小、位向不同的众多晶粒组成。由于众多晶体的晶粒位向是紊乱无序的，且每个晶粒的滑移面、滑移方向的分布也不同，这样就造成有些晶粒的滑移系上的分切应力大，易于优先产生滑移变形，有些晶粒的滑移系上的分切应力小，不足以引起滑移。各晶粒在塑性变形过程中，要受到周围位向不同晶粒和晶界的阻碍作用，这就使得滑移受到的阻力会增加，要克服这些阻碍，就必须增加外力，使各晶粒之间发生相对转动，以便于进行滑移变形或孪生变形。

5.1.2.3　晶粒大小的影响

晶体内部晶粒越细小，数量就越多，晶界就越多，晶体塑性变形的抗力就越大。细晶粒的金属不仅强度高，其塑性、韧性也好。这是因为晶粒越细小，晶粒的数量就越多，变形量就可分散在更多的晶粒内进行，使各晶粒的变形都比较均匀，不至于产生过大的应力集中。又因为晶粒越细小，晶界就越多，就越不利于裂纹的传播，使其在断裂前能够承受较大的塑性变形，并具有较高的抗冲击载荷的能力。

5.2　冷塑性变形对金属组织和性能的影响

金属经冷塑性变形后，不仅改变了金属材料的外部形状，同时也使其组织和性能发生一系列明显的变化，主要表现为以下几个方面。

5.2.1　冷塑性变形对金属组织的影响

5.2.1.1　形成纤维组织

金属在冷塑性变形时，晶粒沿变形方向被压扁或拉长，当变形量很大时，晶粒由等轴的多边形拉长为细条状，晶界也变得模糊不清，这种纤维状组织称为冷塑性变形纤维组织，如图5-8所示。形成纤维状组织后，金属的性能会具有明显的方向性，其纵向（沿平行于纤维方向）的强度、塑性高于横向（沿垂直于纤维方向）。

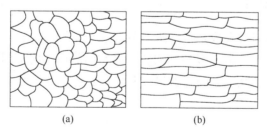

　　　　　(a)　　　　　　　　　　　　　　(b)

图5-8　冷塑性变形纤维组织示意图

(a) 变形前；(b) 变形后

5.2.1.2　晶粒内产生亚结构细化

金属塑性变形后，晶体中的亚结构得到细化，形成大量的胞状亚结构。晶粒被压扁、拉长的同时，晶粒内部的位错密度也急剧增加，会使位错相互堆积、缠结和交割并形成亚晶界，同时晶粒被碎化成更加细小的亚晶粒，如图 5 - 9 所示，图中"⊥"为交割符号。每个变形晶粒由若干个胞状亚结构组成，变形量越大，晶粒的细碎化程度就越高，亚晶界就会大量增加。

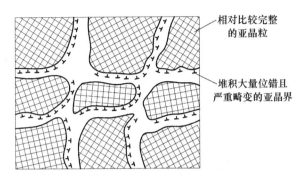

图 5 - 9　变形亚结构示意图

金属晶粒内产生亚结构细化，会使亚晶界增多，同时在亚晶界处堆积大量位错，导致位错密度增大，滑移阻力增大，这是造成金属强度、硬度提高的重要原因之一。

5.2.1.3　形成形变织构

金属经冷拔或者冷轧等加工变形时，不同位相的晶粒随着变形程度的增加，晶体的滑移面和滑移方向都要向主形变方向转动。当变形量达到一定程度（一般为 70% 以上）后，各晶粒的取向会趋于一致，原来是任意取向的各个晶粒，此时在空间取向上呈现一定程度的有规律的分布，这一过程称为晶体的择优取向。多晶体金属形变后具有择优取向的组织状态，称为形变织构。

形变织构的类型有两种，如图 5 - 10 所示，冷拔拉丝时形成的织构称为丝织构（或称为纤维织构），冷轧板料时形成的织构称为板织构（或称为面织构）。

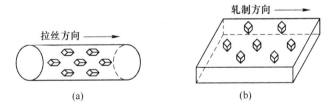

图 5 - 10　形变织构示意图
（a）丝织构；（b）板织构

形变织构的产生使金属材料在宏观上表现出各向异性，并对金属材料的使用和加工工艺产生很大的影响，在冷变形压力加工时，会导致塑性变形分布不均匀，对材料的加工成型不利。例如，用板料冲压筒状工件时，可能会出现"制耳"（冲压件的边缘凸凹不平）、厚薄不均等现象，由形变织构造成的制耳现象如图 5 - 11 所示。

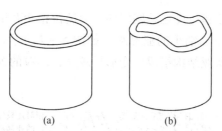

图 5 – 11　冲压件的制耳现象示意图

(a) 无 "制耳"；(b) 有 "制耳"

5.2.2　冷塑性变形对金属性能的影响

5.2.2.1　力学性能的影响

冷塑性变形改变了金属的组织，使金属的力学性能也发生了相应的变化。金属经冷塑性变形后，其强度、硬度显著提高，而塑性、韧性大幅下降的现象称为加工硬化（或称为变形强化）。

加工硬化在工程应用方面具有重要意义。

（1）加工硬化是强化金属性能的重要工艺方法之一。加工硬化是金属冷塑性变形时的一个重要特征，加工硬化虽然会给继续塑性变形带来困难，但却是在工程上用来提高强度、硬度和耐磨性的重要途径。特别是对于那些不能用热处理方法进行强化的金属材料，如纯金属、某些铜合金、铬镍不锈钢和高锰钢等，变形强化是唯一能够使这些材料通过均匀塑性变形阶段得到整体强化的工艺方法。

（2）加工硬化还可以在一定程度上提高构件的安全性。构件在应用过程中，若出现过载，就易使构件的变形部位产生均匀塑性变形，使变形部位强度得到提高，这样就能够抵抗或抑制一定程度的持续过载，从而在一定程度上提高构件的安全性。

（3）加工硬化也是某些工件或半成品能够进行冷拉拔加工或冷冲压加工成形的重要基础。如图 5 – 12 所示，圆钢通过拉拔模后，经均匀塑性变形后产生了加工硬化，尽管其径向截面尺寸相应减小，但其强度、硬度显著提高，若不再继续变形，这样就使变形转移到尚未拉拔的部分，这样就使圆钢可以持续地、均匀地经拉拔而成形。如图 5 – 13 所示，金属薄板在冲压过程中，弯角处变形最严重，首先产生加工硬化，当该处变形到一定程度后，随后的变形就转移到其他部分，这样就可得到厚度均匀的冲压件。

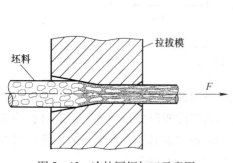

图 5 – 12　冷拉圆钢加工示意图

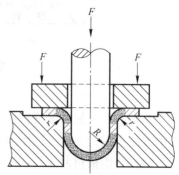

图 5 – 13　冷冲压加工示意图

加工硬化也有不利的一面。加工硬化在提高金属强度和硬度的同时，其塑性、韧性也在大幅度下降，这就为进一步的冷塑性变形带来困难。此外，冷塑变形还会导致金属降低导电、导热能力；对磁性材料（如纯铁）会降低其导磁性能。冷塑变形可提高原子活泼能力，使金属的耐腐蚀性降低，容易产生锈蚀。

5.2.2.2 产生残余内应力

金属在塑性变形过程中，由外力所做的功大部分在金属变形过程中转化为热能并向外释放出去，但仍有一小部分功（约占总变形功的 10%）转化为内应力而残留于金属内部。当造成金属产生塑性变形的外力卸除后，仍残存于金属内部的应力称为残余内应力。残余内应力一般分为以下三类。

A 宏观内应力（或称为第一类内应力）

由于金属材料或工件各部分间的宏观塑性变形不均匀，并在整体宏观范围内相互平衡的内应力称为宏观残余内应力。宏观内应力仅占全部内应力的 0.1% 左右。宏观内应力是指金属表层与心部由于变形量不同而产生的一类平衡于表层与心部之间的内应力。

B 微观内应力（或称为第二类内应力）

由各晶粒或各亚晶粒之间变形不均匀而引起的内应力称为微观内应力。微观内应力只占全部内应力的 2% ~ 3%，其作用范围为几个晶粒或几个亚晶粒。在零件内某些局部区域，这种微观内应力很大，可导致微裂纹源的产生、在循环应力的不断作用下，裂纹继续扩展，进而导致零件断裂失效。

C 点阵畸变内应力（或称为第三类内应力）

金属在塑性变形过程中，由于产生大量的点阵缺陷（如空位、间隙原子、置换原子、各类位错等），使点阵中的一部分原子偏离其平衡位置而造成的晶格畸变称为点阵畸变。点阵畸变内应力占全部内应力的 97% ~ 98%，其作用范围仅为几百个到几千个原子范围。

金属塑性变形后的残余内应力在工件内分布不均匀，往往有应力集中现象，在继续加工与使用时，若工件的应力平衡状态被破坏，就会使局部产生变形或开裂。因此，若需继续进行冷变形加工，中间往往需要进行去应力退火处理，以降低和消除内应力的不利影响。

5.3 冷塑性变形金属加热时组织和性能的变化

金属经过冷塑性变形后，其组织结构和性能发生了很大的变化，晶体中的亚结构得到细化，各个原子都处于不稳定状态，导致内能升高，这种状态在热力学上是处于一种亚稳定状态，有自发向稳定状态转变的趋势。如果将冷塑性变形的金属加热到较高的温度，使各个原子都具有一定的活动能力，则金属的组织和性能将发生一系列的变化并趋于稳定。按加热温度由低到高，冷塑性变形金属的组织结构和性能的变化过程分为回复、再结晶和晶粒长大三个阶段，如图 5 - 14 所示。

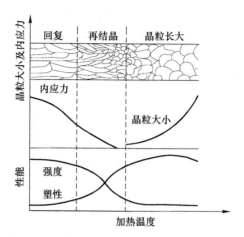

图 5 - 14　冷塑性变形金属在不同加热温度时
晶粒大小和性能变化的示意图

5.3.1　回复

当冷塑性变形金属加热温度较低时，原子的扩散能力较低，仅作短距离的扩散，金属的显微组织无明显变化，强度、硬度略有降低，塑性、韧性略有提高，但残余内应力显著降低，金属的这一变化过程称为回复，如图 5 - 14 所示。

在工业生产中，通常采用加热回复（去应力退火）的方法，使金属基本保持加工硬化的状态，同时可避免变形或开裂，改善耐腐蚀性。

5.3.2　再结晶

当冷塑性变形后的金属加热到再结晶温度以上时，原子的扩散能力增强，并迅速长大形成等轴晶粒，加工硬化与残余内应力完全消除，其组织与性能恢复至冷塑性变形前的状态的这一变化过程称为再结晶，如图 5 - 14 所示。

5.3.2.1　再结晶过程

冷塑性变形金属的再结晶过程是通过形核和长大方式完成的。由图可知，随着再结晶退火时间的增加，再结晶的新晶粒也在增多并长大，直至全部形成等轴晶粒，再结晶过程即告完成。

5.3.2.2　再结晶温度

在结晶过程只是晶粒的形状改变，金属的晶格类型并没有变化。金属的再结晶不是一个恒温过程，再结晶温度是指在一定时间内完成再结晶时所对应的最低温度。工业生产中将再结晶温度定义为：经过大量冷塑性变形（变形度大于 70% 左右）的金属，在一个小时的保温时间内，完成再结晶（达 95% 以上）时所对应的最低温度称为再结晶温度。金属中的杂质元素、合金元素，特别是高熔点元素，会阻碍原子扩散与晶界迁移，可显著提高金属的再结晶温度。

实验证明，一般纯金属、合金的再结晶温度与其熔点之间的关系可用下式表示。

纯金属的再结晶温度为：

$$T_{再} \approx (0.35 \sim 0.4) T_{熔}$$

合金的再结晶温度为：

$$T_{再} \approx (0.5 \sim 0.7) T_{熔}$$

式中　$T_{熔}$——金属的熔点，单位为绝对温度 K。

为消除加工硬化现象，将工件加热到再结晶温度，经保温后缓冷至室温的热处理工艺称为再结晶退火（或称为中间热处理）。在实际生产中，为缩短退火周期，再结晶退火的加热温度一般比最低再结晶温度高 100～200℃。表 5 - 2 所示为部分常用金属材料再结晶退火与去应力退火的加热温度。

表 5 - 2　部分金属材料再结晶退火与去应力退火的加热温度

金　属　材　料		去应力退火温度/℃	再结晶退火温度/℃
钢	碳钢及合金结构钢	500 ～ 600	600 ～ 720
	碳素弹簧钢	280 ～ 300	
铝及铝合金	工业纯铝	≈100	350 ～ 420
	普通硬铝合金	≈100	350 ～ 370
铜及铜合金（黄铜）		270 ～ 300	600 ～ 700

5.3.3　晶粒长大

冷塑性变形金属再结晶后，一般得到细小均匀的等轴晶粒。如果继续升高温度或延长保温时间，晶粒之间会通过相互吞并而继续长大，从而使晶界减少，晶界能量降低。

晶粒长大是一个自发过程，其实质可认为是一个晶界迁移的过程，即通过一个晶粒的边界向另外一个晶粒迁移并把该晶粒的位向逐渐改变成为与这个晶粒相同的位向，从而使相邻的小晶粒被大晶粒吞并结合成为一个更大的晶粒，如图 5 - 15 所示。

图 5 - 15　晶粒长大过程示意图

再结晶后晶粒的尺寸大小，对变形金属的力学性能有重要影响，因此，进行再结晶退火时，必须严加控制，以防止由于晶粒过度粗大，而降低材料的力学性能。影响再结晶晶粒大小的因素主要有变形度、加热温度和保温时间、原始晶粒尺寸、金属的纯度。

5.3.3.1　变形度的影响

图 5 - 15 所示说明金属再结晶后晶粒大小与变形度之间的关系。当变形度很小（小于 2%）时，晶格畸变较小，不足以引起再结晶。当变形度达到某一值（一般金属为 2% ～ 8%）时，变形极不均匀，形核数目比较少，易造成晶粒异常粗大，这个变形度称为"临界变形度"。当变形度超过临界变形度以后，由于形核率增大，变形愈趋均匀，再结晶后

的晶粒也越来越细小。当变形度特别大（大于 90%）时，金属组织容易出现形变织构，致使金属的晶粒再度出现粗大现象。

5.3.3.2　加热温度和保温时间的影响

再结晶的加热温度越高，保温时间越长，原子的扩散能力就越强，则结晶后的晶粒就越粗大，其中，加热温度的影响最大。为防止晶粒粗大而降低材料的力学性能，在进行再结晶退火时，必须严格控制其加热温度和保温时间。

5.3.3.3　原始晶粒尺寸的影响

当变形量很小时，储存能不足以驱动再结晶，晶粒尺寸为原始晶粒尺寸。金属的原始晶粒越细小，则其再结晶的加热温度就越低。这是由于细小晶粒的金属的变形抗力较大，冷变形后的金属储存能比较高的原因。

5.3.3.4　金属纯度的影响

一般来说，金属的纯度越低，其再结晶温度就越高。金属中的微量杂质元素以及合金元素、特别是高熔点元素，如 W、Mo、V 等，因阻碍原子扩散和晶界的迁移，可显著提高再结晶温度。例如，纯铜的再结晶温度为 120℃，黄铜 $[w(Zn)=5\%]$ 的最低再结晶温度为 320℃；纯铁的最低再结晶温度为 450℃，一般碳钢的最低再结晶温度为 500~650℃。

5.4　金属的热塑性变形

5.4.1　金属的热塑性变形与冷塑性变形的区别

金属的冷塑性变形与热塑性变形是以再结晶温度为界限进行区别的，在再结晶温度以上进行的塑性变形称为热塑性变形，在再结晶温度以下进行的塑性变形称为冷塑性变形。

根据金属的热塑性变形与冷塑性变形的区别，生产上将在再结晶温度以上进行的锻造、热轧、热压力成型、焊接等加工称为热加工，将在再结晶温度以下进行的冷轧、冷拔、冷冲以及切削等加工称为冷加工。由于冷加工会引起金属的加工硬化，变形抗力大，故对于变形量较大、截面尺寸较大的工件，必须采用热加工。表 5-3 所示为常用金属材料的热加工（锻造）温度范围。

表 5-3　常用金属材料的热加工（锻造）温度范围

材　料	锻前最高加热温度/℃	终锻温度/℃
碳素结构钢及合金结构钢	1200~1280	750~800
碳素工具钢及合金工具钢	1150~1180	800~850
高速钢	1090~1150	930~950
铬镍不锈钢（1Cr18Ni9Ti）	1175~1200	870~925
纯铝	450	350
纯铜	860	650

5.4.2 热加工对金属组织和性能的影响

5.4.2.1 消除铸态金属的组织缺陷

热加工可使金属铸锭和铸坯内部的气泡、缩孔被焊合、疏松和裂纹被压实、柱状晶粒和粗大晶粒被锻轧成细小的晶粒，从而提高了铸态金属本体的致密度，同时可以改变枝晶偏析、夹杂物、碳化物的形态、大小和分布。因此，热加工可以消除铸态金属的组织缺陷，提高其力学性能。表 5 - 4 所示为 $w(C) = 0.3\%$ 的碳钢在铸造与锻造后力学性能的比较。

表 5 - 4 $w(C) = 0.3\%$ 的碳钢在铸造与锻造后力学性能的比较

状　态	R_m/MPa	R_{eL}/MPa	$A_{11.3}$/%	Z/%
铸　态	500	280	15	27
锻　态	530	310	20	45

5.4.2.2 形成纤维组织

热塑性变形能够改变枝晶偏析和夹杂物的分布。在热变形加工过程中，铸态金属中的粗大枝晶和各种夹杂物都要沿着变形方向分布并被拉长，使其变成条状或片层状，在宏观分析试样上可以看见沿变形方向所呈现出的一条条细线，这些细线被称为热变形纤维组织（或称为热变形流线），如图 5 - 16 所示。

热变形纤维组织使金属的力学性能具有明显的各向异性，其纵向的强度、塑性和韧性大于横向。通常沿流线方向上的抗拉强度与韧性较高，而抗剪强度较低；在垂直于流线方向上的抗剪强度较高，而抗拉强度较低。表 5 - 5 所示为 45 钢的力学性能与纤维方向的关系。

表 5 - 5 45 钢的力学性能与纤维方向的关系

取样方向	R_m/MPa	R_{eL}/MPa	$A_{11.3}$/%	Z/%
横　向	618	431	10	31
纵　向	700	460	17.5	62.8

在热变形加工中，应力求变形流线有正确的分布，即变形流线应沿工件外形轮廓连续分布；应使流线平行于零件工作时的最大拉应力方向、且垂直于冲击载荷或切应力方向。图 5 - 16 所示为曲轴锻造加工流线与曲轴切削加工流线的分布情况。

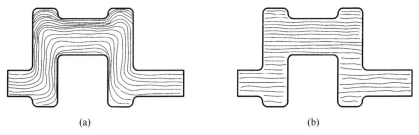

(a)　　　　　　　　　　　　　(b)

图 5 - 16　曲轴热加工流线分布示意图

（a）锻造状态；（b）切削状态

5.4.2.3　形成带状组织

若钢在铸态下存在严重的偏析和夹杂物，或热变形加工温度较低，则在热变形加工后，钢中常出现沿变形方向呈现带状或层状分布的显微组织，称为带状组织，图 5 - 17 所示为亚共析钢带状组织。

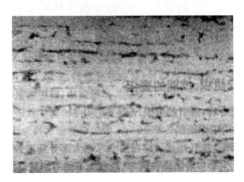

图 5 - 17　亚共析钢中的带状组织

钢的显微组织的两相或相组成物呈方向性的交替分布，常见于亚共析钢。产生的原因有：一是热轧（再结晶温度以上）时钢内存在的偏析组织或含量较高的非金属夹杂物沿压力加工方向呈带状，再结晶时成为铁素体（F）非均匀形核的核心，形成带状铁素体，形成的珠光体（P）也成带状；二是热轧时停锻温度在两相区，铁素体沿流动方向呈带状结晶，使奥氏体（A）也成带状，所以转变成的珠光体也成带状。

带状组织使钢的力学性能呈现各向异性，特别是横向的塑性与韧性明显下降，生产中可采用正火或退火等热处理工艺来消除带状组织。

 思考与练习题

5 - 1　解释名词

　　弹性变形、塑性变形、滑移、孪生、形变织构、加工硬化、残余内应力、回复、再结晶、再结晶退火、临界变形度、冷加工、热加工

5 - 2　简述多晶体的塑性变形特点。

5 - 3　简述形变织构的形成。

5 - 4　加工硬化产生的原因是什么？

5 - 5　简述热加工对铸态金属的组织缺陷的影响。

6 钢的热处理

钢的热处理是指钢在固态下通过加热、保温和冷却等过程来改变内部组织并获得所需性能的一种工艺方法。

热处理工艺的目的是改善和提高零件的加工工艺性能和加工质量，提高零件的使用性能和使用寿命。热处理工艺是由加热、保温和冷却三个基本阶段组成，可用温度－时间坐标图来表示热处理工艺曲线，如图 6-1所示。通常将热处理工艺所涉及的加热速度、加热温度、保温时间和冷却速度称为热处理工艺的四大要素。

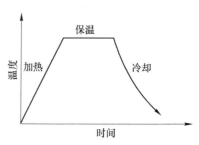

图 6-1 热处理工艺曲线

根据热处理工艺中加热和冷却方式的不同以及组织性能变化的特点，钢的基本热处理工艺包括整体热处理、表面热处理、化学热处理、预备热处理、最终热处理等。

（1）整体热处理。通过对零件整体进行穿透性加热，以改善整体的组织和性能的热处理工艺称为整体热处理。整体热处理一般包括：退火、正火、淬火、调质、时效等。

（2）表面热处理。通过对零件表层的加热、冷却以改善表层的组织和性能的热处理工艺称为表面热处理。表面热处理一般包括：表面淬火、接触电阻加热淬火、电解加热淬火等。

（3）化学热处理。将零件置于含有活性元素的介质中加热和保温，使介质中的活性原子渗入工件表层或形成某种化合物的覆盖层，以改善表层的组织和性能的热处理工艺称为化学热处理。化学热处理包括：渗碳、渗氮、渗硼、渗硅、渗硫、渗铝、渗铬、渗锌、碳氮共渗、铝铬共渗等。

（4）预备热处理。为零件后续将要进行的冷变形加工、切削加工以及进一步的热处理加工作好组织准备的热处理（如退火、正火等）称为预备热处理。

（5）最终热处理。零件完成冷变形加工、切削加工并达到相关形状和尺寸要求后，为调整和提高其力学性能所进行的热处理（如淬火、回火等）称为最终热处理。

6.1 钢在加热时的组织转变

$Fe-Fe_3C$ 相图是研究钢在加热和冷却时相变规律的基础。由 $Fe-Fe_3C$ 相图可知，A_1（PSK 线）、A_3（GS 线）、A_{cm}（ES 线）是指钢在极缓慢加热和极缓慢冷却时组织转变的平衡相变温度，称为相变临界温度（或称为临界点），ES 线是二次渗碳体的析出线。

无论是加热或是冷却都不可能达到平衡状态，即加热时高于临界点，出现一定的过热度；而冷却时低于临界点，出现一定的过冷度。为了区别于平衡相变临界点，通常将加热时的临界点用 A_{c1}、A_{c3}、A_{ccm} 表示（加热时在 "A" 后加注下角标 "c"）；冷却时的临界点用 A_{r1}、A_{r3}、A_{rcm} 表示（冷却时在 "A" 后加注下角标 "r"），如图 6-2 所示。在实际操作中，A_{c1}、A_{c3}、A_{ccm}（或 A_{r1}、A_{r3}、A_{rcm}）是随着加热
（或冷却）速度而改变的。各个临界点的具体含义如
下：A_1 是指共析转变线或共析温度，或指在平衡状
态下，奥氏体、铁素体、渗碳体或碳化物共存的温
度线；A_{c1} 是指钢加热时珠光体转变为奥氏体的开始
温度；A_{r1} 是指冷却时奥氏体向珠光体转变的开始温
度；A_3 是指在冷却过程中由奥氏体析出铁素体的开
始线，或在加热过程中铁素体溶入奥氏体的终了线，
或在亚共析钢在平衡状态下，奥氏体和铁素体共存
的温度线；A_{c3} 是指钢加热时先共析铁素体全部转变
为奥氏体的终了温度；A_{r3} 是指冷却时奥氏体向铁素
体转变的开始温度；A_{cm} 是指二次渗碳体的开始析出

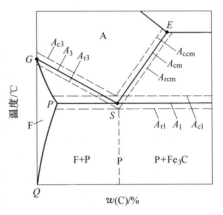

图 6 - 2　钢在加热和冷却时的临界温度

线，或指过共析钢在平衡状态下，奥氏体和渗碳体或碳化物共存的温度线；A_{ccm} 是指钢
加热时二次渗碳体完全溶入奥氏体的终了温度；A_{rcm} 是指冷却时从奥氏体中开始析出二次
渗碳体的温度。

6.1.1　奥氏体的形成过程

　　钢在加热时奥氏体的形成（也称为钢的奥氏体化）是遵循结晶过程的普遍规律，即遵
循一个形核、长大和均匀化过程的规律。现以共析钢为例说明钢的奥氏体的形成过程。由
Fe - Fe₃C 相图可知，共析钢的室温组织是珠光体，奥氏体的形成由下列四个基本过程组
成：奥氏体形核、奥氏体长大、剩余渗碳体溶解、奥氏体成分均匀化，如图 6 - 3 所示。

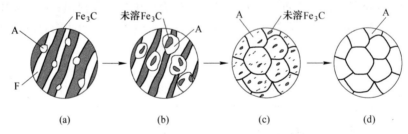

图 6 - 3　共析钢奥氏体的形成过程示意图

（a）奥氏体形核；（b）奥氏体长大；（c）剩余渗碳体溶解；（d）奥氏体成分均匀化

6.1.1.1　奥氏体形核

　　共析钢的原始组织为层片状珠光体，将钢加热到 A_{c1} 以上某一温度时，珠光体处于不
稳定状态，经过一段孕育期，奥氏体晶核首先在铁素体和渗碳体的相界面形成。由于铁素
体和渗碳体相界面碳浓度分布不均匀、晶体缺陷密度较大、能量较高，导致原子的活动能
力增强，为奥氏体形核形成了有利条件。

6.1.1.2　奥氏体长大

　　奥氏体晶核形成后，一面与渗碳体相连，一面与铁素体相连。渗碳体不断溶解并向奥

氏体和铁素体扩散，这样就使奥氏体晶粒逐渐向铁素体和渗碳体两个方向长大。由于铁素体向奥氏体转变的速度要比渗碳体的溶解速度快，因此，珠光体中的铁素体要比渗碳体消失得早。

6.1.1.3 剩余渗碳体溶解

铁素体全部消失以后，依然有剩余未溶渗碳体残留于奥氏体中。随着保温时间的延长或继续升温，剩余渗碳体将通过碳原子的不断扩散，继续溶入奥氏体中。

6.1.1.4 奥氏体成分均匀化

当剩余渗碳体全部溶于奥氏体后，奥氏体中碳浓度仍然是不均匀的，这是由于渗碳体的区域碳浓度较高，铁素体区域碳浓度较低造成的。只有继续加热或保温一定时间，使碳原子能够进行充分的扩散，才能使整个奥氏体中碳的分布达到均匀化。

6.1.2 影响奥氏体形成速度的因素

影响奥氏体形成速度的因素主要为加热温度、加热速度、原始组织和合金元素。

6.1.2.1 加热温度的影响

珠光体向奥氏体的转变，并不是当加热到 A_{c1} 以上某一温度时，奥氏体就立即开始出现，而是经过一段保温时间后才开始形成，这段时间称为"孕育期"。这是因为形成奥氏体晶核需要碳原子的扩散，而碳原子的扩散是需要一定的时间。在转变过程中，加热温度越高，碳原子的扩散速度就越大，"孕育期"就越短，转变的时间也就越短，奥氏体的形成速度就越快。在影响奥氏体形成速度的多种因素中，温度的作用最为显著。因此，温度对于控制奥氏体的形成十分重要。

6.1.2.2 加热速度的影响

实际生产中经常采用快速加热、短时保温的工艺方法来获得细小晶粒。快速加热可使"孕育期"变短，从而提高奥氏体的形成速度。

6.1.2.3 原始组织的影响

共析钢的原始组织为层片状珠光体。若铁素体和渗碳体的组织越细小，则层片的间距就越细小，那么铁素体和渗碳体相界面的面积就越大，则奥氏体的形核率就越高，奥氏体的形成速度就越快。

6.1.2.4 合金元素的影响

首先是合金元素影响碳在奥氏体中的扩散速度。Co 和 Ni 可提高碳在奥氏体中的扩散速度；Cr、Mo、W、V 等碳化物形成元素可显著降低碳在奥氏体中的扩散速度。其次是合金元素改变了钢的临界点和碳在奥氏体中的溶解度。此外，钢中合金元素在铁素体和碳化物中的分布是不均匀的。因此，与碳素钢相比，一般合金钢在奥氏体化时要适当提高加热温度和延长保温时间。

6.2　奥氏体晶粒度

奥氏体的晶粒大小对钢随后的冷却转变及转变产物的组织和性能都有重要影响。

6.2.1　奥氏体晶粒度的概念

晶粒度是表示晶粒大小的尺度。晶粒度的评定一般采用比较法，即将金相试样在放大100倍的显微镜下，与标准图谱进行比较。实际生产中将奥氏体晶粒大小分为 1~8 个级别，其中，1级最粗，8级最细，超过8级以上的称为超细晶粒。奥氏体晶粒尺寸通常用与8级晶粒度标准金相图谱（如图6-4所示）通过对比的方法来测定。为了研究钢在热处理时奥氏体晶粒度的变化，需要弄清楚三种不同的奥氏体晶粒度的概念，即起始晶粒度、本质晶粒度和实际晶粒度。

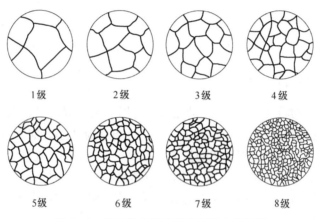

1级　　　　2级　　　　3级　　　　4级

5级　　　　6级　　　　7级　　　　8级

图6-4　奥氏体8级晶粒度标准金相图谱

6.2.1.1　起始晶粒度

钢经加热至临界温度以上，奥氏体转变刚刚完成时（珠光体转变为奥氏体）的晶粒大小称为起始晶粒度。此时的奥氏体晶粒非常细小，难以测定，没有实际应用意义。

6.2.1.2　本质晶粒度

钢在规定的加热条件下，即在（930±10）℃，保温 3~8h 后测定的奥氏体晶粒的大小称为本质晶粒度。晶粒度在 1~4 级的称为本质粗晶粒钢、在 5~8 级的称为本质细晶粒钢。本质晶粒度是钢的工艺性能之一，对于确定钢的加热工艺有着重要的参考作用。

6.2.1.3　实际晶粒度

钢在某一具体加热条件下，实际获得的奥氏体晶粒的大小称为实际晶粒度。由于实际晶粒度是钢加热到临界温度以上的一定温度、并保温一定时间获得的奥氏体晶粒，因此，实际晶粒度一般总比起始晶粒度大。奥氏体的实际晶粒度决定钢件冷却后的组织和力学性能。

6.2.2 影响奥氏体晶粒长大的因素

影响奥氏体晶粒长大的主要因素有加热温度和保温时间、加热速度和含碳量与合金元素（钢的化学成分）等。

6.2.2.1 加热温度和保温时间的影响

加热温度是影响奥氏体晶粒长大的主要因素。在一定温度下，随着保温时间的延长，奥氏体晶粒长大，但达到一定的时间后，长大过程趋于稳定，保温时间要比加热温度的影响小很多。因此，合理确定加热温度和保温时间，可获得细小的奥氏体晶粒。

6.2.2.2 加热速度的影响

快速加热可提高奥氏体转变的过热度。加热速度越快，过热度就越大，奥氏体的形核率就越高，起始晶粒就越细。实际生产中，可采用快速加热、短时保温的工艺方法来获得细小晶粒。

6.2.2.3 含碳量与合金元素的影响

随着含碳量的增加，奥氏体晶粒长大的倾向增大，但是，当含碳量超过某一限度时，奥氏体晶粒长大的倾向又开始减小。实际生产中，向钢中加入适量的 Ti、V、Zr、Al、Nb 等碳化物形成元素，可强烈阻碍奥氏体晶粒长大，得到本质细晶粒钢。

6.3 钢在冷却时的组织转变

在热处理工艺中，钢的加热与保温是为了获得均匀、细小的奥氏体晶粒。由于高温奥氏体最终是要冷却至室温，因此，钢的性能最终取决于奥氏体冷却后转变的组织。

钢在奥氏体化后通常有两种冷却转变方式：连续冷却和等温冷却，如图 6-5 所示。连续冷却是钢从高温奥氏体状态以不同的冷却速度（炉冷、空冷、油冷、水冷）连续冷却至室温并使奥氏体发生转变的过程。等温冷却方式钢从高温奥氏体状态快速冷却至临界点以下某一温度，保温一段时间，使奥氏体发生转变，然后再冷却至室温的过程。

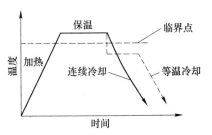

图 6-5 奥氏体不同冷却方式示意图

6.3.1 过冷奥氏体等温转变

钢加热至奥氏体状态后并快速冷却到 A_1 线温度以下时，奥氏体在热力学上处于不稳定状态，在一定条件下会发生分解转变，这种冷却至 A_1 线以下处于不稳定状态并将要发生转变的奥氏体称为过冷奥氏体。

6.3.1.1 过冷奥氏体等温转变曲线的建立与分析

过冷奥氏体等温转变曲线是表示过冷奥氏体等温转变温度、转变时间和转变产物之间的关系曲线。测定过冷奥氏体等温转变曲线的方法很多，如金相硬度法、热分析法、膨胀法、磁性法等。下面以共析钢为例介绍过冷奥氏体等温转变曲线的建立与分析。

A　过冷奥氏体等温转变曲线的建立

（1）将共析钢加工成 $\phi 10mm \times 1.5mm$ 的薄片试样，并且分成若干组，每组有若干片试样。

（2）将各组试样加热至奥氏体化，保温一段时间（10～15min），得到均匀奥氏体组织。

（3）然后再将各组试样分别迅速冷却到 A_1 点以下不同温度（650℃、600℃、550℃）的盐浴中保温。

（4）每隔一段时间取一试样迅速投入盐水中，使在等温过程中未分解的奥氏体转变为马氏体。如果过冷奥氏体尚未开始等温转变，则淬入水中的试样全为白色的马氏体组织；如果过冷奥氏体已经开始分解（产物为黑色），那么尚未分解的过冷奥氏体则转变为马氏体；如果过冷奥氏体已经分解完成，那么淬后的试样没有马氏体组织。

（5）观察各试样的显微组织并测定其硬度，找出在各个温度下奥氏体转变的开始时间点和终了时间点。

（6）将在各个温度下奥氏体转变的开始点和终了点标注在温度－时间坐标图上，将所有的转变开始点连成一条曲线；将所有的转变终了点连成一条曲线。在不同的区域内填入相应的组织，即可得到共析钢过冷奥氏体等温转变曲线，如图6-6所示。由于等温转变曲线的形状与英文字母"C"相似，故又称为C曲线。

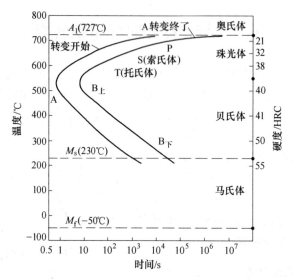

图6-6　共析钢过冷奥氏体等温转变曲线

B　过冷奥氏体等温转变曲线的分析

图6-6中靠左的一条曲线称为转变开始线；靠右的一条曲线称为转变终了线；最上面的一条水平虚线为 A_1 线，A_1 线是表示奥氏体与珠光体的平衡温度；中间的一条水平虚线为 M_s 线，M_s 线代表马氏体转变的开始线；最下面的一条水平虚线为 M_f 线，M_f 线代表马氏体转变的终了线。在 A_1 线以上温度时，奥氏体处于稳定状态。在 A_1 线与 M_s 线之间

并位于转变开始线左侧区域为过冷奥氏体区；在 A_1 线与 M_s 线之间并位于转变终了线右侧区域为转变产物区；在转变开始与转变终了两条曲线之间为转变过渡区，其组织由过冷奥氏体和转变产物共同组成。

过冷到 A_1 线以下的奥氏体并不是立即发生转变，而是要经过一段时间的等待才开始发生转变，过冷奥氏体在开始发生转变前所经历的等待时间称为孕育期。孕育期的长短、快慢表现在纵坐标轴至转变开始线的距离上。共析钢在 C 曲线的鼻尖处、温度约为550℃左右的位置时，孕育期最短，表示过冷奥氏体最不稳定，转变速度最快。

共析钢过冷奥氏体在三个不同温度区间进行等温转变时，根据过冷度不同，将发生三种不同的转变类型。从 A_1 线至 C 曲线的顶点（鼻尖）区间将发生高温珠光体转变；C 曲线鼻尖至 M_s 线区间将发生中温贝氏体转变；从 M_s 线至 M_f 线区间将发生低温马氏体转变。

6.3.1.2 影响过冷奥氏体等温转变的因素

C 曲线揭示了过冷奥氏体等温冷却时组织转变的规律。过冷奥氏体越稳定，孕育期越长，则转变速度越慢，C 曲线越往右移，反之亦然。各种因素对过冷奥氏体等温转变的影响均会反映在 C 曲线的位置上。

亚共析钢和过共析钢过冷奥氏体的 C 曲线，如图 6-7 所示。它们的基本特点与共析钢相同，所不同的是在亚共析钢的 C 曲线上有一条表示先共析铁素体析出的曲线，在过共析钢的 C 曲线上有一条表示先共析渗碳体析出的曲线。

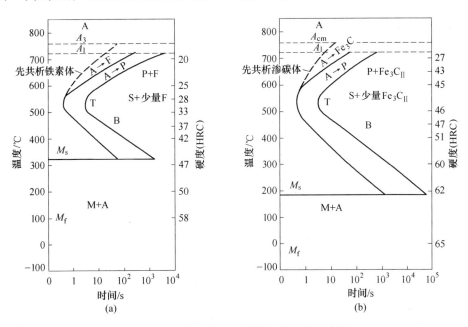

图 6-7　亚共析钢和过共析钢等温转变曲线
（a）亚共析钢；（b）过共析钢

A　含碳量的影响

一般情况下，随着过冷奥氏体中含碳量的增加，过冷奥氏体的稳定性就增大，C 曲线的位置就会向右移。在正常的加热条件下，亚共析钢的 C 曲线随含碳量的增加逐渐右移，说明过冷奥氏体的稳定性增高，孕育期变长，转变速度减慢。过共析钢的 C 曲线随含碳量的增加逐渐左移，说明过冷奥氏体的稳定性减小，孕育期减短，转变速度加快。

B 合金元素的影响

总的来说，除 Co 和 Al 以外的几乎所有合金元素溶入奥氏体后，都增强过冷奥氏体的稳定性，使 C 曲线不同程度地右移。当某些合金元素达到一定含量时，可改变 C 曲线的形状。绝大多数合金元素均使 M_s 点温度降低。

C 加热温度和保温时间的影响

若加热温度越高，保温时间越长，则奥氏体晶粒就越粗大，这样就可提高过冷奥氏体的稳定性，使 C 曲线右移。若加热温度越低，保温时间越短，则奥氏体晶粒就越细小，这样就可促进奥氏体在冷却过程中分解，使 C 曲线左移。另外，加热速度越快，则等温转变速度越快，使 C 曲线左移。

6.3.2 过冷奥氏体等温转变产物的组织与性能

6.3.2.1 珠光体转变及其组织

珠光体转变是共析钢过冷奥氏体在临界温度 $A_1 \sim 550℃$ 范围内进行的等温转变，属于高温转变。珠光体是铁素体和渗碳体两相的机械混合物，其组成相通常呈片层状。随着过冷度的增加，转变温度降低，珠光体中铁素体和渗碳体的片层间距越来越小，片层间距是指两片渗碳体（或两片铁素体）之间的距离。珠光体组织类型根据片层间距的大小分为三种：珠光体、索氏体、托氏体。

过冷奥氏体在 $A_1 \sim 650℃$ 之间等温转变，铁原子和碳原子均能进行充分扩散，所以珠光体转变是一种扩散型转变，其转变产物为粗片状珠光体（片层间距约为 150 ~ 450nm），称为珠光体，用符号"P"表示。在 650 ~ 600℃ 之间等温转变，铁原子已经难以扩散，但碳原子还能够进行扩散，得到的是细片状珠光体（片层间距约为 250 ~ 350nm），称为索氏体，用符号"S"表示。在 600 ~ 550℃ 之间等温转变，铁原子和碳原子均不能进行扩散，得到的是极细片状珠光体（片层间距约为 30 ~ 80nm），称为托氏体（也称为屈氏体），用符号"T"表示。珠光体的片层状组织如图 6-8 所示。

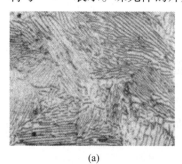 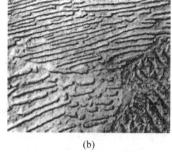 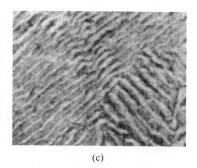

(a)   (b)   (c)

图 6-8 珠光体显微组织

(a) 珠光体（500 倍）；(b) 索氏体（800 倍）；(c) 托氏体（8000 倍）

6.3.2.2 贝氏体转变及其组织

贝氏体转变是共析钢过冷奥氏体在 C 曲线鼻尖（550℃）至 M_s 线（230℃）范围内进行的等温转变，属于中温转变。由于过冷度较大，转变温度较低，铁原子不发生扩散，只有碳原子仍能进行扩散进行组织转变，所以贝氏体转变属于半扩散型转变，其转变产物称为贝氏体，用符号"B"表示。贝氏体仍是由铁素体和渗碳体两相组成的机械混合物，根据贝氏体的组织形态和转变温度的不同，贝氏体组织类型可分为上贝氏体和下贝氏体两种。

上贝氏体形成温度范围为 550～350℃。上贝氏体首先是在奥氏体晶界上形成铁素体晶核，然后以条状或片状的铁素体从奥氏体晶界开始向晶内平行生长。随着条片状铁素体的伸长和变宽，尚有一定扩散能力的碳原子在铁素体条片之间析出短棒状或短片状渗碳体（碳化物），直至奥氏体消失，这种组织称为上贝氏体，用符号"$B_上$"表示。上贝氏体在显微镜下呈羽毛状，如图 6-9 所示。

下贝氏体形成温度范围为 350～230℃。在此温度范围，碳原子的扩散能力更弱，铁素体在奥氏体晶界或晶内的某些晶面上长成针状，由于碳原子不能作长程迁移，只能在铁素体内以不连续的短片状碳化物进行排列分布，这种组织称为下贝氏体，用符号"$B_下$"表示。下贝氏体在显微镜下呈黑色针片状，如图 6-10 所示。

图 6-9 上贝氏体组织

图 6-10 下贝氏体组织

上贝氏体的硬度比同样成分的下贝氏体低（共析钢上贝氏体的硬度为 40～45HRC），塑性、韧性较差，脆性很大，无使用价值。下贝氏体的硬度（共析钢下贝氏体的硬度为 45～55HRC）和耐磨性较高，具有良好的塑性和韧性等综合机械性能，因此在生产中，如模具、工具和弹簧类零件常采用等温淬火来获得下贝氏体组织。

6.3.2.3 马氏体转变及其组织

奥氏体快速过冷到 M_s 点以下时即发生马氏体转变。与珠光体转变和贝氏体转变不同，马氏体转变是在连续冷却的过程中进行。由于过冷度很大，奥氏体向马氏体转变时，铁、碳原子都难以进行扩散，致使溶解在原奥氏体中的碳原子难以析出，从而使晶格发生畸变。由于转变过程只发生 $\gamma-Fe$ 向 $\alpha-Fe$ 的晶格类型转变，所以，溶解在奥氏体中的碳全部固溶在 $\alpha-Fe$ 的晶格中，使 $\alpha-Fe$ 的含碳量超过饱和，这种碳在 $\alpha-Fe$ 中的过饱和固溶体称为马氏体，用符号"M"表示。

马氏体转变是在 M_s 点温度开始，随着温度的降低，马氏体的数量不断增多，直至冷

却到 M_f 点，获得最多马氏体。M_s 点和 M_f 点主要由奥氏体的成分决定，基本上不受冷却速度和其他因素的影响。增加含碳量会使 M_s 点和 M_f 点降低。含碳量越高，马氏体转变温度越大，残留奥氏体的量也越多。

　　马氏体的组织形态主要有两种基本类型：板条状马氏体和针片状马氏体。决定马氏体形态的主要因素是含碳量（质量分数）与形成温度。当含碳量小于 0.2% 的碳钢在淬火时可得到平行条状马氏体组织，称为板条状马氏体，如图 6-11 所示。当含碳量大于 0.6% 的碳钢在淬火时可得到细长条状马氏体组织，称为针片状马氏体，如图 6-12 所示。当含碳量在 0.2%~0.6% 之间的碳钢在淬火时可得板条状马氏体与针片状马氏体混合型组织。

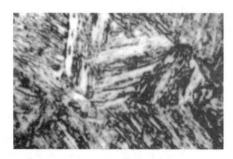
　　图 6-11　板条状马氏体（400 倍）

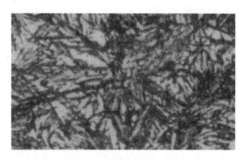
　　图 6-12　针片状马氏体（800 倍）

　　钢中马氏体的力学性能显著特点是具有高强度、高硬度。马氏体的硬度主要取决于马氏体的含碳量。马氏体强化的主要原因是过饱和碳使晶格产生畸变，从而导致强烈的固溶强化效应。当钢的组织为板条状马氏体时，具有高强度、高硬度以及较好的塑性和韧性。针片状马氏体具有很高的硬度，但塑性和韧性很差。图 6-13 所示为硬度和抗拉强度与含碳量的关系。表 6-1 所示为板条状马氏体与针片状马氏体的性能比较。

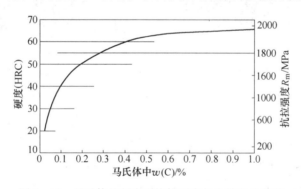

图 6-13　马氏体的硬度和抗拉强度与含碳量的关系

表 6-1　板条状马氏体与针片状马氏体的性能比较

马氏体组织形态	含碳量（质量分数）/%	R_m/MPa	R_{eL}/MPa	HRC	A/%	Z/%	A_{KU}/%
板条状马氏体	0.1~0.25	530~1025	820~1330	30~50	9~17	40~65	48~144
针片状马氏体	0.77	2350	2040	66	1	30	8

　　由于奥氏体不能完全转变为马氏体，即使过冷至 M_f 点以下，还有少量的过冷奥氏体

没有发生马氏体转变而残留下来，这部分奥氏体称为残留奥氏体。冷却速度越慢，残留奥氏体的量就越多，过多的残留奥氏体会降低钢的强度、硬度和耐磨性。残留奥氏体为不稳定组织，在使用过程中会继续发生转变并产生内应力，引起变形，使零件的尺寸发生变化。这就要求在生产中，对于尺寸精度和耐磨性要求高的零件，如精密轴承、精密轴丝杠等，淬火时要冷却到 $-78℃$ 或 $-183℃$，这样可最大限度地减少残留奥氏体的数量，从而提高零件的硬度、耐磨性和尺寸精度，这种促使残留奥氏体进一步转变为马氏体的工艺方法称为"冷处理"。

6.3.3 过冷奥氏体连续冷却转变

在实际生产中，许多热处理工艺是在连续冷却过程中完成的，即过冷奥氏体是在不断的降温过程中发生转变，如炉冷退火、空冷正火、水冷淬火等。所以研究过冷奥氏体的连续冷却转变规律更有实际应用价值。

6.3.3.1 过冷奥氏体连续冷却转变曲线的建立

过冷奥氏体连续冷却转变曲线采用实验方法测定，常用的实验方法有硬度法、金相法、膨胀法等。测定时，首先将被测试样加热奥氏体化，然后分组以不同的冷却速度进行冷却，同时测出冷却过程中的转变开始点与终了点，再将这些点绘在温度—时间坐标系上，分别连接不同冷却速度下的转变开始点与终了点，即可得到共析钢过冷奥氏体的连续冷却转变曲线，该曲线也称为共析钢的 C 曲线，如图 6 - 14 所示，图中 v_1、v_2、v_3……表示不同的冷却速度。

6.3.3.2 过冷奥氏体连续冷却转变曲线分析

共析钢的 C 曲线中 P_s 线为过冷奥氏体向珠光体转变的开始线，P_f 线为过冷奥氏体向珠光体转变的终了线，P_s 线与 P_f 线之间为转变的过渡区，$K - K'$ 线为过冷奥氏体向珠光体转变的终止线，当连续冷却至 $K - K'$ 线时，过冷奥氏体便终止向珠光体的转变，继续冷却时，残留奥氏体直接向马氏体转变，M_s 线是马氏体转变的开始线。

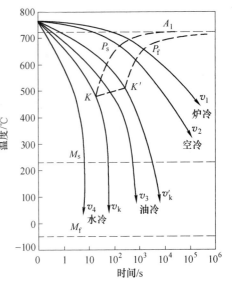

图 6 - 14 共析钢连续冷却转变曲线图

v_1 线为炉冷，其冷却曲线与 C 曲线相交于 670 ~ 700℃，过冷奥氏体转变产物为珠光体；v_2 线为空冷，其冷却曲线与 C 曲线相交于 630 ~ 650℃，过冷奥氏体转变为索氏体；v_3 线为油冷，先与转变开始线相交于 600℃，再与 M_s 线相交至室温，过冷奥氏体转变为屈氏体和马氏体；v_4 线为水冷，不与 C 曲线相交，直接与 M_s 线相交至室温，过冷奥氏体转变为马氏体和残留奥氏体。

在过冷奥氏体连续冷却转变过程中，有两个临界冷却速度。v_k 线与 C 曲线鼻尖相切，是过冷奥氏体冷却到 M_s 点以下，全部转变为马氏体组织的最小冷却速度，称为上临界冷却速度，也称为淬火临界冷却速度。v_k' 线是过冷奥氏体冷却时全部转变为珠光体组织的最大冷却速度，称为下临界冷却速度。

共析钢在连续冷却转变过程中，由于残留奥氏体直接向马氏体转变，不发生贝氏体转变，因此没有贝氏体组织的出现。

6.4　钢的退火与正火

钢的退火与正火主要用于铸件、锻件、焊接件的预备热处理，对于性能要求不高的工件，退火与正火也可作为最终热处理。

6.4.1　钢的退火

钢的退火是指将钢件加热到一定温度，并保温一定时间，经完全奥氏体化后缓慢冷却至室温的热处理工艺。退火的主要目的是细化晶粒、改善组织性能；消除残余应力，稳定钢件尺寸并防止变形和开裂；降低硬度，改善切削加工性能。退火既为了消除和改善前道工序遗留的组织缺陷和残余应力，又为后续工序做好准备，故退火属于预备热处理。退火设备如图 6－15 和图 6－16 所示。

图 6－15　罩式退火炉

图 6－16　真空退火炉

根据钢的成分和退火的目的，退火又可分为完全退火、等温退火、球化退火、去应力退火、扩散退火、再结晶退火等。

6.4.1.1　完全退火

完全退火是将钢件加热到 A_{c3} 以上 30～50℃，保温一定时间后，使过冷奥氏体在恒温下转变为珠光体组织并随炉缓慢冷却至500℃时出炉空冷至室温的热处理工艺。

完全退火的目的是细化晶粒，降低硬度，充分消除内应力，以提高塑性，改善切削加工性能。完全退火适用于亚共析钢或亚共析成分的中碳钢与中碳合金钢的铸件、锻件、轧件及焊接件。

6.4.1.2　等温退火

等温退火是将钢件加热到 A_{c3} 以上 30～50℃，保温一定时间后，较快地冷却至 600～680℃并等温保持一定时间，使奥氏体转变为珠光体组织，然后空冷至室温的热处理工艺。

等温退火的目的与完全退火相同，与完全退火相比，等温退火可缩短退火时间，并且得到的退火组织更加均匀。等温退火适用于高碳钢、中碳合金钢等。

6.4.1.3 球化退火

球化退火属于不完全退火，它是将钢件加热到 A_{c1} 以上 20~30℃，经较长时间保温后随炉缓慢冷却至 500~600℃ 时出炉空冷至室温，以使钢中的碳化物进行球状化的热处理工艺。

球化退火的目的是使钢中的网状二次渗碳体和珠光体中片状渗碳体球化，形成球状珠光体组织，以降低共析钢或过共析钢的硬度、以提高塑性，改善切削加工性能。球化退火适用于共析或过共析成分的工具钢、模具钢、滚动轴承钢、合金弹簧钢等。

6.4.1.4 去应力退火

去应力退火（又称为低温退火）是将钢件随炉缓慢加热到 A_{c1} 以下 100~200℃（一般为 500~650℃），保温一定时间，然后缓慢冷却至室温的热处理工艺。

去应力退火的目的是消除铸件、锻件、焊接件、热轧件、冷冲压件等的残余内应力。去应力退火可稳定工件的尺寸与形状，减少或消除在后续的机加工以及在使用过程中出现变形或开裂的可能性。

6.4.1.5 扩散退火

扩散退火（又称为均匀化退火）是将高合金钢铸件或锻件加热到 A_{c3} 以上 150~250℃（一般为 1100~1200℃），保温 10~15h，然后随炉缓冷至室温的热处理工艺。

扩散退火的目的是主要用于消除高合金钢铸件或锻件中的成分偏析。由于加热温度高、保温时间长，会导致奥氏体晶粒严重粗化，因此，扩散退火后必须进行一次完全退火或正火，以细化晶粒，提高钢的塑性。

6.4.1.6 再结晶退火

再结晶退火是将冷塑性变形钢件加热到再结晶温度（一般为 600~700℃）以上 100~200℃，保温一定时间，使变形晶粒转变为新的等轴晶粒的热处理工艺。

再结晶退火的目的是用于消除冷变形钢件的冷加工硬化和残余内应力，恢复钢的塑性和韧性。

6.4.2 钢的正火

钢的正火是指将亚共析钢加热到 A_{c3} 以上 30~50℃，过共析钢加热到 A_{ccm} 以上 30~50℃，保温一定时间后在空气中冷却的热处理工艺。

正火工艺与退火工艺的目的基本相同，如细化晶粒、均匀组织、调整硬度等。主要区别在于冷却速度不同，正火的冷却速度要比退火的冷却速度快一些，故经正火工艺后的钢的组织比较细密，其强度、硬度要比退火工艺的高。正火设备如图 6-17 和图 6-18 所示。

正火主要应用于以下几个方面：

（1）细化晶粒，改善或消除过共析钢的网状二次渗碳体，使其变为层片状、为球化退火作好组织准备。

图6-17　台车式正火炉　　　　　　　　图6-18　等温连续正火炉

（2）改善低碳钢和低碳合金钢的切削加工性能。通过正火工艺，可使低碳钢和低碳合金钢得到细小而均匀的珠光体组织，硬度可提高至160~230HBW，使其接近最佳切削硬度，并可降低表面粗糙度。

（3）对于铸钢件，通过正火工艺可改善和细化其铸态组织。

（4）对于力学性能要求不高的普通结构件，可将正火工艺作为最终热处理。

（5）对于中碳结构钢件，可将正火工艺作为预备热处理。

钢的退火、正火的加热温度和工艺曲线，如图6-19所示。

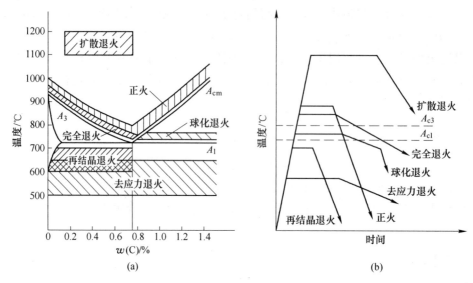

图6-19　共析钢连续冷却转变曲线图
（a）加热温度范围；（b）工艺曲线

6.5　钢的淬火

钢的淬火是指将钢件加热到A_{c3}或A_{c1}以上某一温度，保温一定时间使之奥氏体化后以大于淬火临界冷却速度进行快速冷却，以获得马氏体或贝氏体组织的热处理工艺。

淬火的目的是为了强化钢件，提高其力学性能，以更好地发挥钢材的性能潜力。在实际生产中，绝大多数的淬火是为了获得马氏体。图6-20所示为剑条的淬火。淬火设备如图6-21和图6-22所示。

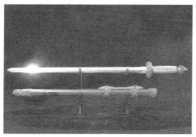

图6-20 剑条的淬火

图6-21 高温淬火炉   图6-22 真空淬火炉

6.5.1 淬火工艺

6.5.1.1 淬火加热温度的选择

选择淬火加热温度的目的是为了获得细小而均匀的奥氏体组织，以便在淬火后获得细小均匀的马氏体组织，同时要尽可能地避免或减少钢件的变形与开裂的发生。

亚共析钢的淬火加热温度一般在 A_{c3} 以上 30~50℃，此时可全部奥氏体化，淬火后可获得细小均匀的马氏体组织，如图6-23所示。若亚共析钢的加热温度过高，会导致奥氏体晶粒粗化，淬火后会得到粗大马氏体组织，这将使钢的力学性能下降，特别是塑性、韧性会显著降低，易发生钢件的变形与开裂；若加热温度低于 A_{c3}，会导致一部分铁素体残留，淬火时，这部分铁素体不发生转变而残存于淬火组织中，使钢件的强度、硬度下降。

过共析钢的淬火加热温度一般在 A_{c1} 以上 30 ~ 50℃，此时获得的组织为奥氏体和一部分未溶的粒状渗碳体，淬火后可获得细小均匀的马氏体和粒状渗碳体的混合组织。由于渗碳体比马氏体还要硬，所以粒状渗碳体可提高钢的硬度与耐磨性。若过共析钢的加热温度过高，会使渗碳体大量溶于奥氏体，导致奥氏体中含碳量增加以及 M_s 点下降，故淬火后残余奥氏体数量增加，反而降低钢的硬度与耐磨性。

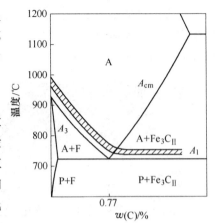

图 6 - 23　碳钢淬火加热温度范围

6.5.1.2　淬火加热保温时间的选择

淬火加热保温时间指的是升温与保温所需要的时间。加热时间的长短一般应根据钢件的成分、形状和尺寸、加热介质、装炉方式和装炉量等具体情况而定。加热时间的计算一般可采用下列经验公式：

$$t = \alpha K D$$

式中　t——加热时间，min；

　　　α——加热系数，min/mm；

　　　K——装炉系数（取值范围通常在 1 ~ 1.5）；

　　　D——工件有效厚度，mm。

6.5.1.3　淬火介质

钢件进行淬火冷却时所使用的介质称为淬火介质。为保证钢件淬火后获得马氏体组织，淬火介质应使钢件冷却速度大于马氏体临界冷却速度 v_k，但是，过大的冷却速度会产生很大的淬火内应力，易使钢件产生变形与开裂。为了既能得到马氏体组织，同时又要尽量减少淬火内应力，避免变形与开裂，这就需要在 C 曲线鼻尖处（550℃左右）的冷却速度愈大愈好，而在鼻尖处上方（650℃以上）或 M_s 点附近的冷却速度则应小一些。钢

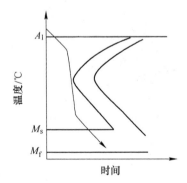

图 6 - 24　碳钢理想淬火介质的冷却特性曲线

在淬火时较为理想的冷却曲线，如图 6 - 24 所示，到目前为止，还没有找到符合这种特性要求的理想淬火介质，目前在生产中常用的淬火介质有水、矿物油（如机油、变压器油等）、盐、碱等。

　　A　水

水是应用最广泛、最经济且冷却能力较强的淬火介质。水在 650 ~ 550℃ 范围内的冷却

速度较大，对于碳钢较为有利，而在 $300 \sim 200℃$ 范围内需要慢冷时的冷却速度却表现得过大，易使淬火工件产生变形与开裂，因此在生产中，水淬主要用于形状简单、截面尺寸较大、变形要求不严格的碳钢工件。

B 矿物油

矿物油是冷却能力较弱的淬火介质。油在 $300 \sim 200℃$ 范围内的冷却速度要比水小一些，这对减少淬火工件的变形与开裂有利，但油在 $650 \sim 550℃$ 范围内的冷却速度要比水小很多，故不能用于碳钢工件，而只能用于合金钢的淬火，因此在生产中，油淬主要用于合金钢和形状较复杂、截面尺寸较小、变形要求较为严格的碳钢工件。

C 盐、碱

为提高水的冷却能力，可在水中加入少量（5% ~ 10%）的盐或碱。在水中加入盐或碱，可提高淬火工件在 $650 \sim 550℃$ 范围内的冷却速度（一般约为水的 10 倍），以避免产生软点。盐水或碱水主要用于形状简单、淬硬层较深、截面尺寸较大的碳钢工件。

熔融的盐或碱也常作为淬火介质，称为盐浴或碱浴。这类介质主要用于截面尺寸较小、形状复杂、变形要求严格的碳钢、合金钢工件或等温淬火，既可获得较高的硬度，又能控制好变形量，同时也能避免零件的开裂等缺陷。

6.5.2 淬火方法

由于淬火冷却介质尚不能完全满足理想冷却速度的要求，故为弥补淬火介质的不足，需要在热处理工艺上结合各种淬火介质的特点，采用不同的淬火冷却方法来最大限度地接近理想冷却速度的要求。目前采用的淬火方法有很多，比较常用的淬火方法有单介质淬火、双介质淬火、马氏体分级淬火、贝氏体等温淬火、预冷淬火方法和低温冷处理等。

6.5.2.1 单介质淬火

将加热至奥氏体化的钢件置于一种淬火介质中连续冷却至室温的一种淬火方法称为单介质淬火（或称为单液淬火）。如图 6 - 25 所示，冷却曲线 1。单介质淬火是一种常用的淬火方法，其优点是操作简便，易实现机械化和自动化。缺点是工件表面与心部温差很大，容易产生淬火缺陷，如水淬易使工件产生变形与开裂；油淬易使工件产生硬度不足或硬度不均等现象。一般情况下，碳钢采用水淬，合金钢采用油淬。

6.5.2.2 双介质淬火

将加热至奥氏体化的钢件先置于冷却能力较强的淬火介质（水、盐水）中急冷至 M_s 点（300℃左右）时取出并快速置于冷却能力较弱的淬火介质（油）中继续冷却全室温的一种淬火方法称为双介质淬火（或称为双液淬火），如图 6 - 25 所示冷却曲线 2。双介质淬火的优点是马氏体相变在缓冷的介质中进行，可减少淬火内应力，从而减少淬火工件变形与开裂的倾向。双介质淬火的缺点是工艺不好掌握，操作难度较大。最常用的双介质淬火是水 - 油双介质淬火（也称为水淬油冷）和水 - 空气双介质淬火（也称为水淬空冷）。双介质淬火主要用于形状较复杂、尺寸较小的高碳钢工件以及尺寸较大的合金钢工件。

6.5.2.3　马氏体分级淬火

将加热至奥氏体化的钢件先置于温度在 M_s 点附近的液态介质（硝盐浴或碱浴）中保温一定时间（一般为 2 ~ 3min），待工件内外温度趋于一致，然后取出空冷至室温的一种淬火方法称为马氏体分级淬火，如图 6 - 25 所示冷却曲线 3。马氏体分级淬火的优点是通过在 M_s 点附近的保温，可降低和消除工件的内外温差，可大幅度地减少淬火内应力，从而显著减少淬火工件变形与开裂的倾向。马氏体分级淬火的缺点是盐浴或碱浴的冷却能力较弱，故只适用于尺寸小、形状较复杂、变形要求严格的钢件。

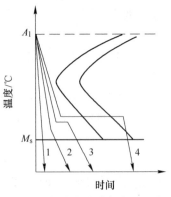

图 6 - 25　各种淬火冷却方法示意图

6.5.2.4　贝氏体等温淬火

将加热至奥氏体化的钢件先置于温度稍高于 M_s 点的硝盐浴或碱浴槽中快速冷却至贝氏体转变温度区间（260 ~ 400℃），等温保持一定时间（一般为 30min 以上），使奥氏体转变为下贝氏体，然后取出空冷至室温的一种淬火方法称为贝氏体等温淬火，如图 6 - 25 所示冷却曲线 4。贝氏体等温淬火的优点是淬火内应力极小，基本上能避免工件的淬火变形与开裂倾向；下贝氏体组织具有较高的强度、硬度、韧性和耐磨性，故适用于由中碳钢、高碳钢和低合金钢制作的形状复杂、尺寸小、尺寸精度要求高的工件。贝氏体等温淬火的缺点是淬火硬度比马氏体低。

6.5.2.5　预冷淬火方法

将加热至奥氏体化的钢件从炉中取出预先空冷至一定温度后再置于淬火介质中连续冷却至室温的一种淬火方法称为预冷淬火方法。这种淬火方法可通过减少工件与淬火介质之间的温度差来降低淬火内应力，从而最大限度地降低工件的淬火变形与开裂倾向。

6.5.2.6　低温冷处理

将加热至奥氏体化的钢件经淬火冷却至室温后，继续置于 0℃ 以下的介质中冷却的一种淬火方法称为低温冷处理（又称为冷处理）。低温冷处理可以使钢件基体组织上产生均匀、细微而弥散的碳化物析出，这些细微的碳化物在材料塑性变形时可有效的阻碍位错运动，从而有效地强化了基体组织；这些细微碳化物颗粒均匀分布在马氏体上，有效地强化了晶界，从而改善了钢件的性能，使其冲击韧性、硬度、红硬性、耐磨性都有大幅提升。

低温冷处理淬火方法根据零下温度的不同，一般可分为普通冷处理（0 ~ -130℃）、深冷处理（-130 ~ -190℃）、超冷处理（-196 ~ -230℃）等。

冷处理的目的是将淬火后已冷到室温的工件继续深冷至零下温度，使淬火后留下来的残余奥氏体继续向马氏体转变，以达到减少或消除残余奥氏体，经过液氮温度（零下 196℃）的低温冷处理后，可使一般金属材料的残存奥氏体含量降到百分之三以下，从而使尺寸的稳定性得以大幅度提高。冷处理的优点如下：

（1）可全面提升工件的硬度及强度；

（2）可保证工件的形状、尺寸精度；

（3）可提高工件的耐磨性；

（4）可提高工件的冲击韧性；

（5）可改善工件内应力分布，提高疲劳强度；

（6）可提高工件的耐腐蚀性能。

随着低温冷处理技术的研究和发展，正广泛地应用于刃具、量具、模具以及耐磨损件和精密零部件等。

6.5.3 钢的淬透性

6.5.3.1 钢的淬透性概念

钢的淬透性是指钢在奥氏体化后通过淬火获得马氏体的能力。淬透性的大小是用钢在一定条件下通过淬火所获得淬透层深度来表示，淬透层的深度规定为由工件表面至半马氏体区的深度。半马氏体区的组织是由50%的马氏体和50%的非马氏体组织构成。

6.5.3.2 淬透性的影响因素

钢的淬透性主要取决于过冷奥氏体的稳定性，其次是淬火临界冷却速度 v_k 的大小。过冷奥氏体越稳定，钢的临界冷却速度越小，其淬透性就越好。影响淬透性的主要因素如下：

（1）合金元素的影响。除钴和铝（大于2.5%）以外，所有溶于奥氏体中的合金元素会不同程度地增加奥氏体的稳定性，C曲线右移，使钢的淬火临界冷却速度 v_k 减小，从而增大钢的淬透性。

（2）含碳量的影响。对于亚共析钢而言，随着含碳量的增加，C曲线右移，钢的淬火临界冷却速度 v_k 减小，钢的淬透性增大；对于过共析钢而言，随着含碳量的增加，C曲线左移，钢的淬火临界冷却速度 v_k 增大，钢的淬透性降低。碳钢中含碳量越接近共析成分，钢的淬透性就越好。

（3）奥氏体化条件。适当提高奥氏体化温度与延长保温时间，可使奥氏体晶粒更粗大、成分更均匀，奥氏体的稳定性就越高，钢的淬透性就越好。

钢的淬透性是钢材本身所固有的属性，淬透性好的钢材，可使钢件整个截面获得均匀一致的力学性能以及可选用钢件淬火应力小的淬火剂，以减少变形和开裂。

6.5.4 钢的淬硬性

淬硬性是指钢在理想条件下进行淬火硬化所能达到最高硬度的能力。淬硬性与淬透性是两个不同的概念，钢的淬硬性主要取决于奥氏体中的含碳量，与钢中合金元素的关系不大。所以淬硬性好的钢，其淬透性不一定好；淬透性好的钢，其淬硬性不一定好。例如，含碳量低的低碳合金钢的淬透性较好，但其淬硬性却不高；含碳量高的碳素工具钢的淬硬性较高，但其淬透性却较低。

6.6　钢的回火

将淬火钢件重新加热到 A_1 以下某一温度，保温一定时间，然后冷却至室温的热处理工艺称为回火。回火设备如图 6 – 26 和图 6 – 27 所示。

图 6 – 26　箱式回火炉　　　　　　　　　图 6 – 27　网袋式回火炉

6.6.1　回火的目的

回火的目的主要有如下几点：

（1）消除淬火内应力。通过回火可减少或消除钢件在淬火时产生的内应力，以防止工件在使用过程中产生变形和开裂。

（2）获得所需要的力学性能。通过回火可适当调整淬火钢件的硬度和强度、提高钢的韧性，使工件具有较好的综合力学性能。

（3）稳定组织和尺寸。淬火后的马氏体和残余奥氏体属于不稳定的组织，通过回火可使淬火组织转变为稳定组织，从而保证工件在使用过程中不产生形状和尺寸的改变。

6.6.2　钢在回火时的转变

钢件淬火所得到的组织（马氏体 + 残余奥氏体）为不稳定组织，有自发转变为平衡组织（铁素体 + 渗碳体）的倾向，回火加热可加速这种自发转变的过程。其转变过程可分为以下四个阶段。

6.6.2.1　马氏体分解阶段

当回火温度在 100～200℃时，马氏体开始分解，马氏体中过饱和的碳原子以 ε 碳化物（Fe_xC）的形式析出，使马氏体的过饱度降低，析出的 ε 碳化物以细小的片状分布在马氏体的基体上，这种由含碳量降低的马氏体和 ε 碳化物形成的回火组织称为回火马氏体。在此阶段，钢的硬度变化不大，由于 ε 碳化物的析出，晶格畸变降低，淬火应力有所减小。

6.6.2.2　残余奥氏体转变阶段

当回火温度在 200～300℃时，马氏体继续分解，钢中的残余奥氏体发生分解转变为下贝氏体，此阶段的回火组织为回火马氏体和下贝氏体。在此阶段，淬火应力继续减小，钢的硬度没有明显降低。

6.6.2.3 碳化物转变阶段

当回火温度升高至300~400℃时，碳原子从过饱和的 α 固溶体中继续析出，使之很快转变为铁素体，同时亚稳定的 ε 碳化物也逐渐转变为稳定的渗碳体（Fe_3C），到400℃时，α 固溶体中的含碳量已达到平衡状态，这种由保持原马氏体形态的铁素体和细小渗碳体形成的回火组织称为回火托氏体。在此阶段，淬火应力基本消除，钢的硬度、强度降低，塑性、韧性上升。

6.6.2.4 渗碳体的聚集长大与 α 固溶体的再结晶

回火温度高于400℃时，细小的渗碳体不断聚集长大，形成颗粒状。当回火温度上升到500~600℃时，铁素体开始再结晶，由原来板条状或片状形态变为多边形晶粒，这种由粒状渗碳体和多边形晶粒铁素体形成的回火组织称为回火索氏体。在此阶段，钢的硬度、强度继续降低，塑性、韧性明显改善。

6.6.3 回火的种类及应用

决定工件回火后组织与性能的重要因素是回火温度，根据回火加热温度的不同，回火可分为低温回火、中温回火和高温回火。

（1）低温回火。淬火钢件在 150~250℃ 之间的回火称为低温回火。低温回火后的组织为回火马氏体，其回火硬度为 58~64HRC。其目的是在尽可能保持淬火钢件高硬度、高强度、高耐磨性的情况下，降低淬火应力和脆性。低温回火主要用于高碳钢和合金钢制作的切削刀具、量具、冷冲模具、滚动轴承、渗碳以及表面淬火的零件等。

（2）中温回火。淬火钢件在 350~500℃ 之间的回火称为中温回火。中温回火后的组织为回火托氏体，其回火硬度为 35~50HRC。其目的是基本消除淬火应力，获得较高的弹性极限和屈服强度，同时改善塑性和韧性。中温回火主要用于各种弹簧零件及热锻模具等。

（3）高温回火。淬火钢件在 500~650℃ 之间的回火称为高温回火。高温回火后的组织为回火索氏体，其回火硬度为 25~35HRC。其目的是在适当降低强度、硬度及耐磨性的前提下，提高塑性和韧性，以获得较高的综合力学性能。高温回火主要用于中碳结构钢、低合金钢制造的结构零件，特别是在交变载荷下工作的轴、齿轮、连杆、螺栓等。

通常将淬火与高温回火相结合的热处理工艺称为调质。调质处理一般作为最终热处理，也可作为表面淬火的预先热处理。

需要说明，钢经正火后和调质后的硬度值很接近，重要的结构零件一般都采用调质处理，这是因为钢经调质后所得到的回火索氏体组织，其中渗碳体呈颗粒状，而正火后所得到的回火索氏体组织，其中渗碳体呈层片状。因此，经调质处理后的钢不仅强度较高，而且其塑性和韧性也明显超过正火状态。表6-2列出了45钢经调质处理和正火处理后的力学性能比较。

表 6 - 2　45 钢经调质和正火后的力学性能比较

热处理工艺	R_m/MPa	$A/\%$	$A_{KU}/\%$	HBW	组　织
正　火	700 ~ 800	15 ~ 20	40 ~ 64	160 ~ 220	细片状珠光体 + 铁素体
调　质	750 ~ 850	20 ~ 25	64 ~ 96	210 ~ 250	回火索氏体

（4）淬火件回火的工艺路线。淬火件回火的一般工艺路线为：下料→锻造→退火或正火→粗加工、半精加工→淬火→回火→精加工。

6.7　钢的表面热处理

许多机器零件，如齿轮、曲轴、凸轮、机床导轨等是在弯曲、扭转等交变载荷、冲击载荷条件下进行工作，同时某些工作表面还要承受较高的摩擦力，这就要求工件的表层应具有高的强度、硬度、耐磨性和疲劳强度，而心部则要求具有足够的塑性和韧性。为此，在生产中常采用表面热处理的方法来对工件表面进行强化，而表面热处理则是通过表面淬火工艺来实现。

6.7.1　表面淬火

表面淬火是仅对工件表层进行淬火以改变表层组织和性能的局部热处理工艺。表面淬火是通过快速加热工件表层至奥氏体化，不等热量传导至中心区域，即迅速冷却淬火，仅使工件表层得到马氏体组织，而中心区域仍保持原来退火、正火或调质状态的组织。常用的表面淬火方法有感应加热表面淬火和火焰加热表面淬火等。

将工件放在用空心铜管绕成的感应器内，通入中频或高频交流电后，在工件表面形成同频率的感应电流，将零件表面迅速加热（几秒钟内即可升温 800 ~ 1000℃，心部仍接近室温）后立即喷水冷却（或浸油淬火），使工件表面层淬硬。

6.7.1.1　感应加热表面淬火

感应加热表面淬火是根据电磁感应原理，利用感应电流通过工件所产生的热效应，使工件表层、局部或整体得到快速加热至淬火温度，随后立即喷水冷却以获得淬硬层的一种热处理工艺。

A　感应加热表面淬火原理

感应加热表面淬火的基本原理，如图 6 - 28 所示。将工件置于用空心铜管绕成的加热感应器中，当加热感应器中的感应线圈通过一定频率的交变电流时，就会在线圈内产生与交变电流频率相同的交变磁场，在工件中就会产生频率相同、方向相反的感应电流，感应电流在工件内形成的回路称为"涡流"。涡流在工件截面上的分布是不均匀的，表层密度最大，而心部几乎为零，这种现象称为"集肤效应"。由于

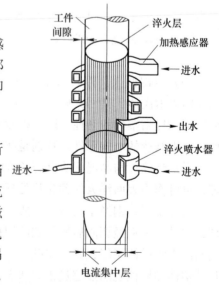

图 6 - 28　感应加热表面淬火示意图

钢本身具有电阻，所以集中在工件表层的感应电流会产生电热效应并迅速（几秒钟）加热到淬火温度 A_{c3} 或 A_{cm} 之上（奥氏体化），而心部仍接近室温，随即喷水快速冷却，使工件表层得到马氏体。图 6-29 所示为齿轮感应加热表面淬火、图 6-30 所示为直轴感应加热表面淬火、图 6-31 所示为曲轴感应加热表面淬火。

图 6-29　齿轮感应加热表面淬火示意图

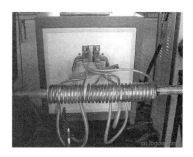

图 6-30　直轴感应加热表面淬火示意图

图 6-31　曲轴感应加热表面淬火示意图

B　感应加热表面淬火的分类

根据电流频率的不同，感应加热可分为高频感应加热、中频感应加热、工频感应加热和超音频感应加热四种。

（1）高频感应加热。电流频率范围为 200~300kHz，淬硬层深度为 0.5~2mm。适用于淬硬层较薄的、摩擦条件下工作的小型零件，如小模数齿轮、小直径轴类零件等。

（2）中频感应加热。电流频率范围为 2500~8000Hz，淬硬层深度为 2~10mm。适用于淬硬层较深的、承受扭矩、压力载荷的大、中型零件，如较大模数齿轮、较大直径曲轴零件等。

（3）工频感应加热。电流频率为 50Hz，淬硬层深度为 10~15mm。适用于淬硬层较深的、承受扭矩、压力载荷的大型零件，如大模数齿轮、大直径冷轧辊、机车轮对等。

（4）超音频感应加热。电流频率范围为 20~40kHz，淬硬层深度为 2mm 及以上。适用于模数为 3~6 的齿轮、链轮花键轴和凸轮零件等。

C　感应加热表面淬火的特点

（1）加热速度快。零件由室温加热至淬火温度仅需要几秒到几十秒的时间。

（2）硬度高、脆性低。由于感应加热速度很快，奥氏体晶粒来不及长大，淬火后可获得极细马氏体组织或隐晶马氏体组织，使零件表层硬度比普通淬火高 2~3HRC，耐磨性有所提高。

（3）工件表面质量好。由于感应加热速度快，保温时间短，故工件表面一般不产生氧化和脱碳，工件变形也很小。

（4）工艺过程容易控制，生产效率高。由于淬火温度和淬硬层深度容易控制，故可实现机械化、自动化大批量生产。

D　感应加热表面淬火的工艺路线

零件感应加热表面淬火的工艺路线为：锻造→退火或正火→粗加工→调质或正火→半精加工→感应加热表面淬火→低温回火→粗磨→时效处理→精磨。

6.7.1.2　火焰加热表面淬火

火焰加热表面淬火是采用氧－乙炔（或其他可燃气体）等火焰喷射在工件表面，使其快速加热至淬火温度，随后立即喷水冷却以获得淬硬层的一种热处理工艺，如图6－32所示。

火焰加热表面淬火中，氧－乙炔混合气体燃烧的最高温度可达到3200℃；氧－煤气混合气体燃烧的最高温度可达到2000℃。

火焰加热表面淬火工件的材料为中碳钢（如35、40、45钢等）和中碳合金钢（如40Cr、45Cr钢等），还可用于灰铸铁、合金铸铁等的表面淬火。

火焰加热表面淬火的淬硬层深度一般为2～6mm。其优点是成本低、设备简单，操作方便；缺点是生产效率低，淬火质量要受操作者技能水平的影响。因此，火焰加热表面淬火适用于单件、小批量生产。

图6－32　火焰加热表面淬火示意图

6.7.2　化学热处理

化学热处理是将钢件置于活性介质中经加热、保温，使一种或几种元素渗入其表层，以改变钢件表层的化学成分和组织，获得所需性能的热处理工艺。

化学热处理一方面可提高零件表面的力学性能，如获得高硬度、高耐磨性和高的疲劳强度等；另一方面还可改善和提高零件表面的物理、化学性能，如耐热性、抗氧化性、耐腐蚀性和减磨性等。化学热处理主要是依靠原子向钢中表层扩散进行的，根据渗入元素（渗剂）的不同，可使工件表面获得不同的性能，其中，渗碳、碳氮共渗可提高工件表面的硬度、耐磨性和疲劳强度等；渗铬、渗硼、渗氮可显著提高工件表面的硬度、耐磨性和耐腐蚀性；渗硫可提高工件表面的减摩性；渗铝可提高工件表面的耐热性和抗氧化性；渗硅可提高工件表面的耐酸性。

化学热处理的基本过程如下：

（1）加热。将工件加热到一定温度并保温；

（2）分解。活性介质在一定温度下发生化合物分解或离子转变，得到能够渗入元素的活性原子；

（3）吸收。活性原子渗入工件表面，形成固溶体或金属化合物；

（4）扩散。渗入活性原子由工件表层向内扩散，形成具有一定深度的扩散层（即渗层）。

在机械制造业中，较常用的化学热处理工艺是渗碳、渗氮和碳氮共渗，以下简单介绍这三种工艺。

6.7.2.1 渗碳

渗碳是将低碳钢工件置于渗碳介质中经加热、保温，使碳原子渗入工件表层并达到高碳钢质量分数的化学热处理工艺。渗碳的目的是使工件表面具有高硬度和高耐磨性，而心部仍然保持低碳钢的塑性和韧性。

渗碳用钢一般为低碳钢或低碳合金钢（碳的质量分数为 0.15% ~ 0.30%），如 15、20、20Cr、20CrMnTi、20CrMnMo、20MnVB、12Cr2Ni4A、18Cr2Ni4W 等。

A 渗碳方法

目前的渗碳方法很多，常用的渗碳方法有固体渗碳和气体渗碳，其中气体渗碳由于渗碳工艺过程容易控制，质量稳定，生产效率高，故在生产中应用最为广泛。

（1）固体渗碳。固体渗碳是将工件与固体渗碳剂装入密封渗碳箱中，经加热、保温，使碳原子渗入工件表层并达到高碳钢质量分数的渗碳工艺。

如图 6-33 所示，固体渗碳的具体方法是将工件与固体渗碳剂（木炭粒和少量碳酸盐的混合物）装入渗碳箱后，盖上箱盖，用耐火泥密封好，然后送入炉中加热至 900~950℃，在此温度下，固体渗碳剂分解出不稳定的 CO，能在钢件表面发生气相反应，产生活性炭原子[C] 为钢件表面所吸收并向其内部扩散进行渗碳，经保温渗碳一定时间后出炉，零件表面就获得了一定厚度的渗碳层。

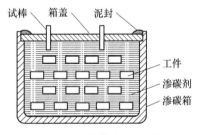

图 6-33 固体渗碳示意图

（2）气体渗碳。气体渗碳是将工件置于含有渗碳剂的炉中，经加热、保温，使碳原子渗入工件表层并达到高碳钢质量分数的渗碳工艺。渗碳剂分为气体（煤气、天然气）和液体（煤油、丙酮或甲醇）两类。

如图 6-34 所示，气体渗碳的具体方法是将工件置于密闭的炉中加热至 900~950℃时，将渗碳剂滴（喷）入炉内，使渗碳剂在高温下分解出活性炭原子为钢件表面所吸收并向其内部扩散进行渗碳，经保温渗碳一定时间后出炉，零件表面就获得了一定厚度的渗碳层。

B 渗碳层的成分、组织与深度

工件经渗碳后，其表面的含碳量为最高 [$w(C) = 0.85\% ~ 1.0\%$]，由表及里，含碳量逐渐降低，直至心部。如图 6-35 所示，工件经渗碳后缓冷至室温的组织自表面到心部依次为：过共析组织（P + Fe₃C_Ⅱ）、共析组织（P）、亚共析组织（P + F）、心部原始组织。一般规定，以从工件表面到亚共析过渡层的一半处作为渗碳层的深度，渗碳层的深度应根据零件的尺寸和工作条件确定，一般为 0.5~2.5mm，典型零件渗碳层厚度确定方法见表 6-3。若渗碳层过厚，将会降低零件的冲击韧性；若渗碳层过薄，易造成工件表层的疲劳脱落。

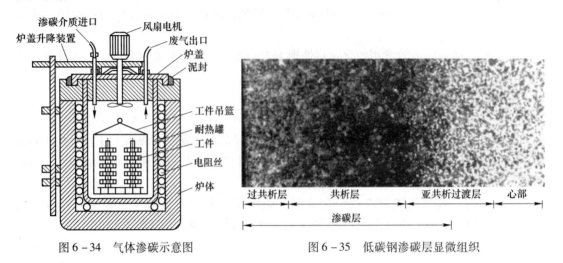

图 6-34　气体渗碳示意图　　　　　　　图 6-35　低碳钢渗碳层显微组织

表 6-3　典型零件渗碳层厚度确定方法

零件种类	渗碳层厚度 δ/mm	备　注
轴	$(0.1~0.2)R$	R—半径，mm
齿轮	$(0.2~0.3)m$	m—模数
薄片类零件	$(0.2~0.3)t$	t—厚度

C　渗碳后的热处理

渗碳后的工件必须要进行淬火 + 低温回火热处理工艺才能发挥渗碳层的作用，回火温度一般为 160~200℃。根据工件材料和性能要求的不同，渗碳后的淬火方法可采用直接淬火法、一次淬火法和二次淬火法，如图 6-36 所示。

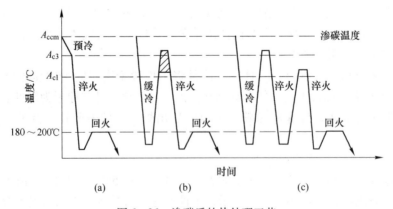

图 6-36　渗碳后的热处理工艺
（a）直接淬火法；（b）一次淬火法；（c）二次淬火法

（1）直接淬火法。将渗碳后的工件随炉或出炉预冷，再置入油中或水中淬火并低温回火的热处理工艺称为直接淬火法。预冷的目的是为了减少淬火工件与淬火介质的温差，以减小变形与开裂，并使表层析出一些碳化物，降低奥氏体的含碳量，从而提高表层硬度。预冷温度应稍高于 A_{c_3}（850～880℃），可防止心部出现块状铁素体。直接淬火法主要用于大批量生产的汽车、拖拉机的齿轮。

（2）一次淬火法。将渗碳后的工件出炉缓冷，然后再重新加热、淬火并低温回火的热处理工艺称为一次淬火法。一次淬火的目的是为了使心部晶粒细化并获得低碳马氏体，所以淬火温度应稍低于心部钢的 A_{c_3}（820～850℃）温度。若要兼顾表层和心部组织的性能要求，一次淬火的温度应在表层钢的 A_{c_1} +（30～50）℃之间选择，这样可使表层和心部组织的性能都能得到改善。一次淬火法主要用于比较重要的零件，如高速柴油机的齿轮等。

（3）二次淬火法。将采用二次淬火方法，使工件表层和心部组织均被细化并都具有良好力学性能的热处理工艺称为二次淬火法。第一次淬火的目的是为了细化心部组织，消除网状二次渗碳体组织，所以淬火温度应在 A_{c_3} +（30～50）℃之间选择；第二次淬火的目的是为了细化表层晶粒，以获得针状马氏体和细粒状渗碳体组织，所以淬火温度应在 A_{c_1} +（30～50）℃之间选择。二次淬火法主要用于对表层硬度、耐磨性和疲劳强度以及心部韧性要求很高的零件。由于二次淬火法的工艺复杂，生产周期长，零件容易变形，氧化和脱碳倾向较大，一般在两次淬火之间还应有一次高温回火。因此对于性能要求不很高的零件就不宜采用二次淬火法。

渗碳工件在淬火后必须立即进行低温回火，其目的是降低淬火应力，改善工件的强度、冲击韧性和稳定尺寸。回火温度一般为180～200℃，时间不少于1.5h。

渗碳工件经热处理后，其表层组织为针状马氏体＋碳化物＋少量残留奥氏体，硬度可达到58～64HRC。普通低碳钢（如15、20钢）的心部组织为铁素体＋珠光体，其硬度为10～15HRC；低碳合金钢（如20CrMnTi）的心部组织为低碳马氏体＋铁素体，其硬度为35～55HRC。

渗碳工件的工艺路线一般为：锻造→正火→机加工→渗碳→淬火＋低温回火→精加工。

6.7.2.2 渗氮

渗氮是向钢表面渗入氮原子以提高表层氮浓度的化学热处理工艺，又称为氮化。氮化的目的是为了大幅度提高工件表面的硬度、耐磨性、疲劳强度、热稳定性和耐蚀性。

A 渗氮材料

渗氮材料一般采用合金结构钢、不锈耐酸钢、耐热钢、合金工具钢、高速工具钢、球墨铸铁和钛合金等。合金结构钢是指含有 Al、Cr、Mo、V、Ti 等合金元素的合金结构钢，如38CrMoAlA、35CrMo、18Cr2Ni4W 等。Al、Cr、Mo、V、Ti 等合金元素极易与氮形成颗粒细小、分布均匀、硬度很高且十分稳定的氮化物，如 AlN、CrN、MoN、VN、TiN 等。

B 渗氮方法

常用的渗氮方法有气体渗氮法和离子渗氮法。

（1）气体渗氮法。将工件置于气体介质中进行渗氮的热处理工艺称为气体渗氮法。气体渗氮的工艺过程与渗碳基本相同，它是将工件置于密封的渗氮炉内，通入氨气，加热至

550~570℃，氨气受热分解出活性氮原子并被工件表面吸收，形成固溶体和氮化物，在保温过程中不断向内扩散，形成氮化层。气体渗氮法的渗氮的时间比较长，一般为 30~50h。

（2）离子渗氮法。将工件置于低真空含氮气氛中，利用阴极（工件）和阳极（炉体）之间产生辉光放电进行渗氮的热处理工艺称为离子渗氮法。其工艺过程为：将工件置于低真空（<2000Pa）的离子渗氮炉内，加入介质氨气，在阴极与阳极之间通上 400~750V 高压直流电，通电后介质中的氮氢原子在高压直流电场下被电离，在阴阳极之间形成等离子区，炉内出现辉光放电现象。炉内的低压气体在高压电场的作用下发生电离，电离成带正电荷的 N、H 离子和带负电荷的电子。辉光放电形成的正离子，在高压电场作用下以极高的速度轰击阴极（工件）表面，离子的高动能转变为热能，使工件表面升高到所需要的渗氮温度（450~650℃），氮离子在阴极上捕获电子后还原成氮原子渗入工件表面，同时由于吸附和扩散作用，形成渗氮层。离子渗氮法的渗氮的时间一般为 15~20h。

工件表面经渗氮后，渗氮层的深度一般为 0.05~0.65mm。硬度可达到 68~72HRC。由于渗氮温度低，所以零件变形小，可用于精度要求高、又有耐磨要求的零件，如柴油机曲轴、镗床镗杆和主轴、磨床主轴、气缸套、高速传动的精密齿轮、阀门等。但由于渗氮层较薄，不适于承受重载的耐磨零件。

渗氮工件的工艺流程一般为：锻造→正火→粗加工→调质→精加工→去应力退火→粗磨→渗氮→精磨。

6.7.2.3 碳氮共渗

碳氮共渗是指在气体介质中同时向工件表面渗入 C、N 两种元素的化学热处理工艺，又称为氰化处理。碳氮共渗的目的是提高工件表面的硬度，耐磨性、疲劳强度和抗咬合能力。碳氮共渗的方法较多，目前以中温气体碳氮共渗和低温气体氮碳共渗（即气体软氮化）应用较多。

（1）中温气体碳氮共渗。将工件置于温度为 860℃、含有渗碳气体和氨气介质中进行碳氮共渗的热处理工艺称为中温气体碳氮共渗。中温气体碳氮共渗的工艺是将渗碳气体和氨气同时通入炉内，加热至 860℃，保温 4~5h，使其分解出活性碳原子和活性氮原子，被零件表面吸收并向内扩散形成共渗层，然后预冷至 820℃~840℃淬油。

（2）低温气体氮碳共渗。将工件置于温度为 570℃、在含有氨气介质中以渗氮为主所进行的氮碳共渗的热处理工艺称为低温气体氮碳共渗，又称为软氮化。低温气体氮碳共渗的工艺是处理温度不超过 570℃，保温 1~3h，在对工件表面渗氮的同时也进行渗碳，碳渗入后形成的微细碳化物能促进氮的扩散，加快高氮化合物的形成，这些高氮化合物反过来又能提高碳的溶解度。碳氮原子相互促进便加快了渗入速度。

气体碳氮共渗并淬火、低温回火后的共渗组织为含氮马氏体、粒状碳氮化合物和少量残余奥氏体。共渗层深度一般为 0.2~0.8mm，硬度可达到 58~63HRC。气体氮碳共渗工艺不仅能提高工件的硬度、耐磨性、抗腐蚀性和抗咬合能力，而且使用设备简单，投资少，易操作，时间短和工件变形小，有时还能给工件以美观的外表。气体碳氮共渗主要用于形状复杂、变形要求严格、承受载荷较轻的耐磨零件，如模具、量具、高速钢刀具、曲轴、齿轮、汽缸套等。气体碳氮共渗的缺点是渗层较薄，而且共渗层的硬度梯度大，零件不宜在重载条件下工作。

思考与练习题

6-1 解释名词

热处理、整体热处理、表面热处理、化学热处理、预备热处理、最终热处理、淬透性、淬硬性、感应加热表面淬火、调质、火焰加热表面淬火、渗碳、渗氮、碳氮共渗

6-2 说明 A_1、A_{c_1}、A_{r_1}、A_3、A_{c_3}、A_{r_3}、A_{cm}、A_{ccm}、A_{rcm} 等临界点的含义。

6-3 以共析钢为例说明钢的奥氏体形成过程，指出影响奥氏体晶粒长大的主要因素。

6-4 简述珠光体转变及其组织。

6-5 简述马氏体转变及其组织形态。

6-6 何谓退火？退火的目的有哪些？

6-7 何谓正火？正火的目的有哪些？

6-8 何谓淬火？淬火的目的有哪些？淬火的方法有哪些？

6-9 何谓回火？回火的目的有哪些？回火的种类有哪些？

6-10 渗碳的目的和常用的渗碳方法有哪些？

6-11 简述渗碳层的成分、组织与深度。

6-12 渗氮的目的和常用的渗氮方法有哪些？

6-13 碳氮共渗目的和主要应用的方法有哪些？

7　合　金　钢

为提高和改善钢的组织与性能，在普通碳钢中加入一种或几种合金元素构成的以铁为基础的合金称为合金钢。合金钢的冶炼质量高，综合性能好，应用广泛。

7.1　合金元素对钢的影响

合金钢中常用的合金元素有 Si、Mn、Cr、Ni、Al、W、Mo、V、Ti、B、Nb、Co、Zr、RE 等，在某种情况下，P、S、N 也可以起到合金元素的作用。合金钢根据在冶炼时添加合金元素的不同以及相应的热处理工艺，可获得比普通碳钢更高的力学性能、物理性能、化学性能和工艺性能。

7.1.1　合金元素在钢中的存在形式

铁素体和渗碳体是碳钢中的两个基本组元。合金元素加入后，存在的主要形式为溶于固溶体和形成碳化物，即形成合金铁素体和形成合金碳化物。

7.1.1.1　形成合金铁素体

绝大多数合金元素都能或多或少地溶于铁素体中（如 Si、Ni、Cu、Al、Co 等），形成合金铁素体。其中原子半径较小的合金元素（如 N、B 等）可与铁形成间隙固溶体；原子半径较大的合金元素（如 Mn、Ni、Co 等）可与铁形成置换固溶体。这些元素起到固溶强化的作用，使铁素体的硬度、强度得到提高，但塑性、韧性有所下降。合金元素含量对于铁素体力学性能的影响，如图 7 - 1 所示。

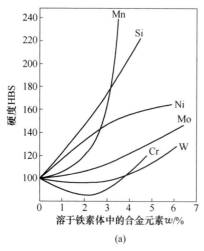
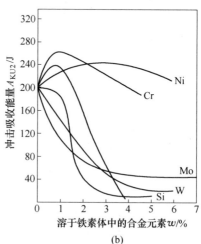

(a)　　　　　　　　　　　　　　　　(b)

图 7 - 1　合金元素对铁素体力学性能的影响

(a) 对硬度的影响；(b) 对于韧性的影响

7.1.1.2 形成合金碳化物

钢中所形成的合金碳化物主要有合金渗碳体、合金碳化物和特殊碳化物三种类型。按形成碳化物稳定性程度、碳化物形成元素由强到弱排列顺序依次为：Ti、Zr、V、Nb、W、Mo、Cr、Mn、Fe。其中强碳化物形成元素为 Ti、Zr、V、Nb；中强碳化物形成元素为 W、Mo、Cr；弱碳化物形成元素为 Mn、Fe。

A 合金渗碳体

合金元素溶于渗碳体，置换其中的铁原子所形成的以间隙化合物为基体的固溶体，称为合金渗碳体。在碳钢中，一部分铁为 Mn 所置换；在合金钢中为 Cr、W、Mo 等元素所置换，形成合金渗碳体，如（Fe、Mn）$_3$C、（Fe、Cr）$_3$C 等。合金渗碳体与渗碳体的晶体结构相同，但与渗碳体相比，合金渗碳体稳定性要略好，硬度也略高，是一般低合金钢中碳化物的主要存在形式。

B 合金碳化物

合金碳化物是与渗碳体晶格完全不同的合金碳化物，通常是由中强碳化物形成元素与碳所形成的碳化物，如（Fe、Cr）$_3$C、（Fe、Mo）$_3$C 等。

C 特殊碳化物

强碳化物形成元素或中强碳化物形成元素可与碳形成特殊碳化物。特殊碳化物又分为两种类型，一种是具有简单晶格类型的间隙相碳化物，如 TiC、VC、WC、Mo$_2$C 等；另一种是具有复杂晶格类型的间隙相碳化物，如 Cr$_{23}$C$_6$、Fe$_3$W$_3$C、Cr$_7$C$_3$ 等。

合金碳化物与特殊碳化物比合金渗碳体具有更高的熔点、稳定性也更好，使合金钢具有高强度、高硬度和高耐磨性。

7.1.2 合金元素对铁碳相图的影响

7.1.2.1 合金元素对奥氏体相区的影响

不同合金元素对铁碳相图的影响也不同，能使奥氏体相区发生改变的合金元素有两类：扩大奥氏体单相区元素和缩小奥氏体单相区元素。

A 扩大奥氏体单相区元素

这类合金元素主要有 Mn、Ni、Co、C、N、Cu 等，它们可使 A_1、A_3 点温度下降，GS 线向左下方移动，从而扩大了奥氏体单相区。当这类合金元素含量增高时，奥氏体单相区会扩展至室温，室温组织中可存在稳定的单相奥氏体组织，这种钢称为奥氏体钢。如图 7-2 所示，随着 Mn 含量的增高，A_3 线下移，单相奥氏体区扩大。

B 缩小奥氏体单相区元素

这类合金元素主要有 Cr、Mo、W、V、Ti、Al、Si、B、Nb、Zr 等，它们可使 A_1、A_3 点温度升高，GS 线向左上方移动，从而缩小了奥氏体单相区。当这类合金元素含量增高时，奥氏体单相区缩小，可在室温组织中形成单相铁素体组织，这种钢称为铁素体钢。如图 7-3 所示，当 Cr > 19% 时，奥氏体单相区消失，钢的室温组织为单相铁素体。

单相奥氏体和单相铁素体具有耐蚀、耐热等性能，是不锈钢、耐热钢中常见的组织。

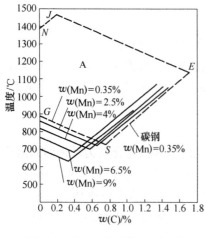

图 7-2　Mn 对奥氏体区的影响
（扩大奥氏体区）

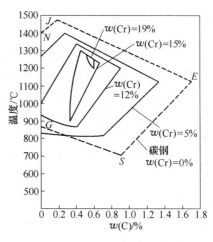

图 7-3　Cr 对奥氏体区的影响
（缩小奥氏体区）

7.1.2.2　合金元素对 S 点、E 点的影响

扩大和缩小奥氏体相区的结果，将使铁碳相图中 S 点和 E 点的温度、成分发生变化。总的来说，大多数合金元素均可使 S、E 点的位置向左移动，其中以碳化物形成元素的作用最为强烈。扩大奥氏体相区可使 S、E 点的位置向左下方移动，即使 A_{ccm} 线左移，A_3 线下移，共析温度 A_1 下降，致使某些合金钢的奥氏体化温度低于普通碳钢。缩小奥氏体相区可使 S、E 点的位置向左上方移动，即 A_3 线上移，共析温度 A_1 上升，致使某些合金钢的奥氏体化温度高于普通碳钢。合金元素对共析温度 A_1 的影响如图 7-4 所示。

当 S、E 点向左移动时，共析点的含碳量（质量分数）不再是 0.77%，而是小于 0.77%；共晶点的含碳量（质量分数）不再是 2.11%，而是小于 2.11%。合金元素一般使共析点 S 和奥氏体最大溶碳量点 E 左移，这将引起合金钢的组织与含碳量之间的关系发生变化。合金元素对共析成分的影响，如图 7-5 所示。

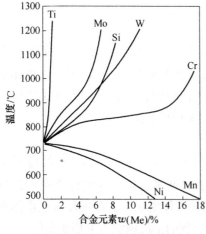

图 7-4　合金元素对共析温度的影响

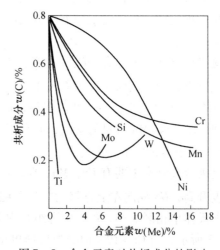

图 7-5　合金元素对共析成分的影响

7.1.3 合金元素对钢热处理的影响

7.1.3.1 合金元素对钢加热转变的影响

A 减慢奥氏体的形成速度

合金钢在加热时其奥氏体的形成过程与碳钢基本相同，但是由于合金元素的加入改变了碳在钢中的扩散速度。大多数合金元素会减慢奥氏体的形成速度，其中 Cr、Mo、W、V等元素可显著减慢奥氏体的形成速度；Co、Ni 等非碳化物形成元素可使奥氏体的形成速度加快；Al、Si、Mn 等合金元素对奥氏体的形成速度影响不大。为了加速碳化物的溶解和奥氏体成分均匀化，一般采取提高淬火加热温度或延长保温时间的方法进行改善。

B 阻碍奥氏体晶粒的长大

大多数合金元素会影响奥氏体晶粒的长大。V、Ti、Nb、Zr、Al 等合金元素可在晶界上形成难熔碳化物，能强烈阻碍奥氏体晶粒的长大，细化晶粒作用显著。Si、Ni、Cu 的影响作用不大；Mn、P 等元素可促进奥氏体晶粒的长大。由于大多数合金元素会阻碍奥氏体晶粒的长大，因此，除锰钢外，合金钢在淬火加热时的温度不宜过高，以有利于获得细小的马氏体。

7.1.3.2 合金元素对钢冷却转变的影响

A 合金元素对过冷奥氏体转变的影响

过冷奥氏体的稳定性取决于奥氏体的成分，除 Co 以外，大多数合金元素溶于奥氏体后，都能降低原子的扩散速度，增大过冷奥氏体的稳定性，使 C 曲线位置向右下方移动。非碳化物形成元素，如 Ni、Si、Mn、Cu 等只使 C 曲线位置右移，但不改变形状，如图 7-6(a) 所示。碳化物形成元素的影响尤为显著，其含量较多时，不仅会使 C 曲线位置右移，而且改变 C 曲线形状，使珠光体转变区上移，贝氏体转变区下移，出现两组 C 曲线，这是由于合金元素 V、Ti、Nb 等能够强烈推迟珠光体转变，同时会提升珠光体最大转变速度和降低贝氏体最大转变速度的温度，使得 C 曲线分离。强碳化物形成元素（Mo、W、V、Ti 等）使珠光体转变区右移，但对贝氏体转变推迟较弱；弱碳化物形成元素（Cr、Mn等）使贝氏体转变区显著右移，如图 7-6(b) 所示。

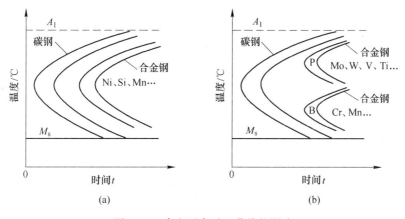

图 7-6 合金元素对 C 曲线的影响

(a) 非碳化物形成元素对 C 曲线的影响；(b) 碳化物形成元素对 C 曲线的影响

C 曲线位置右移，可降低淬火临界冷却速度，提高钢的淬透性，可以减少零件在淬火时的变形与开裂；可获得较深的淬硬层和均匀一致的组织，从而得到较好的力学性能。

B　合金元素对马氏体转变的影响

除 Co、Al 外，大多数合金元素溶于奥氏体后，会不同程度地降低马氏体转变温度，使 M_s 点和 M_f 点下降，如图 7-7 所示；并使淬火后钢中的残余奥氏体量增加，如图 7-8 所示。在有些高碳高合金钢中，由于 M_s 点很低，淬火组织中的残余奥氏体量较多，因此，为了促使残余奥氏体的转变，将残余奥氏体控制在适当的范围内，通常采用冷处理或多次回火。

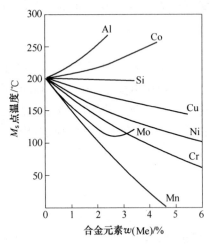

图 7-7　合金元素对 M_s 点的影响

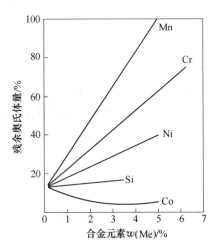

图 7-8　合金元素对残余奥氏体的影响

7.1.3.3　合金元素对回火转变的影响

合金元素对回火转变的影响与合金元素在钢中存在的形式有密切关系，这些影响包括回火稳定性、二次硬化、高温回火脆性。

A　回火稳定性

淬火钢在回火时，抵抗强度、硬度下降的能力称为回火稳定性。合金钢淬火后，由于合金元素溶于马氏体，原子扩散速度减慢，因此在回火过程中，马氏体和残余奥氏体的分解速度降低，促使残余奥氏体的分解温度升高，其结果是提高了合金钢抵抗软化的能力，即提高了合金钢的回火稳定性。由于合金钢的回火温度较高，故合金钢的塑性、韧性较好。提高回火稳定性表现明显的强碳化物形成元素为 V、Si、Mo、W、Ni、Mn、Co 等。

B　二次硬化

含有 Cr、Mo、V、Ti、Nb 等元素含量较高的合金钢在 500~600℃ 温度范围回火时，硬度不仅不降反而升高的强化现象称为合金钢的二次硬化。在 500~600℃ 温度范围回火时，组织中会析出特殊合金碳化物，如 W_2C、Mo_2C、V_4C_3 等，这些特殊碳化物硬度极高，高度弥散析出，且不易聚集长大，此时，钢的硬度与强度不仅不降低，反而会明显升高，甚至比淬火钢的硬度值还高，这种现象也称为弥散强化或称为第二相沉淀强化。"二次硬化"使合金钢在高温下仍能保持较高的硬度，这对于工具钢而言就极为重要，如高速钢（W18Cr4V、W6Mo5Cr4V2 等）的热硬性就与"二次硬化"特性有关。

C 高温回火脆性

含有 Cr、Mn、Ni 等元素的淬火合金钢，淬火后在 450~650℃ 高温范围内回火并缓慢冷却后，会出现冲击韧度剧烈下降的现象，这种现象称为高温回火脆性（又称为第二类回火脆性）。

防止高温回火脆性的关键在于消除杂质元素在晶界的偏聚，某些合金元素能够消除和降低合金钢的回火脆性，如在钢中加入 Mo、W 元素，可消除和延缓杂质元素向晶界的偏聚。

7.1.3.4 合金元素的作用

（1）锰（Mn）。锰能可提高钢的淬透性、强度、硬度和耐磨性。

（2）硅（Si）。硅能提高钢的疲劳强度，硬度、耐蚀性与抗氧化性。

（3）铬（Cr）。铬能提高钢的淬透性、强度、硬度以及钢的高温机械性能，具有抗氧化性和耐蚀性。

（4）镍（Ni）。镍能提高钢的淬透性、强度、冲击韧性和耐热性，并保持良好的塑性和韧性。

（5）钨（W）。钨能提高钢的强度、耐磨性、热硬性和热强性。

（6）钼（Mo）。钼能提高钢的淬透性和热强性。

（7）钒（V）。钒能提高钢的耐磨性及回火稳定性，可改善钢的强度和韧性。

（8）钛（Ti）。钛能形成稳定的碳化物，可提高钢的强度、硬度和耐磨性。

（9）硼（B）。硼能显著提高低碳钢的淬透性，具有强化晶界的作用。

（10）铝（Al）。铝是钢中常用的脱氧剂，能细化晶粒，提高钢的冲击韧性和抗氧化性。

（11）铌（Nb）。铌能降低钢的过热敏感性和回火脆性，在普通低合金钢中加铌，可提高抗大气腐蚀及高温下抗氢、氮、氨腐蚀能力。

（12）稀土元素（RE）。合金钢中常用的稀土元素有镧、铈、镨等稀土混合物。稀土元素对于冶炼、铸造具有良好的改善作用，钢中加入稀土，可以改善钢中夹杂物的组成、形态、分布和性质，从而改善了钢的各种性能，如塑性、韧性、焊接性能、冷加工性能等。

7.2 合金钢的分类与牌号

7.2.1 合金钢的分类

合金钢种类众多，性能各异，为便于生产使用、管理与研究，必须进行分类与编号，常见的分类如下。

7.2.1.1 按用途分类

按用途可将钢分为合金结构钢、合金工具钢和特殊性能钢。

（1）合金结构钢。是指用于制造各种机械零件、各种工程结构件的一类合金钢。主要包括低合金高强度结构钢、渗碳钢、调质钢、弹簧钢、滚动轴承钢等。

（2）合金工具钢。是指用于制造各种刀具、模具和量具的一类合金钢。主要包括低合金刃具钢、模具钢和量具钢等。

（3）特殊性能钢。是指具有某种特殊物理和化学性能的一类合金钢。主要有不锈钢、耐热钢、耐磨钢等。

7.2.1.2　按合金元素总含量分类

按合金元素总含量可将钢分为低合金钢［合金元素总含量 $w(Me) < 5\%$］、中合金钢［合金元素总含量 $w(Me)5\% \sim 10\%$］、高合金钢［合金元素总含量 $w(Me) > 10\%$］。

7.2.1.3　按金相组织分类

按退火组织状态可以分为亚共析钢、共析钢、过共析钢、莱氏体钢等；按正火组织状态可以分为珠光体钢、贝氏体钢、铁素体钢、马氏体钢和奥氏体钢等。

7.2.2　合金钢的牌号

7.2.2.1　低合金高强度结构钢

低合金高强度结构钢的牌号由代表屈服强度"屈"字的汉语拼音字头 Q、屈服强度数值、质量等级符号等三个部分组成。其中，质量等级分为 A、B、C、D、E 五个等级，E 为最高级。例如，Q345E 钢，表示其屈服强度数值为 345MPa、质量等级为 E 级。

7.2.2.2　合金结构钢

合金结构钢的牌号是采用"两位阿拉伯数字＋元素符号＋数字"的方法表示。前两位数字表示钢中平均碳质量分数（以万分之几数字标出），中间的元素符号表示钢中所含的合金元素，后两位数字表示该元素平均质量分数（以百分之几数字标出），当其平均 $w(Me) < 1.5\%$，一般只标出元素符号而不标数字，当其 $w(Me) \geqslant 1.5\%$、$w(Me) \geqslant 2.5\%$、$w(Me) \geqslant 3.5\%$、……时，则在元素符号后相应地标出 2、3、4、……。例如，20Cr 钢，表示其中平均 $w(C) = 0.2\%$、$w(Cr) < 1.5\%$；25Cr2Ni4WA 钢，表示其中平均 $w(C) = 0.25\%$、$w(Cr) = 2\%$、$w(Ni) = 4\%$、$w(W) < 1.5\%$、A 表示钢中 P、S 含量较少，属于高级优质钢；60Si2Mn 钢，表示其中平均 $w(C) = 0.6\%$，$w(Si) = 2\%$、$w(Mn) < 1.5\%$。

7.2.2.3　合金工具钢

合金工具钢的牌号是采用"一位阿拉伯数字＋元素符号＋数字"的方法表示。前一位数字表示钢中平均碳质量分数（以千分之几数字标出），若钢中 $w(C) < 1\%$ 时，需标出数字，若钢中 $w(C) \geqslant 1\%$ 时，则不需标出数字，中间的元素符号以及后面的数字与合金结构钢的牌号表示方法相同。例如，9Mn2V 刃具钢，表示其中平均 $w(C) = 0.9\%$、$w(Mn) = 2\%$、$w(V) < 1.5\%$；CrWMn 量具钢，表示其中平均 $w(C) \geqslant 1\%$、$w(Cr) < 1.5\%$、$w(W) < 1.5\%$、$w(Mn) < 1.5\%$；W18Cr4V 高速钢，表示其中平均 $w(C) \geqslant 1\%$、$w(W) = 18\%$、

$w(\mathrm{Cr}) = 4\%$、$w(\mathrm{V}) < 1.5\%$。

7.2.2.4 轴承钢

轴承钢的牌号依次由"滚"字汉语拼音字首"G"、合金元素符号"Cr"和数字组成。其数字表示平均含铬量的千分数。例如，GCr15 表示平均 $w(\mathrm{Cr}) = 1.5\%$ 的轴承钢，GCr15SiMn 表示平均 $w(\mathrm{Cr}) = 1.5\%$、$w(\mathrm{Si}) < 1.5\%$、$w(\mathrm{Mn}) < 1.5\%$ 的轴承钢。

7.2.2.5 特殊性能钢

不锈钢、耐热钢的牌号采用"两位（或三位）阿拉伯数字＋元素符号＋数字"的方法表示，与合金工具钢的牌号基本相同，所不同的是前两位（或三位）数字表示碳含量最佳控制值（以万分之几或十万分之几数字标出）。

只规定碳含量上限者，当 $w(\mathrm{C}) \leqslant 0.10\%$ 时，以其上限的 3/4 表示碳含量，当 $w(\mathrm{C}) > 0.10\%$ 时，以其上限的 4/5 表示碳含量。碳含量上限为 0.08%，其牌号中的碳含量以 06 表示；碳含量上限为 0.15%，其牌号中的碳含量以 12 表示。对于超低碳不锈钢 $[w(\mathrm{C}) \leqslant 0.03\%]$，用三位数字表示碳含量最佳控制值（以十万分之几数字标出），其牌号中的碳含量以 022 表示；当碳含量上限为 0.020% 时，其牌号中的碳含量以 015 表示。

规定碳含量上、下限者，用平均碳含量 ×100 表示。例如，碳含量为 0.16%～0.25% 时，其牌号中的含碳量以 20 表示。

例如：06Cr19Ni10 不锈钢，表示 $w(\mathrm{C}) \leqslant 0.08\%$、平均 $w(\mathrm{Cr}) = 19\%$、平均 $w(\mathrm{Ni}) = 10\%$；12Cr13 耐热钢，表示 $w(\mathrm{C}) \leqslant 0.15\%$、平均 $w(\mathrm{Cr}) = 13\%$；022Cr17Ni7 不锈钢，表示 $w(\mathrm{C}) \leqslant 0.03\%$、平均 $w(\mathrm{Cr}) = 17\%$、平均 $w(\mathrm{Ni}) = 7\%$；20Cr25Ni20 耐热钢，表示平均 $w(\mathrm{C}) = 0.20\%$、平均 $w(\mathrm{Cr}) = 25\%$、平均 $w(\mathrm{Ni}) = 20\%$。

7.3 合金结构钢

合金结构钢按用途可分为低合金高强度结构钢、合金渗碳钢、合金调质钢、合金弹簧钢、滚动轴承钢等。

7.3.1 低合金高强度结构钢

7.3.1.1 化学成分与性能特点

低合金高强度结构钢是在低碳素结构钢 $[w(\mathrm{C}) = 0.10\%～0.25\%]$ 的基础上加入少量的合金元素 $[w(\mathrm{Me}) < 3\%]$ 而形成的合金结构钢。加入的合金元素主要有 Mn、Si、Ti、Nb、V、Cr、Ni、Al 等。这类钢广泛用于制造桥梁、船舶、车辆、建筑结构、输油管道、压力容器、锅炉等。

由于这类钢中含碳量较低，可获得良好的塑性、韧性、焊接性和冷塑性加工能力。主加合金元素 $\mathrm{Mn}[w(\mathrm{Mn}) = 0.80\%～1.70\%]$ 溶于铁素体中，使铁素体和珠光体得到细化，起到固溶强化的作用，同时抑制了硫的有害作用，故 Mn 既是强化元素，又是韧化元素。辅加合金元素 Si、Cr、Ni 等能对铁素体起到强化作用，可提高钢的强度；辅加合金元素

V、Ti、Nb、Al 等能细化晶粒，可提高钢的韧性；加入适量的 Cu、P 元素可提高钢的耐蚀能力；加入适量的稀土元素（RE）有利于脱氧、脱硫、净化钢中杂质，可进一步提高钢的力学性能和改善钢的工艺性能。

7.3.1.2　常用低合金高强度结构钢与牌号

目前，低合金高强度结构钢中使用最广泛的是 Q345（16Mn）钢和 Q420（15MnVN）钢。例如，载重汽车的大梁采用的是 Q345 钢，使载重比由 1.05 提高到 1.25；武汉长江大桥采用 Q235 钢制造，其主跨度为 128m；南京长江大桥采用 Q345 钢制造，使其主跨度增加到 160m；九江长江大桥采用 Q420 钢制造，使其主跨度增加到 216m。

低合金高强度结构钢按屈服极限分为 Q345、Q390、Q420、Q460、Q500、Q550、Q620、Q690 等八个强度等级，常用低合金高强度结构钢的牌号、性能及用途见表 7 – 1。

表 7 – 1　常用低合金高强度结构钢的牌号、性能及用途（摘自 GB/T 1591—2008）

牌　号	质量等级	厚度或直径/mm	力学性能			用　　途
			R_{eL}/MPa	R_m/MPa	A/%	
Q345	A ~ E	< 16	≥345	470 ~ 630	21 ~ 22	制造建筑结构、桥梁、船舶、铁路车辆、压力容器、锅炉、管道、油罐、矿山机械、电站设备等
		16 ~ 40	≥335			
		40 ~ 63	≥325			
		63 ~ 80	≥315			
		80 ~ 100	≥305			
Q390	A ~ E	< 16	≥390	490 ~ 650	19 ~ 20	制造中高压锅炉气包、中高压石化容器、大型船舶、起重机械、桥梁、大型连接构件等
		16 ~ 40	≥370			
		40 ~ 63	≥350			
		63 ~ 80	≥330			
		80 ~ 100	≥330			
Q420	A ~ E	< 16	≥420	520 ~ 680	18 ~ 19	制造大型桥梁、大型船舶、机车车辆、起重机械、高压容器、大型焊接结构件
		16 ~ 40	≥400			
		40 ~ 63	≥380			
		63 ~ 80	≥360			
		80 ~ 100	≥360			
Q460	C ~ E	< 16	≥460	580 ~ 720	17	制造中温高压容器、锅炉、石化厚壁容器、大型挖掘机、起重运输机械、钻井平台等
		16 ~ 40	≥440			
		40 ~ 63	≥420			
		63 ~ 80	≥400			
		80 ~ 100	≥380			

图 7 – 9 所示为钢结构上海卢浦大桥（采用了 Q345 钢），图 7 – 10 所示为钢结构中央

电视台总部大楼（分别采用了 Q345 钢、Q390 钢、Q420 钢）。

图 7 – 9　上海卢浦大桥　　　　　　　　图 7 – 10　中央电视台总部大楼

7.3.2　合金渗碳钢

7.3.2.1　化学成分与性能特点

合金渗碳钢是指用于制造渗碳零件的低碳合金结构钢。合金渗碳钢的表层具有高硬度、心部具有足够的强度以及较高的韧性和塑性。这类钢主要用于既要承受冲击载荷、交变应力、而且表面又受到强烈磨损的机械零件，例如机床、汽车、拖拉机中使用的变速齿轮与传动轴，内燃机上的凸轮轴与活塞销等。

合金渗碳钢的含碳量较低，其含碳量在 $w(C) = 0.15\% \sim 0.25\%$ 范围内，这是为了保证零件的心部具有足够的韧性。主加合金元素为 $Cr[w(Cr) < 2.0\%]$、$Ni[w(Ni) < 4.5\%]$、$Mn[w(Mn) < 2.0\%]$、$B[w(B) < 0.005\%]$ 等，其主要作用是提高钢的淬透性和强化渗碳层。辅加合金元素为 $Mo[w(Mo) < 0.6\%]$、$W[w(W) < 1.2\%]$、$V[w(V) < 0.2\%]$、$Ti[w(Ti) < 0.1\%]$ 等，其作用是细化晶粒，提高钢的强度和韧性，增强渗碳层的耐磨性。

7.3.2.2　合金渗碳钢的分类与牌号

合金渗碳钢根据合金元素的含量以及淬透性的高低，分为低淬透性渗碳钢、中淬透性渗碳钢、高淬透性渗碳钢三类。低淬透性渗碳钢即低强度渗碳钢，其 $w(Me) < 3\%$，常用牌号为 15Cr、20Cr、20Mn2 等，这类钢主要用于制造承受较轻载荷的耐磨件，如柴油机的凸轮轴、活塞销等。中淬透性渗碳钢即中强度渗碳钢，其 $w(Me) = 3\% \sim 5\%$，常用牌号为 20CrMn、20CrMnTi、20Mn2B 等，这类钢主要用于制造承受中等载荷的耐磨件，如变速齿轮、联轴器、离合器轴等。高淬透性渗碳钢即高强度渗碳钢，其 $w(Me) = 5\% \sim 7\%$，常用牌号为 12Cr2Ni4、18Cr2Ni4WA、20Cr2Ni4 等，这类钢主要用于制造承受大载荷、磨损强烈的耐磨件，如航空发动机中的曲轴、铁路（内燃、电力）机车大功率牵引齿轮、大模数齿轮等。常用合金渗碳钢的牌号、热处理、性能及用途见表 7 – 2。

表7-2　常用合金渗碳钢的牌号、热处理、性能及用途（摘自 GB/T 3077—1999）

类别	牌号	热处理			力学性能			用　途
		第一次淬火/℃	第二次淬火/℃	回火/℃	R_m/MPa	R_{eL}/MPa	KU_2/J	
					≥			
低	15	800~900 正火		180~200 空冷	375	225		制造载荷小、形状简单、耐磨要求较低的零件
	20	800~900 正火			410	245		
	15Cr	880 水或油冷	780		735	490	55	制造截面较小、心部韧性较高的耐磨件，如活塞、活塞销、凸轮、滑块、小齿轮等
	20Cr	880 水或油冷	800 水或油冷		835	540	47	制造截面较小、心部强度要求较高的耐磨件，如机床齿轮、蜗杆、活塞环、凸轮轴等
中	20MnV	880 水或油冷			785	590	55	制造凸轮、活塞销等
	20Mn2	850 水或油冷		200 水或空冷	785	590	47	代替 20Cr 用作小齿轮、小轴、活塞销、气门顶杆等
	20CrMnTi	880 油冷	870 油冷		1080	835	55	制造截面30mm² 以下，高速、承受中或重载荷、冲击及摩擦的重要零件，如汽车齿轮、花键轴、十字头、凸轮等
	20CrMnMo	850 油冷			1175	885	55	制造要求表面高硬度和耐磨的重要渗碳件，如大型拖拉机的主齿轮、活塞销、球头销、钻机的牙轮钻头等
	20MnVB	860 油冷			1080	885	55	代替 20CrMnTi，用于汽车齿轮、重要机床上的轴、齿轮等
高	20Cr2Ni4A	880 油冷	780 油冷		1180	1080	63	制造大截面的重要渗碳件，如大齿轮、轴、航空发动机齿轮等
	18Cr2Ni4WA	950 空冷	850 空冷		1180	835	78	制造大截面、高强度、高韧性的重要渗碳件，如大齿轮、传动轴、曲轴等

图 7 – 11 所示为内燃机凸轮轴；图 7 – 12 所示为发动机曲轴；图 7 – 13 所示为汽车传动轴；图 7 – 14 所示为钻机三牙轮钻头；图 7 – 15 所示为铁路（内燃、电力）机车大功率牵引齿轮。

图 7 – 11 内燃机凸轮轴

图 7 – 12 发动机曲轴

图 7 – 13 汽车传动轴

图 7 – 14 钻机三牙轮钻头

图 7 – 15 铁路（内燃、电力）机车大功率牵引齿轮

7.3.2.3 合金渗碳钢的加工与热处理

以 20CrMnTi 钢所制齿轮为例说明合金渗碳钢加工工艺路线如下：下料→锻造→正火（960℃）→机械加工→渗碳（930℃）→预冷淬火（880℃）→低温回火（200℃）→喷丸→磨削→成品。

图 7 – 16 所示为 20CrMnTi 钢所制齿轮为例说明热处理工艺。经热处理后的表面组织为回火马氏体 + 残余奥氏体 + 碳化物；中心组织为铁素体 + 细珠光体 + 低碳回火马氏体。表面渗碳层硬度为 58 ~ 62HRC；心部硬度为 30 ~ 45HRC。

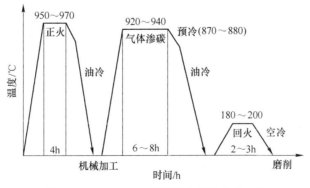
图 7 – 16 20CrMnTi 钢所制齿轮热处理工艺

7.3.3 合金调质钢

合金调质钢是指经过调质处理后使用的中碳合金结构钢。合金调质钢具有高的强度、良

好的塑性与韧性等综合力学性能，这类钢主要用于制造承受较大循环载荷、冲击载荷以及各种复合应力的机械零件，如机床主轴、汽车后桥半轴、发动机曲轴、连杆、高强度螺栓等。

7.3.3.1　化学成分与性能特点

合金调质钢的含碳量居中，其含碳量在 $w(C) = 0.27\% \sim 0.50\%$ 范围内，这样可以获得较高的综合力学性能。主加合金元素为 $Cr[w(Cr) < 2.0\%]$、$Mn[w(Mn) < 2.0\%]$、$Ni[w(Ni) < 4.5\%]$、$Si[w(Si) < 2\%]$、$B[w(B) < 0.004\%]$ 等，其主要作用是提高钢的淬透性。辅加合金元素为 $Mo[w(Mo) < 0.6\%]$、$W[w(W) < 1.2\%]$、$V[w(V) < 0.2\%]$、$Ti[w(Ti) < 0.1\%]$、$Al[w(Al) < 0.7\%]$ 等，其主要作用是细化晶粒，提高钢的强度和韧性、同时提高钢的回火稳定性。其中 W、Mo 可抑制第二类回火脆性的作用，Al 能提高钢的渗氮强化效果。

7.3.3.2　合金调质钢的分类与牌号

合金调质钢根据合金元素的含量以及淬透性的高低，分为低淬透性合金调质钢（淬透直径为 30 ~ 40mm）、中淬透性合金调质钢（淬透直径为 40 ~ 60mm）、高淬透性合金调质钢（淬透直径 >60mm）三类。低淬透性合金调质钢，其 $w(Me) < 3\%$，常用牌号为 40Cr、40CrMnB、35SiMn 等，这类钢主要用于制造承受中等载荷的机械零件，如机床的齿轮、轴、内燃机的连杆螺栓等；中淬透性合金调质钢，其 $w(Me) < 4.5\%$，常用牌号为 40CrNi、40CrMn、40CrMnTi 等，这类钢主要用于制造截面较大、承受较重载荷的机械零件，如大型电动机轴、汽车发动机主轴、大截面曲轴、大截面齿轮等；高淬透性合金调质钢，其 $w(Me) = 4\% \sim 10\%$，常用牌号为 40CrMnMo、40CrNiMoA、37CrNi3 等，这类钢主要用于制造大截面、承受重载荷的重要机械零件，如航空发动机曲轴、汽轮机主轴、锻压机曲轴等。常用合金调质钢的牌号、热处理、性能与用途见表 7-3。

表 7-3　常用合金调质钢的牌号、热处理、性能与用途（摘自 GB/T 3077—1999）

类别	牌号	热处理		力学性能					用途
		淬火/℃	回火/℃	R_m/MPa	R_{eL}/MPa	A/%	Z/%	KU_2/J	
				≥					
低	45	840 水冷	600 空气	600	355	16	40	39	制造尺寸较小、形状简单、中等韧性要求的零件，如主轴、曲轴、齿轮等
	40Cr	840 水冷	520 水或油冷	980	785	9	45	47	制造中载中速的机械零件，如轴、齿轮、连杆、高强度螺栓等
	45Mn2	850 油冷	550 水或油冷	885	735	10	45	47	代替 40Cr 钢制造直径小于 ϕ50mm 的重要调质件，如机床齿轮、机床主轴、凸轮、蜗杆等
	45MnB	850 油冷	500 水或油冷	1030	835	9	40	39	
	35SiMn	900 水冷	570 水或油冷	885	735	15	45	47	除低温韧性稍差外，可全面代替 40Cr 钢和部分代替 40CrNi 钢

类别	牌号	热处理		力学性能					用途
		淬火 /℃	回火 /℃	R_m/MPa	R_{eL}/MPa	A/%	Z/%	KU_2/J	
				≥					
中	40CrNi	820 油冷	500 水或油冷	980	785	10	45	55	制造较大截面和重要的零件,如曲轴、主轴、齿轮、连杆等
	40CrMn	840 油冷	550 水或油冷	980	835	9	45	47	代替 40CrNi 钢制造承受冲击载荷不大的零件,如齿轮轴、离合器等
	35CrMo	850 油冷	550 水或油冷	980	835	12	45	63	代替 40CrNi 钢制造大截面齿轮和载荷较大的传动轴、发电机转子等
	30CrMnSi	880 油冷	520 水或油冷	1080	885	10	45	39	属于高强度结构钢,制造飞机上的重要零件、高压鼓风机叶片、高速齿轮等
	38CrMoAl	940 水或油冷	640 水或油冷	980	835	14	50	71	属于高级氮化钢,制造重要的丝杆、镗杆、主轴、蜗杆、高压阀门等
高	37CrNi3	820 油冷	500 水或油冷	1130	980	10	50	47	制造高强韧性的大型重要零件,如汽轮机叶轮、转子轴等
	25Cr2Ni4WA	850 油冷	550 水冷	1080	930	11	45	71	制造承受大冲击载荷的高强度大型重要零件,如汽轮机主轴、叶轮等
	40CrMnMoA	850 油冷	600 水或油冷	980	850	12	55	78	制造高强韧性的大型重要零件,如飞机起落架、航空发动机轴等
	40CrMnMo	850 油冷	600 水或油冷	980	785	10	45	63	部分代替 40CrMnMoA 钢,制造卡车后桥半轴、齿轮轴等

图 7 - 17 所示为汽车后桥半轴;图 7 - 18 所示为机床主轴;图 7 - 19 所示为汽轮机主轴;图 7 - 20 所示为飞机起落架。

图 7 - 17 汽车后桥半轴

图 7 - 18 机床主轴

图 7-19　汽轮机主轴

图 7-20　飞机起落架

7.3.3.3　合金调质钢的加工与热处理

以 40Cr 钢所制汽车连杆为例说明合金调质钢加工工艺路线如下：下料→锻造→正火→粗加工→调质→喷丸→精加工→成品。

图 7-21 所示为 40Cr 钢所制汽车连杆为例说明合金调质钢热处理工艺。连杆的最终热处理即调质后的组织为回火索氏体；经局部感应淬火及回火，得到的表面组织为回火马氏体。表面硬度为 50~55HRC；心部硬度为 35~45HRC。

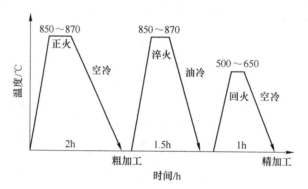
图 7-21　40Cr 钢所制汽车连杆热处理工艺

7.3.4　合金弹簧钢

合金弹簧钢是指用于制造各种弹簧元件的中、高碳合金结构钢。弹簧是通过在工作时产生弹性变形起到吸收冲击能量或储存能量的作用。弹簧元件主要有叠板弹簧、螺旋弹簧、盘簧、碟形弹簧等。

7.3.4.1　化学成分与性能特点

合金弹簧钢的含碳量在 $w(C)=0.45\%~0.70\%$ 范围内，这样可以获得很高的弹性极限、屈强比以及疲劳强度，以保证弹簧具有很强的弹性变形能力。主加合金元素为 $Si[w(Si)<3\%]$、$Mn[w(Mn)<1.3\%]$ 等，其主要作用是提高钢的淬透性，固溶强化铁素体，提高弹性极限，Si 可明显提高弹簧钢的屈强比。辅加合金元素为 $Cr[w(Cr)<1.0\%]$、$Mo[w(Mo)<0.4\%]$、$V[w(V)<0.1\%]$ 等，其主要作用是细化晶粒，提高钢的回火稳定

性，防止脱碳和过热。

7.3.4.2　弹簧的成形与热处理特点

弹簧的种类很多，形状各异，根据成形工艺的不同，可分为热成形弹簧和冷成形弹簧两类。通常情况下，当截面尺寸为 10～15mm 的弹簧采用热成形工艺加工；当截面尺寸小于 10mm 的弹簧采用冷成形工艺加工。

A　热成形弹簧工艺

首先将坯料加热至 950～980℃，然后进行热卷成形，成形后利用余热立即进行淬火（淬火温度一般为 830～880℃）处理，淬火后再进行中温回火（回火温度一般为 480～550℃）处理，获得到回火托氏体组织，此组织具有很高的屈服强度和弹性极限，回火后的硬度为 38～52HRC。

为提高弹簧的疲劳强度和使用寿命，还需要进行喷丸处理，喷丸工艺是将高速弹丸喷射到弹簧表面，使表层在弹丸的冲击作用下产生塑性变形，从而在表面产生残余压应力，起到强化弹簧表面的作用。进行热成形弹簧工艺的材料多为热轧钢丝或钢板，如 60Si2Mn 钢所制汽车板簧经过喷丸处理后，使用寿命可提高 4～6 倍。

以 60Si2Mn 钢所制汽车板簧为例说明热成形弹簧工艺路线如下：下料→加热与成形→淬火→中温回火→喷丸→成品。

图 7-22 所示为 60Si2Mn 钢所制汽车板簧热处理工艺。

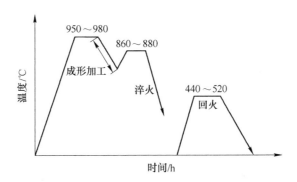

图 7-22　60Si2Mn 钢所制汽车板簧热处理工艺

B　冷成形弹簧工艺

冷成形弹簧根据加工工艺的不同，分为以下三类：

（1）铅浴等温处理冷拉钢丝。首先将钢丝坯料加热至完全奥氏体化后，置于 500～550℃的铅浴槽内进行等温冷却处理，这样可获得强度高、塑性好、适宜进行冷拉加工的索氏体组织，然后进行多次拉拔至所需直径，再冷卷成形。冷卷后的弹簧不需再进行淬火、回火处理，只需进行一次去应力退火，以消除内应力，稳定尺寸并提高弹性极限，处理温度为 200～300℃，保温 1～2h。进行铅浴等温处理冷拉钢丝常用牌号有 65、65Mn 等碳素弹簧钢丝。

（2）油淬回火钢丝。首先将钢丝冷拉至成形尺寸，然后加热至完全奥氏体化后进行淬火（淬火介质为油）与中温回火，获得到回火托氏体组织。这类钢丝的强度不及铅浴等温处理冷拉钢丝，但抗拉强度波动范围较小，性能比较稳定，因此主要用于制造各种动力机械的阀门弹簧、喷油嘴弹簧等。

（3）退火状态供应的合金弹簧钢丝。退火状态下的合金弹簧钢的组织是珠光体＋铁素体。钢丝经冷拉成形后，进行淬火与中温回火，获得到回火托氏体组织，该组织具有高弹性极限。此类钢丝常用牌号有 50CrVA、60Si2MnA 等。

7.3.4.3　合金弹簧钢的组成系列

合金弹簧钢的基本组成系列根据合金元素的不同分为硅锰弹簧钢、硅铬弹簧钢、铬锰弹簧钢、铬钒弹簧钢、钨铬钒弹簧钢等。在这些系列的基础上，有一些牌号为了提高其某些方面的性能而加入了钼、钒或硼等合金元素。下面介绍其中常用的硅锰弹簧钢和铬钒弹簧钢。

A　硅锰弹簧钢

硅锰弹簧钢的油淬临界直径为 20 ~ 30mm，性能高于碳素弹簧钢，屈服强度高达 1200MPa，屈强比为 0.9，工作温度一般在 230℃ 以下，是应用最为广泛的弹簧钢。主要用于制造汽车、拖拉机、铁道机车车辆上在高应力工作条件下的螺旋弹簧、板簧等，常用牌号有 65Mn、60Si2Mn 等。

B　铬钒弹簧钢

铬钒弹簧钢的油淬临界直径为 30 ~ 50mm，屈服强度达 1000MPa，工作温度一般在 300℃ 以下，常用于制造大截面、重载荷、耐热的弹簧，如阀门弹簧、柴油机气门弹簧等，常用牌号有 50CrV、60Si2CrVA 等。

常用合金弹簧钢的牌号、热处理、力学性能与用途见表 7 - 4。

表 7 - 4　常用合金弹簧钢的牌号、热处理、力学性能与用途（摘自 GB/T 1222—2007）

系列	牌　号	热处理		力学性能				用　途
		淬火 /℃	回火 /℃	R_m/MPa	R_{eL}/MPa	A/%	Z/%	
				≥				
硅锰系	55Si2Mn	870 油冷	480	1275	1177	—	30	制造汽车、拖拉机、铁道机车车辆上的且工作温度小于 250℃ 的板簧、螺旋弹簧、安全阀与止回阀弹簧等
	55Si2MnB	870 油冷	480	1275	1177	—	30	
	60Si2Mn2	870 油冷	480	1275	1177	—	25	
	55SiMnVB	860 油冷	460	1375	1225	—	30	
硅铬系	60Si2CrA	870 油冷	420	1765	1570	6	20	制造承受重载荷、且工作温度小于 300℃ 的螺旋弹簧、板簧，如调节弹簧、汽轮机气封弹簧、高压水泵碟形弹簧等
	60Si2CrVA	820 油冷	410	1860	1665	6	20	
铬锰系	55CrMnA	830 ~ 860 油冷	460 ~ 510	1225	1080	9	20	制造汽车、拖拉机、铁道机车车辆上承受重载荷且应力较大的板簧、螺旋弹簧等
	60CrMnA	830 ~ 860 油冷	460 ~ 520	1225	1080	9	20	

续表 7 - 4

系列	牌　号	热处理		力学性能				用　途
		淬火/℃	回火/℃	R_m/MPa	R_{eL}/MPa	A/%	Z/%	
				≥				
铬钒系	50CrVA	850 油冷	500	1275	1130	10	40	制造大截面、重载荷、疲劳强度要求严格的且工作温度小于400℃的各种尺寸的弹簧等
	30W4Cr2VA	1050~1100 油冷	600	1470	1325	7	40	制造在500℃以下工作的耐热弹簧，如锅炉安全阀弹簧等

图 7 – 23 所示为螺旋弹簧；图 7 – 24 所示为汽车板簧；图 7 – 25 所示为阀门弹簧。

图 7 – 23　螺旋弹簧　　　　　　图 7 – 24　汽车板簧　　　　　　图 7 – 25　阀门弹簧

7.3.5　滚动轴承钢

滚动轴承钢简称轴承钢，是制造滚动轴承滚动体和内、外圈的专用高碳合金结构钢。也可用于制造精密量具、冷冲模、精密丝杆等耐磨件。

7.3.5.1　化学成分与性能特点

轴承钢的含碳量一般在 $w(C)=0.95\%\sim1.15\%$，这样可保证在热处理后获得高强度、高硬度和高耐磨性，加入的合金元素有 Cr、Si、Mn、Mo、V 等。主加合金元素为Cr[$w(Cr)=0.4\%\sim1.65\%$]，其作用是增强钢的淬透性，形成合金渗碳体 $(Fe、Cr)_3C$，以提高碳化物稳定性和回火稳定性；辅加合金元素 V 可提高钢的耐磨性，Si、Mn 等辅加合金元素可进一步改善钢的淬透性，提高钢的强度和弹性极限。轴承钢经淬火后可获得细针状或隐晶马氏体组织，这种组织可增强钢的韧性以及接触疲劳强度和耐磨性。

轴承钢属于高级优质合金碳素结构钢，由于非金属夹杂物对于轴承钢的接触疲劳强度影响很大，所以应严格控制 S、P 含量，一般规定 $w(S)<0.02\%$、$w(P)<0.027\%$，其目的是减少非金属夹杂物的形成，保证接触疲劳强度不降低。

7.3.5.2　滚动轴承钢的热处理工艺

滚动轴承钢的热处理工艺为预备热处理、最终热处理。

预备热处理采用球化退火。球化退火工艺是将轴承钢加热至 790~800℃，快冷至 710~720℃等温 3~4h，然后随炉冷却至室温。其目的是获得粒状珠光体，降低钢的锻后硬度，改善切削性能，并为最终热处理作好组织准备。

最终热处理采用淬火 + 低温回火。淬火温度控制在（840 ± 10）℃，淬火后应立即进行低温回火，回火温度为 150 ～ 160℃，保温 2 ～ 4h，低温回火后的组织为极细回火马氏体 + 细小均匀的球状碳化物 + 少量残留奥氏体，回火后的硬度为 61 ～ 65HRC。

制造精密轴承或精密量具时，由于低温回火不能彻底消除内应力和残余奥氏体，所以在淬火后应立即进行一次冷处理，然后在回火及磨削后，在 120 ～ 130℃进行 5 ～ 10h 的时效处理，以使轴承的形状与尺寸得到充分稳定。

7.3.5.3　滚动轴承的加工工艺

一般滚动轴承的加工工艺路线为：下料→锻造→球化退火→机加工→淬火→低温回火→磨削→成品。

精密滚动轴承的加工工艺路线为：下料→锻造→球化退火→机加工→淬火→冷处理→低温回火→时效处理→粗磨→时效处理→精磨→成品。

图 7 - 26 所示为 GCr15 钢所制精密滚动轴承的热处理工艺。

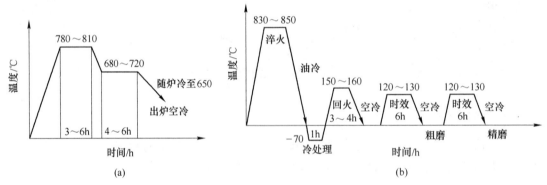

图 7 - 26　GCr15 钢所制精密滚动轴承热处理工艺
（a）球化退火工艺；（b）淬火、回火与时效处理工艺

7.3.5.4　滚动轴承钢的分类

滚动轴承钢可分为高碳铬轴承钢、渗碳轴承钢、高碳铬不锈轴承钢等。常用滚动轴承钢的牌号、成分、热处理、性能与用途见表 7 - 5。

表 7 - 5　常用滚动轴承钢的牌号、成分、热处理、性能与用途（摘自 GB/T 18254—2002）

牌　号	主要化学成分				热处理与性能			用　　途
	$w(C)$ /%	$w(Cr)$ /%	$w(Si)$ /%	$w(Mn)$ /%	淬火 /℃	回火 /℃	回火后 HRC	
GCr4	0.95 ～ 1.05	0.35 ～ 0.50	0.15 ～ 0.30	0.15 ～ 0.30	800 ～ 820 水或油冷	150 ～ 170	62 ～ 66	制造承受重载荷、高冲击条件下工作的机车车辆轴承内套、轧机轴承等
GCr9	1.00 ～ 1.01	0.90 ～ 1.20	0.15 ～ 0.35	0.25 ～ 0.45	810 ～ 830 水或油冷	150 ～ 170	62 ～ 66	制造直径小于 20mm 的滚珠、滚柱及滚针等

牌 号	主要化学成分				热处理与性能			用 途
	$w(C)$/%	$w(Cr)$/%	$w(Si)$/%	$w(Mn)$/%	淬火/℃	回火/℃	回火后HRC	
GCr9SiMn	1.00 ~ 1.01	0.90 ~ 1.20	0.45 ~ 0.75	0.95 ~ 1.25	810 ~ 830 水或油冷	150 ~ 170	62 ~ 66	制造壁厚小于 12mm、外径小于 250mm 的套圈,直径为 25 ~ 50mm 的钢球、直径小于 22mm 的辊子等
GCr15	0.95 ~ 1.05	1.40 ~ 1.65	0.15 ~ 0.35	0.25 ~ 0.45	820 ~ 840 油冷	150 ~ 160	62 ~ 66	制造壁厚小于 20mm 的中小型的套圈,直径小于 50mm 的钢球、柴油机的精密偶件
GCr15SiMn	0.95 ~ 1.05	1.40 ~ 1.65	0.45 ~ 0.75	0.95 ~ 1.25	820 ~ 840 油冷	170 ~ 200	≥62	制造高转速、重载荷的大型机械用轴承的套圈、钢球;精密量具、冷冲模、刃具等
GMnMoVRE	0.95 ~ 1.05		0.15 ~ 0.40	1.10 ~ 1.40	770 ~ 810 油冷	165 ~ 175	≥62	代替 GCr15SiMn 钢
GSiMnMoV	0.95 ~ 1.10		0.45 ~ 0.60	0.75 ~ 1.05	780 ~ 820 油冷	175 ~ 200	≥62	代替 GCr15SiMn 钢

图 7 - 27 所示为滚动轴承;图 7 - 28 所示为用轴承钢制造的冷冲模;图 7 - 29 所示为用轴承钢制造的精密量具。

图 7 - 27 滚动轴承

图 7 - 28 冷冲模

图 7 - 29　精密量具

7.4　合金工具钢

用于制造刃具、量具、模具的合金结构钢称为合金工具钢。合金工具钢根据工作性质又分为合金刃具钢、合金模具钢。

7.4.1　合金刃具钢

合金刃具钢主要是指制作各种车刀、钻头、铣刀、丝锥、圆板牙等金属切削刀具和量具、冷冲模的钢种。合金刃具钢分为低合金刃具钢和高速工具钢两类。

合金刃具钢具有高含碳量，一般 $w(C) = 0.60\% \sim 1.50\%$；具有高硬度，一般都在 60HRC 以上；具有高耐磨性，高热硬性，如高速钢的热硬性可达 600℃ 左右。合金刃具钢具有良好的强度、塑性和韧性，承受切削抗力和抵抗冲击振动的能力很强。

7.4.1.1　低合金刃具钢

在高碳钢的基础上加入少量的合金元素所形成的合金刃具钢称为低合金刃具钢。

A　化学成分与性能特点

低合金刃具钢的成分特点是高碳 $[w(C) = 0.80\% \sim 1.50\%]$、低合金 $[w(Me) = 3\% \sim 5\%]$。合金元素有 Si、Cr、Mn、W、V 等，高含碳量可保证形成足够的碳化物，使钢在淬火与回火后获得高硬度、高耐磨性和较好的热硬性。Si、Cr、Mn 的主要作用是提高钢的硬度和淬透性；W、V 是强碳化物形成元素，可显著提高钢的热硬性；Si、Cr 还可提高钢的回火稳定性。

B　低合金刃具钢的加工工艺

低合金刃具钢的加工工艺路线为：下料→球化退火→机加工→淬火→低温回火→成品。热处理后的组织为细小回火马氏体、粒状合金碳化物及少量残余奥氏体，硬度可达 60 ~ 65HRC。

低合金刃具钢的加工工艺与碳素工具钢基本相同，热处理后的组织状态也类似，但低合金刃具钢的淬透性和综合力学性能优于碳素工具钢。低合金刃具钢的工作温度一般不超过 300℃，常用于制造截面尺寸较大、几何形状较复杂、加工精度要求较高、受力要求较高的低速切削刃具，如丝锥、圆板牙、铰刀、拉刀等。

9SiCr 钢是一种应用较为广泛的一种低合金刃具钢，以 9SiCr 钢所制圆板牙为例，说明其加工工艺路线和热处理工艺。

9SiC 钢所制圆板牙的加工工艺路线为：下料→球化退火→机加工→淬火→低温回火→

磨平面→开槽→开口。

图 7-30 所示为 9SiCr 钢所制圆板牙的热处理工艺。

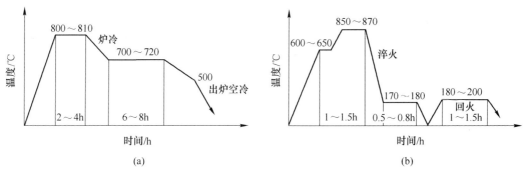

图 7-30 9SiCr 钢所制圆板牙的热处理工艺

（a）球化退火工艺；（b）淬火与回火工艺

C 常用低合金刃具钢的参数

常用低合金刃具钢的牌号、成分、热处理、性能与用途见表 7-6。

表 7-6 常用低合金刃具钢的牌号、成分、热处理、性能与用途（摘自 GB/T 1299—2000）

牌号	化学成分 w/%					热处理与性能			用 途
	C	Cr	Si	Mn	其他	淬火 /℃	回火 /℃	回火后 HRC	
9SiCr	0.85 ~ 0.95	0.95 ~ 1.25	1.20 ~ 1.60	0.30 ~ 0.60		830 ~ 860 油冷	180 ~ 200	60 ~ 62	制作板牙、丝锥、钻头、铰刀、冷冲模等
CrMn	1.30 ~ 1.50	1.30 ~ 1.60	≤0.35	0.45 ~ 0.75		840 ~ 860 油冷	130 ~ 140	62 ~ 65	制作各种量规、块规等
8MnSi	0.75 ~ 0.85		0.30 ~ 0.60	0.80 ~ 1.10		800 ~ 820 油冷	150 ~ 160	64 ~ 65	制作凿子、锯条、盘锯等
9Mn2V	0.85 ~ 0.95		≤0.40	1.70 ~ 2.00	w_V/% 0.10 ~ 0.25	780 ~ 810 油冷	150 ~ 200	60 ~ 62	制作板牙、丝锥、钻头、铰刀、冷冲模、量规等
CrWMn	0.90 ~ 1.05	0.90 ~ 1.20	≤0.40	0.80 ~ 1.10	w_W/% 1.20 ~ 1.60	820 ~ 840 油冷	140 ~ 160	62 ~ 65	制作板牙、拉刀、量规、高精度的冷冲模等
Cr06	1.30 ~ 1.45	0.50 ~ 0.70	≤0.40	≤0.40		780 ~ 810 水冷		≥64	制作外科手术刀、剃须刀片、刮刀、锉刀、雕刻刀、羊毛剪刀等
Cr2	0.95 ~ 1.10	1.30 ~ 1.65	≤0.40	≤0.40		830 ~ 860 油冷		≥62	制作样板、卡规、量规、块规、螺纹环规、螺纹塞规等

图 7 - 31 所示为用低合金工具钢制造的板牙与丝锥；图 7 - 32 所示为用低合金工具钢制造的螺纹塞规与螺纹环规；图 7 - 33 所示为用低合金工具钢制造的渐开线内花键拉刀。

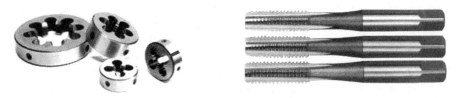

图 7 - 31　板牙与丝锥

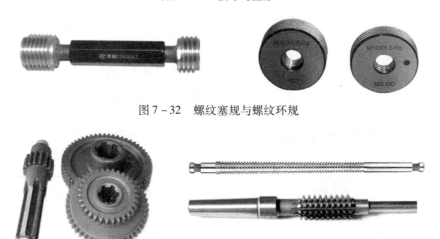

图 7 - 32　螺纹塞规与螺纹环规

图 7 - 33　渐开线内花键拉刀

7.4.1.2　高速工具钢

在高碳钢的基础上加入高含量的合金元素所形成的合金刃具钢称为高速工具钢，简称高速钢（俗称锋钢、白钢）。

A　化学成分与性能特点

高速钢的成分特点是高碳 $[w(C) = 0.70\% \sim 1.65\%]$、高合金 $[w(Me) = 10\% \sim 25\%]$，合金元素有 W、Mo、Cr、V 等。高含碳量可形成高碳马氏体，可保证在淬火后与合金元素形成大量的碳化物或合金渗碳体，使钢具有高强度、高硬度、高耐磨性和良好的热硬性。Mo 在高速钢中的作用与 W 基本相同，主要作用是提高钢的热硬性。V 是强碳化物形成元素，回火时产生"二次硬化"，可进一步提高高速钢的硬度、耐磨性和热硬性。高速钢的含碳量不宜过高，否则会造成碳化物分布不均匀，并使淬火后的残余奥氏体量增加，这样会使钢的塑性、韧性下降，脆性增强。为提高高速钢的硬度和热硬性，还可向钢中适当加入 Ti、Co、Al、B 等。

高速钢的硬度一般为 60 ~ 65HRC，工作温度在 500℃时，硬度仍可保持在 60HRC 以上，工作温度在 600℃时，硬度仍可保持在 55 ~ 60HRC。

B　高速钢的锻造与退火

高速钢的铸态组织中含有大量的呈鱼骨状分布的共晶碳化物，图 7 - 34 所示为

W18Cr4V 钢的铸态组织。这些碳化物粗大且分布不均匀，脆性很大，很难用热处理方法消除，只能采用锻造的方法将其击碎，并使其均匀分布。高速钢的锻造温度在 900 ~ 1180℃范围内，锻造后必须缓冷，并立即进行退火，以消除内应力、降低硬度。为缩短退火时间，高速钢可采用等温球化退火，其加热温度为 860 ~ 880℃，在 720 ~ 760℃等温 4 ~ 6h，炉冷至 600 ~ 650℃出炉空冷，冷却后获得的退火组织为索氏体 + 粒状碳化物，硬度为 207 ~ 255HBW，图 7 - 35 所示为 W18Cr4V 钢的退火组织。

 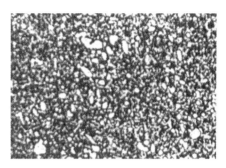

图 7 - 34　W18Cr4V 钢的铸态组织　　　　图 7 - 35　W18Cr4V 钢的退火组织

C　高速钢的淬火与回火

由于高速钢中含有大量的合金元素，导热性差，在加热过程中，容易产生变形与开裂，故高速钢的最终热处理工艺为两次预热 + 高温分级淬火 + 三次高温回火。在 580 ~ 620℃时采用分级淬火，可减小淬火应力，获得的淬火组织为隐晶马氏体 + 未溶细粒状碳化物 + 残留奥氏体（25% ~ 30%），硬度为 61 ~ 63HRC。为保证高速钢获得高的硬度和热硬性，通常采用在 550 ~ 570℃进行三次高温回火，每次保温 1h，其主要目的是减少残留奥氏体，稳定组织，并产生二次硬化。高速钢的回火组织为隐晶回火马氏体 + 细粒状碳化物 + 少量残留奥氏体（小于 3%），硬度升高为 63 ~ 66HRC。图 7 - 36 示为 W18Cr4V 钢的最终热处理工艺曲线。

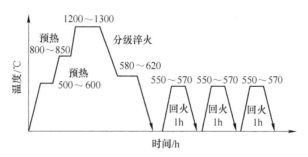

图 7 - 36　W18Cr4V 钢的最终热处理工艺曲线

D　常用高速钢

常用高速钢分为通用高速钢和高性能高速钢两类。

（1）通用高速钢。通用高速钢的 $w(C)$ = 0.7% ~ 0.9%。根据其所含元素的不同，通用高速钢可分为三个基本系列，即 W 系、Mo 系和 W - Mo 系等。W 系以 W18Cr4V 钢为典型钢种；Mo 系以 W2Mo8Cr4V 为典型钢种；W - Mo 系以 W6Mo5Cr4V2 为典型钢种。

（2）高性能高速钢。高性能高速钢是在通用高速钢的基础上适当增加 C、V、Co、Al

的含量，以提高钢的硬度、耐磨性和热硬性的新钢种。高性能高速钢包括高碳型高速钢（9W18Cr4V）、高钴型高速钢（W6Mo5Cr4V2Co8）、高铝型高速钢（W6Mo5Cr4V2Al）、高碳高钒型高速钢（CW6Mo5Cr4V3）、超硬型高速钢（W12Cr4V5Co5）等。

　　E　常用高速钢的参数

　　常用高速钢的牌号、成分、热处理、性能与用途见表7-7。

表7-7　常用高速工具钢的牌号、成分、热处理、性能与用途（摘自 GB/T 9943—2008）

系列	牌号	化学成分 w/%						热处理与性能			用　途
		C	Cr	W	Mo	V	其他	淬火 /℃	回火 /℃	回火后 HRC	
W 系	W18Cr4V	0.70 ~ 0.80	3.80 ~ 4.40	17.5 ~ 19.0	≤0.30	1.00 ~ 1.40	—	1260 ~ 1280	550 ~ 570	63 ~ 66	制作车刀、刨刀、钻头、铣刀、铰刀、拉刀、丝锥、板牙等
	9W18Cr4V	0.90 ~ 1.00	3.80 ~ 4.40	17.5 ~ 19.0	≤0.30	1.00 ~ 1.40	—	1260 ~ 1280	570 ~ 580	67.5	制作切削不锈钢以及硬而韧的材料的刃具等
	W12Cr4Mo	1.20 ~ 1.40	3.80 ~ 4.40	17.5 ~ 19.0	≤0.30	1.00 ~ 1.40	—	1230 ~ 1260	550 ~ 570	>64	制作车刀、铣刀、拉刀、齿轮刀具等
Mo 系	W2Mo8Cr4V	0.80 ~ 0.90	3.80 ~ 4.40	1.40 ~ 2.10	8.20 ~ 9.20	1.00 ~ 1.30	—	1175 ~ 1125	540 ~ 560	>63	制作丝锥、铰刀、铣刀等
	Mo8Cr4V2	0.80 ~ 0.90	3.80 ~ 4.40	—	7.75 ~ 8.50	1.80 ~ 2.20	—	1175 ~ 1125	540 ~ 560	>63	制作钻头、铰刀、铣刀等
W-Mo 系	W6Mo5Cr4V2	0.80 ~ 0.90	3.80 ~ 4.40	5.50 ~ 6.75	4.75 ~ 5.75	1.75 ~ 2.20	—	1190 ~ 1230	550 ~ 570	64 ~ 66	制作要求耐磨性和韧性较好的高速切削刃具，如钻头、机用丝锥等
	W6Mo5Cr4V3	1.10 ~ 1.25	3.80 ~ 4.40	5.75 ~ 6.75	4.75 ~ 5.75	2.80 ~ 3.30	—	1200 ~ 1240	550 ~ 570	64 ~ 67	制作要求耐磨性和热硬性较高、韧性较好的形状较复杂的切削刃具，如拉刀、铣刀等
高性能高速钢	W6Mo5Cr4V2Co8	0.80 ~ 0.90	3.80 ~ 4.40	5.50 ~ 6.70	4.80 ~ 6.20	1.80 ~ 2.20	Co 7.00 ~ 9.00	1220 ~ 1260	540 ~ 590	64 ~ 66	制作加工难切削材料，如高温合金、难熔金属、钛合金、奥氏体不锈钢等的刃具等
	W6Mo5Cr4V2Al	1.10 ~ 1.20	3.80 ~ 4.40	5.75 ~ 6.75	4.75 ~ 5.75	1.80 ~ 2.20	Al 1.00 ~ 1.30	1220 ~ 1250	550 ~ 570	67 ~ 69	
	W10Mo4Cr4V3Al	1.30 ~ 1.40	3.50 ~ 4.50	9.00 ~ 10.00	3.50 ~ 4.50	2.70 ~ 3.20	Al 0.70 ~ 1.20	1230 ~ 1260	540 ~ 560	67 ~ 69	

系列	牌号	化学成分 w/%						热处理与性能			用　途
		C	Cr	W	Mo	V	其他	淬火/℃	回火/℃	回火后HRC	
高性能高速钢	W2Mo9Cr4VCo8	1.05 ~ 1.15	3.50 ~ 4.25	1.15 ~ 1.25	9.00 ~ 10.00	0.95 ~ 1.35	Co 7.75 ~ 8.75	1190 ~ 1210	510 ~ 593	65 ~ 70	制作高精度和形状复杂的成形铣刀、精密拉刀、专用钻头、各种高硬度刀头、刀片等
	W12Cr4V5Co5	1.50 ~ 1.60	3.80 ~ 4.40	12.0 ~ 13.0	≤1.00	4.50 ~ 5.25	Co 4.75 ~ 5.25	1220 ~ 1260	540 ~ 650	63 ~ 68	制作端铣刀等
	CW6Mo5Cr4V3	1.15 ~ 1.25	3.80 ~ 4.40	5.50 ~ 6.75	4.50 ~ 5.50	2.80 ~ 3.30	—	1190 ~ 1210	540 ~ 560	>64	W18Cr4V 钢的替用钢

图 7 - 37 所示为用高速钢制造的车刀；图 7 - 38 所示为用高速钢制造的麻花钻；图 7 - 39 所示为用高速钢制造的立铣刀；图 7 - 40 所示为用高速钢制造的盘铣刀；图 7 - 41 所示为用高速钢制造的三面刃盘铣刀；图 7 - 42 所示为用高速钢制造的齿轮铣刀。

图 7 - 37　高速钢车刀

图 7 - 38　高速钢麻花钻

图 7 - 39　高速钢立铣刀

图 7 - 40　高速钢盘铣刀

图 7 - 41　高速钢三面刃盘铣刀

图 7 - 42　高速钢齿轮铣刀

7.4.2　合金模具钢

模具钢是用于制造各类模具的钢种。根据工作条件的不同，合金模具钢可分为冷作模具钢和热作模具钢两类。

7.4.2.1　冷作模具钢

冷作模具钢是指在常温下对金属进行冲切与变形加工的模具钢。冷作模包括各种冲裁模、弯形模、拉丝模、拉伸模、冷镦模、冷挤压模和冷轧辊等。冷作模在工作时要承受拉压、弯曲、剪切、冲击、疲劳等载荷和剧烈摩擦，其主要失效形式是磨损，其次是崩刃、脆断和软化变形等失效现象。因此，冷作模具钢对性能的基本要求是：具有高硬度、高耐磨性、高强度和一定的韧性；具有较好的淬透性、淬火变形小；具有良好的工艺性能等。

冷作模具钢的含碳量较高 $[w(C) = 0.55\% \sim 2.30\%]$，加入的合金元素有 Si、Mn、Cr、Mo、W、V 等。冷作模具钢根据所含元素的不同，分为低合金工具钢、中铬和高铬模具钢。

A　低合金工具钢

在低合金工具钢中，应用较广泛的有 9SiCr、CrWMn、9Mn2V、GCr15 等钢种。与碳素工具钢相比，低合金工具钢具有较大的淬透性、较高的耐磨性和较小的淬火变形，综合力学性能较好。常用于制造尺寸较大、形状较复杂、精度较高、低、中负荷的冷作模具。

B　中铬和高铬模具钢

在中铬和高铬模具钢，应用较广泛的有 Cr12、Cr12Mo、Cr12MoV、Cr6WV、Cr4W2MoV 等，该类钢具有更高的淬透性、耐磨性和强度。常用于制造尺寸大、形状复杂、精度高、重负荷的冷作模具。

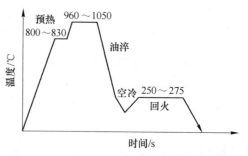

图 7 - 43　Cr12MoV 钢所制冲裁模热处理工艺曲线

C　冷作模具钢的加工工艺

以 Cr12MoV 钢所制冲裁模的工艺路线为：下料→锻造→球化退火→机加工→淬火→回火→精磨→成品。其淬火、回火的热处理工艺曲线，如图 7 - 43 所示。

D　常用合金冷作模具钢的参数

常用合金冷作模具钢的牌号、成分、热处理、性能与用途见表 7 - 8。

表 7 - 8　常用合金冷作模具钢的牌号、成分、热处理、性能与用途（摘自 GB/T 1299—2000）

系列	牌号	化学成分 w/%						热处理与性能		用　途
		C	Si	Mn	Cr	Mo	其他	淬火 /℃	HRC	
低合金钢	CrWMn	0.90 ~ 1.05	≤0.40	0.80 ~ 1.10	0.90 ~ 1.20	—	W 1.20 ~ 1.60	800 ~ 830 油冷	≥62	制作尺寸不大而形状复杂的高精度冷冲模，如长铰刀、长丝锥、拉刀、量规等
	9Mn2V	0.85 ~ 0.95	≤0.40	1.70 ~ 2.00	—	—	V 0.10 ~ 0.25	780 ~ 810 油冷	≥62	制作尺寸较大、形状复杂的高精度弯形模、冷挤压模、滚丝模等
	9SiCr	0.85 ~ 0.95	1.20 ~ 1.60	0.30 ~ 0.60	0.95 ~ 1.25	—	—	830 ~ 860 油冷	≥62	

系列	牌号	化学成分 w/%						热处理与性能		用　途
		C	Si	Mn	Cr	Mo	其他	淬火/℃	HRC	
高碳高铬合金钢	Cr12	2.00 ~ 2.30	≤0.40	≤0.40	11.50 ~ 13.00	—	—	950 ~ 1100 油冷	≥60	制作大尺寸、大负荷、形状复杂、精度要求高、耐磨性高、热处理变形小的模具，如冷冲模冲头、拉丝模、滚丝模、拉伸模、切边模、冷剪切刀、钻套、量具等
	Cr12MoV	1.45 ~ 1.70	≤0.40	≤0.40	11.00 ~ 12.50	0.40 ~ 0.60	V 0.15 ~ 0.30	950 ~ 1100 油冷	≥58	
高碳中铬合金钢	Cr4W2MoV	1.12 ~ 1.25	0.40 ~ 0.70	≤0.40	3.50 ~ 4.00	0.80 ~ 1.20	V 0.80 ~ 1.10 W 1.90 ~ 2.00	960 ~ 980 油冷	≥60	Cr4W2MoV 是一种新型中合金钢冷作模具钢，其模具的使用寿命较 Cr12、Cr12MoV 钢有较大的提高。可用来制作各种冲模、冷镦模、落料模、冷挤压凹模及滚丝模等工模具等
	Cr5Mo1V	0.95 ~ 1.05	≤0.50	≤1.00	4.75 ~ 5.50	0.90 ~ 1.40	V 0.15 ~ 0.50	940 盐浴	≥60	Cr5Mo1V 是一种新型中合金钢冷作模具钢，适用于既要耐磨又要求韧性的冷作模具钢，可代替 CrWMn、9Mn2V 钢，可用来制作中、小型冷冲裁模、下料模、成型模、冲头、切边模、滚丝模、量规等

　　图 7 - 44 所示为用合金冷作模具钢制造的精密冷冲模；图 7 - 45 所示为用合金冷作模具钢制造的机用铰刀；图 7 - 46 所示为用合金冷作模具钢制造的滚丝模；图 7 - 47 所示为用合金冷作模具钢制造的精密拉伸模；图 7 - 48 所示为用合金冷作模具钢制造的精密切边模。

图 7 - 44　精密冷冲模

图 7 - 45　机用铰刀

图 7 - 46　滚丝模

图 7-47   精密拉伸模

图 7-48   精密切边模

7.4.2.2   热作模具钢

热作模具钢是用于制造将加热至再结晶温度以上的金属或液态金属压制成工件的模具，如热锻模、热挤压模、热镦模、压铸模等。

热作模具钢在工作时承受热应力、机械应力以及冲击载荷的作用，因此，应具有较高的强度、硬度、韧性、耐磨性、热硬性、抗热疲劳能力等综合力学性能，还要有较高的导热性、淬透性、尺寸稳定性、化学稳定性和良好的工艺性能。

A   化学成分与性能特点

热作模具钢的含碳量为 $w(C) = 0.30\% \sim 0.70\%$，加入的合金元素有 Cr、Ni、Mn、Si、Mo、W、V 等。Cr、Ni、Mn、Si 能提高钢的淬透性、强化铁素体，提高硬度，其中 Ni 还可提高钢的韧性；Mo、W、V 等能细化晶粒，产生二次硬化，能提高钢的热硬性、耐磨性和回火稳定性。

B   热作模具钢的加工工艺

热作模具钢必须经过反复锻造，使碳化物均匀分布，锻后的预备热处理为完全退火或等温退火，以消除锻造应力，退火后的组织为细片状珠光体和铁素体，硬度为 197 ~ 241HBW。最终热处理一般为淬火+高温回火，回火后的组织为托氏体或回火索氏体，硬度为 40 ~ 47HRC。

以 5CrMnMo 钢所制热锻模的工艺路线为：下料→锻造→完全退火→机加工→淬火→回火→精加工→成品。其淬火、回火的热处理工艺曲线，如图 7-49 所示。

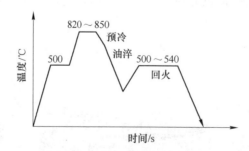

图 7-49   5CrMnMo 钢所制热锻模的热处理工艺曲线

C   常用合金热作模具钢的参数

常用合金热作模具钢的牌号、成分、热处理、性能与用途见表 7-9。

表 7－9　常用合金热作模具钢的牌号、成分、热处理、性能与用途（摘自 GB/T 1299—2000）

牌　号	化学成分 w/%							热处理与性能			用　途
	C	Si	Mn	Cr	W	Mo	其他	淬火 /℃	回火 /℃	HRC	
5CrMnMo	0.50 ~ 0.60	0.25 ~ 0.60	1.20 ~ 1.60	0.60 ~ 0.90	—	0.15 ~ 0.30	—	820 ~ 850 油或空冷	490 ~ 640	30 ~ 47	制作中小型热锻模等
5CrNiMo	0.50 ~ 0.60	≤0.40	0.50 ~ 0.80	0.50 ~ 0.80	—	0.15 ~ 0.30	Ni 1.40 ~ 1.80	830 ~ 860 油或空冷	490 ~ 660	30 ~ 47	制作大中型热锻模等
4Cr5W2VSi	0.32 ~ 0.42	0.80 ~ 1.20	≤0.40	4.50 ~ 5.50	1.60 ~ 2.40	—	V 0.80 ~ 1.00	1030 ~ 1050 油或空冷	—	39 ~ 54	制作使用寿命高的热锻模、挤压模等
4Cr5MoSiV	0.33 ~ 0.43	0.80 ~ 1.20	0.20 ~ 0.50	4.75 ~ 5.50	—	1.10 ~ 1.60	V 0.30 ~ 0.60	1000 ~ 1025 油或空冷	540 ~ 650	40 ~ 54	制作挤压模、压铸模等
3Cr2W8V	0.30 ~ 0.40	≤0.40	≤0.40	2.20 ~ 2.70	7.50 ~ 9.00	—	V 0.20 ~ 0.50	1075 ~ 1125 油或空冷	600 ~ 620	50 ~ 54	制作挤压模、压铸模等

　　图 7－50 所示为用热作模具钢制造的热锻模；图 7－51 所示为用热作模具钢制造的挤压模；图 7－52 所示为用热作模具钢制造的压铸模。

图 7－50　热锻模

图 7－51　挤压模

图 7－52　压铸模

7.5　特殊性能钢

　　特殊性能钢是指具有某些特殊物理、化学性能的钢种。其类型很多，常用的有不锈钢、耐热钢、耐磨钢、低温钢等。

7.5.1　不锈钢

　　能够抵抗与耐受各种化学介质腐蚀的合金钢称为不锈钢（或称为耐蚀钢）。

7.5.1.1　金属腐蚀的基本概念

金属表面在化学介质（如大气、酸、碱、盐等）的作用下被侵蚀破坏的现象称为腐蚀。根据腐蚀的原理不同，金属腐蚀分为化学腐蚀和电化学腐蚀两大类。化学腐蚀是指金属直接与介质发生化学反应而产生的腐蚀现象，如高温下的氧化。电化学腐蚀是指金属与电解质溶液接触时发生电化学反应而产生的腐蚀现象，金属在室温下的腐蚀主要属于电化学腐蚀。

当将两种相互接触的金属置于电解质溶液时，由于两种金属的电极电位不同，彼此之间就会形成一个微电池，并有电流产生。电极电位低的金属为阳极，电极电位高的金属为阴极，阳极的金属被不断地熔解，而阴极的金属不被熔解。对于同一种合金，由于组成合金的相或组织不同，也会形成微电池，产生电化学腐蚀。例如共析钢组织中的珠光体，是由铁素体（F）和渗碳体（Fe_3C）两相组成，在电解质溶液中会形成微电池，由于铁素体的电极电位低，为阳极，被腐蚀；渗碳体的电极电位高，为阴极，不被腐蚀。

为提高金属抵抗与耐受电化学腐蚀的能力，通常采取以下措施：

（1）形成单相组织。某些合金元素可使金属得到均匀的单相组织，在钢中加入质量分数大于 9% 的 Ni 可获得单相奥氏体组织，这样可阻止微电池的形成，提高金属的耐蚀性。

（2）提高电极电位。某些合金元素可提高基体金属的电极电位，减少微电池数目，可有效地提高钢的耐蚀性。在钢中加入质量分数大于 13% 的 Cr，铁素体的电极电位由 −0.5V 升高到 +0.2V，可大幅度提高金属的耐蚀性。

（3）形成致密的氧化膜。某些合金元素可使金属表面在腐蚀过程中形成致密的氧化膜（又称为钝化膜），这层氧化膜将金属与腐蚀介质完全隔开，可阻断腐蚀电流通路，从而阻止或延缓进一步的腐蚀。金属表面经氧化性介质处理后，其腐蚀速度大幅度下降的现象称为金属的钝化。在钢中加入 Cr、Al、Si 等合金元素，可在其表面形成致密的氧化膜 Cr_2O_3、Al_2O_3、SiO_3 等。

（4）尽量减少含碳量。当不锈钢中的含碳量大于一定值时，将会以铬的碳化物的形式析出，一方面增加钢中微电池数目，另一方面会减少基体中的含铬量，降低基体的电极电位，从而降低钢的耐蚀性。故不锈钢中的含碳量较低，大多为 0.1% ~ 0.2%，不大于 0.4%。

不锈钢中加入的合金元素有 Cr、Ni、Ti、Mn、Mo、Al、V、Nb、Cu、N、P、S 等。其中 Cr 是最为重要的主加元素 [$w(Cr) = 10\%$ ~30%]，Cr 可提高铁素体的电位，形成一层致密的富铬氧化膜 Cr_2O_3，在不锈钢中同时加入 Cr 和 Ni，可获得单一奥氏体组织。Mn、N、P 也是奥氏体化元素，在钢中可代替 Ni 的作用，提高抵抗有机酸的能力。Mo 可提高钢的钝化能力，提高抵抗晶间腐蚀能力。Ti、Nb 可增强抵抗晶间腐蚀能力，提高钢的强度。其他合金元素可提高抗氧化的强度，增强耐蚀性。

7.5.1.2　常用不锈钢

常用的不锈钢根据其组织特点，分为马氏体不锈钢、铁素体不锈钢和奥氏体不锈钢三种类型。常用不锈钢的牌号、成分、热处理、性能与用途见表 7 – 10。

表 7 – 10　常用不锈钢的牌号、成分、热处理、性能与用途（摘自 GB/T 1220—2007）

类型	牌号	化学成分 w/%			热处理		力学性能				用　途
		C	Cr	其他	淬火/℃	回火/℃	$R_{P0.2}$/MPa	R_m/MPa	A/%	HBW	
							≥			≤	
马氏体不锈钢	12Cr13	0.08 ~ 0.15	12 ~ 14		950 ~ 1000 油冷	700 ~ 750	345	540	22	159	制作抗弱腐蚀介质零件，如汽轮机叶片、水压机阀、螺栓、螺帽等
	20Cr13	0.16 ~ 0.24	12 ~ 14		920 ~ 980 油冷	600 ~ 750	440	640	20	192	
	30Cr13	0.25 ~ 0.34	12 ~ 14		920 ~ 980 油冷	600 ~ 750	540	735	12	48HRC	制作较高硬度和耐磨性的医疗器具、量具、滚动轴承等
	40Cr13	0.35 ~ 0.45	12 ~ 14		1050 ~ 1100 油冷	200 ~ 300	—	—	—	50HRC	
铁素体不锈钢	10Cr17	≤0.12	16 ~ 18		—	780 ~ 850	205	450	22	183	制作硝酸工厂、食品工厂的设备等
	10Cr17Ti	≤0.12	16 ~ 18	Ti 0.5 ~ 0.8	—	700 ~ 800	300	450	20	183	用途同10Cr17，但抗晶间腐蚀能力较强
	06Cr13Al	≤0.08	12 ~ 14	Al 0.10 ~ 0.30	—	700 ~ 830	175	410	20	183	制作汽轮机材料、复合钢材等
奥氏体不锈钢	06Cr19Ni10	≤0.08	18 ~ 20	Ni 8 ~ 10.5	1050 ~ 1100 水淬	—	205	520	40	187	制作食品设备、化工设备等
	06Cr19Ni10N	≤0.08	18 ~ 20	N 0.10 ~ 0.25	1010 ~ 1150 水淬	—	275	550	35	217	在06Cr19Ni10的基础上加入N，可提高强度，制作结构用强度部件
	06Cr18Ni11Ti	≤0.08	17 ~ 19	Ti 0.5 ~ 0.8	920 ~ 1150 水淬	—	205	520	40	187	制作硝酸类容器、化工管道、抗磁仪表、医疗器具等

　　图 7 – 53 所示为用不锈钢制造的量具；图 7 – 54 所示为用不锈钢制造的医疗器具；图 7 – 55 所示为用不锈钢制造的容器。

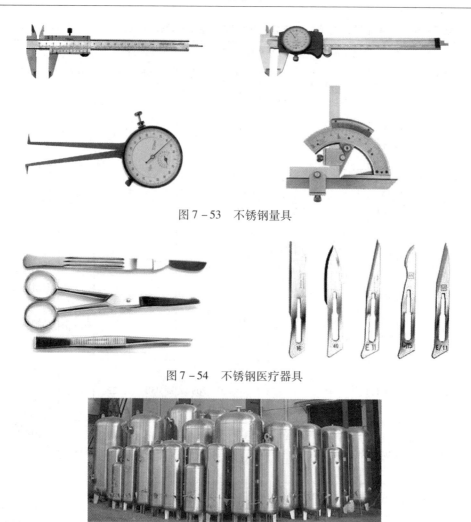

图 7 - 53 不锈钢量具

图 7 - 54 不锈钢医疗器具

图 7 - 55 不锈钢容器

A 马氏体不锈钢

马氏体不锈钢的 $w(C) = 0.10\% \sim 0.45\%$，$w(Cr) = 12\% \sim 14\%$，属于铬不锈钢，常用牌号有 12Cr13、20Cr13、30Cr13、40Cr13 钢等。此类钢在氧化性介质（如大气、海水、氧化性酸等）中耐蚀性很高，而在非氧化性介质（盐酸、碱溶液等）中耐蚀性很低；钢的耐蚀性随着铬含量的降低和碳含量的增加而降低，而钢的强度、硬度、耐磨性则随着碳含量的增加而提高。此类钢的缺点是耐蚀性较低、塑性与焊接性较差。

12Cr13、20Cr13 钢具有抗大气、蒸汽等介质腐蚀的能力，用于制作汽轮机叶片、蒸汽机锅炉管附件等。30Cr13、40Cr13 钢具有较高的强度和硬度，用于制作医疗器具、刀具、量具及滚动轴承等。

B 铁素体不锈钢

铁素体不锈钢的碳质量分数较低 [$w(C) < 0.15\%$]，铬质量分数较高 [$w(Cr) = 12\% \sim 32\%$]，因而其耐蚀性、塑性与焊接性都优于马氏体不锈钢，但其强度、硬度低于马氏体不锈钢。此类钢从室温加热到 1000℃ 高温时不发生晶格类型的转变，均为单相铁素

体组织，故此类钢称为铁素体不锈钢。常用牌号有 10Cr17、10Cr17Ti、06Cr13Al 等。

铁素体不锈钢主要用于对力学性能要求不高而对耐蚀性、抗氧化性有较高要求的零件，如用于耐硝酸、磷酸、氮肥等化工生产的结构件。为了进一步提高其耐蚀性，可加入 Mo、Ti、Cu 等其他合金元素。铁素体不锈钢的缺点是脆性大，其原因是此类钢若长期在 450～500℃ 范围停留，会引起钢的脆化，这种现象称为"475℃ 脆化"。一般通过加热至 600℃ 再快速冷却，可消除这种脆化现象。

C 奥氏体不锈钢

奥氏体不锈钢具有低碳 $[w(C) < 0.12\%]$、高铬 $[w(Cr) = 17\% \sim 19\%]$、高镍 $[w(Ni) = 8\% \sim 29\%]$ 的成分特点，是工业上应用广泛的不锈钢。Ni 元素的加入使得钢在室温下为单相奥氏体组织，故此类钢称为奥氏体不锈钢。此类钢无磁性，其耐蚀性、塑性、韧性均高于马氏体不锈钢，其冷塑加工性和焊接性较好。奥氏体不锈钢的缺点是强度低、晶间腐蚀倾向大、切削加工性能较差。

奥氏体不锈钢主要用于制作耐蚀性能要求高、对强度要求不高、可进行冷塑变形加工的零件，如化工管道、塔罐、水箱等。

7.5.2 耐热钢

具有较高热化学稳定性和热强性的合金钢称为耐热钢。热化学稳定性是指钢在高温下抵抗各类介质化学腐蚀的能力，其中最主要的是抗氧化性，即钢在高温下对氧化作用的稳定性。

一般碳钢在高温下很容易氧化，致使表面生成疏松多孔的氧化亚铁（FeO）并不断地剥落脱离，而且氧原子又不断地通过 FeO 进行扩散，使钢继续氧化。为提高钢的抗氧化能力，可向钢中加入 Cr、Si、Al 等合金元素，使其在钢的表面形成一层致密的氧化膜（如 Cr_2O_3、SiO_2、Al_2O_3），以保护金属在高温下不再被继续氧化。热强性是指耐热钢在高温和载荷共同作用下抵抗塑性变形和破坏的能力。金属在高温和低于屈服强度的应力作用下，其塑性变形量随时间延续而缓慢增加的现象称为蠕变。为提高钢的热强性和抗蠕变能力，可向钢中加入 Cr、Mo、W、Ni 等合金元素，会产生固溶强化，提高钢的再结晶温度，使钢的高温强度得到提高；加入 V、Ti、Nb、Al 等合金元素，可形成分布均匀、热稳定性强的碳化物，产生弥散强化，可进一步提高钢的高温强度。

耐热钢按组织特征可分为铁素体型耐热钢、马氏体型耐热钢和奥氏体型耐热钢三类。常用耐热钢的牌号、热处理、力学性能及用途见表 7-11。

表 7-11 常用耐热钢的牌号、热处理、性能与用途（摘自 GB/T 1220—2007）

类型	牌号	热处理状态	力学性能				用 途
			$R_{p0.2}$/MPa	R_m/MPa	A/%	HBW	
			≥				
铁素体型	06Cr13Al	退火	175	410	20	183	用于1000℃以下抗氧化部件，如燃气轮机压缩机叶片、淬火台架等
	10Cr17	退火	205	450	22	183	用于900℃以下抗氧化部件，如散热器、炉用部件等
	16Cr25N	退火	275	510	20	201	用于1082℃以下抗氧化部件，如燃烧室等

续表 7 – 11

类型	牌号	热处理状态	力学性能				用　途
			$R_{p0.2}$/MPa	R_m/MPa	A/%	HBW	
			≥				
马氏体型	12Cr13	淬火 + 回火	345	540	22	159	用于800℃以下抗氧化部件，如汽轮机叶片、喷嘴、锅炉燃烧器阀门等
	20Cr13	淬火 + 回火	440	640	20	192	用于800℃以下抗氧化部件，如汽轮机叶片、气阀等
	42Cr9Si2	淬火 + 回火	590	885	19	269	用于900℃以下抗氧化部件，如发动机的进、排气阀等
奥氏体型	06Cr19Ni10	固溶处理	205	520	40	187	用于870℃以下抗氧化部件，如锅炉和汽轮机管道、喷嘴、热交换器等
	20Cr25Ni20	固溶处理	205	590	40	201	用于1000℃以下抗氧化部件，如锅炉加热部件等
	06Cr17Ni12Mo2	固溶处理	205	520	40	187	用于870℃以下抗氧化部件，如热交换器部件、炉用管件等

　　图 7 – 56 所示为用耐热钢制造的燃气轮机压缩机叶片；图 7 – 57 所示为用耐热钢制造的发动机进、排气阀；图 7 – 58 所示为用耐热钢制造的发动机喷嘴。

图 7 – 56　燃气轮机压缩机叶片　　　图 7 – 57　发动机进、排气阀　　　图 7 – 58　发动机喷嘴

7.5.3　耐磨钢

　　耐磨钢主要是指能够抵抗和耐受强烈冲击和剧烈磨损的奥氏体锰钢。奥氏体锰钢的特点是高碳 [$w(C) = 1.00\% \sim 1.30\%$]，高锰 [$w(Mn) = 11\% \sim 14\%$]，故又称为高锰钢。

　　奥氏体锰钢产品属于铸造成型，其铸态组织基本上是奥氏体 + 碳化物（Fe，Mn）$_3$C + 少量的铁素体，碳化物沿晶界析出，会显著降低钢的强度、韧性和耐磨性，且脆性很大，硬度很高（约为420HBW），因此还不宜实际使用。为使奥氏体锰钢获得所需性能，在使用前必须进行"水韧处理"（即固溶处理），其方法是将钢加热至临界点温度以上，即1000～1100℃，保温一定时间，使碳化物完全溶入奥氏体中，然后水淬快冷，使奥氏体在冷却过程中来不及析出碳化物或发生相变，从而获得单相奥氏体组织，水韧处理后，其 $R_m = 635 \sim 735$MPa，$A \geqslant 20\% \sim 30\%$，硬度约为 180～220HBW。

奥氏体锰钢在使用过程中，受到强烈冲击载荷和剧烈摩擦时，可产生强烈的冷变形强化（加工硬化），表层硬度可从 $180 \sim 220HBW$ 急剧上升至 $500 \sim 550HBW$，从而获得具有高耐磨性的硬化层（深度约为 $10 \sim 20mm$），而心部仍为高韧性的奥氏体组织。随着硬化层的不断磨损，新的硬化层又会不断产生并维持高耐磨性。

奥氏体锰钢广泛应用于铁路钢轨与道岔（见图 7-59）、球磨机衬板（见图 7-60）、破碎机颚板（见图 7-61）、坦克履带板（见图 7-62）、挖掘机铲齿（见图 7-63）、防弹钢板、保险箱等。

图 7-59 铁路钢轨与道岔

图 7-60 球磨机衬板

图 7-61 破碎机颚板

图 7-62 坦克履带板　　　　图 7-63 挖掘机铲齿

奥氏体锰钢的牌号采用"ZG（铸钢）+三位数字（碳的质量分数的万分之几）+元素符号及数字（合金元素质量分数）"的方法表示。列入 GB/T 5680—2010 的奥氏体锰钢牌号共有 10 个，其中常用的牌号有 ZG100Mn13、ZG120Mn13、ZG120Mn13Cr2 等。

7.5.4　低温钢

低温钢主要是指用于制造钢铁、化学、能源工业中储存和运输液氧、液氮、液化天然气的低温容器和低温设备的合金钢，图 7-64 所示为用低温钢制造的罐体。能在 -196℃以下使用的低温钢称为深冷钢或超低温钢。低温钢主要应具有足够的低温强度，足够的低温韧性，良好的焊接性和加工成型性，韧性—脆性转变温度应低于使用温度等。

图 7-64　低温钢制造的罐体

低温钢的含碳量较低 $[w(C) < 0.20\%]$，加入的合金元素 Mn、Ni 具有良好的低温韧性，Al、Ti、V、Nb、RE 等元素可细化晶粒并进一步提高低温韧性。

低温钢按显微组织的不同可分为铁素体型低温钢、低碳马氏体型低温钢和奥氏体型低温钢。

7.5.4.1　铁素体型低温钢

铁素体型低温钢按化学成分分为低碳锰钢、低合金钢等。

A　低碳锰钢

低碳锰钢的 $w(C) = 0.05\% \sim 0.28\%$、$w(Mn) = 0.6\% \sim 2\%$。这类低温钢的最低使用温度为 -60℃。常用的牌号有 16MnRE、09Mn2VRE、09MnTiCuRE 等。

B　低合金钢

低合金钢主要有低镍钢 $[w(Ni) = 2\% \sim 4\%]$、锰镍钼钢 $[w(Mn) = 0.6\% \sim 1.5\%$、$w(Ni) = 0.2\% \sim 1.0\%$、$w(Mo) = 0.4\% \sim 0.6\%]$。这类低温钢的最低使用温度为 -110℃，常用的牌号有 09Mn2V 等。

7.5.4.2　低碳马氏体型低温钢

低碳马氏体型低温钢属于高镍钢，其牌号有 1Ni6 $[w(Ni) = 6\%]$、1Ni9 $[w(Ni) = 9\%]$、1Ni36 $[w(Ni) = 36\%]$ 等。其中 1Ni9 镍钢是应用较多的深冷用钢，该钢的最低使用温度为 -196℃，主要用于制取液氮的设备。

7.5.4.3 奥氏体型低温钢

奥氏体低温钢具有较高的低温韧性，一般没有韧性－脆性转变温度。按合金成分不同，可分为三个系列：Fe－Cr－Ni 系、Fe－Cr－Ni－Mn 和 Fe－Cr－Ni－Mn－N 系、Fe－Mn－Al 系。

A Fe－Cr－Ni 系

Fe－Cr－Ni 系主要为铬镍型不锈耐酸低温钢。这种钢低温韧性、耐蚀性和工艺性均较好，已不同程度地应用于各种深冷（－150℃～－269℃）技术中。

B Fe－Cr－Ni－Mn 和 Fe－Cr－Ni－Mn－N 系

这类钢种以锰、氮代替部分镍来稳定奥氏体。氮还有强化作用，使钢具有较高的韧性、极低的磁导率和稳定的奥氏体组织，适用于作超低温无磁钢（即材料的磁导率很小）。如 0Cr21Ni6Mn9N 和 0Cr16Ni22Mn9Mo2 等在 －269℃ 作无磁结构部件。

C Fe－Mn－Al 系

Fe－Mn－Al 系奥氏体低温无磁钢。是中国研制的节约铬、镍的新钢种，如 15Mn26Al4 等可部分代替铬镍型奥氏体钢，用于 －196℃ 以下的极低温区。如能改善这种钢的抗化学腐蚀能力，还可扩大其应用范围。

 思考与练习题

7－1 解释名词

合金结构钢、合金工具钢、特殊性能钢、合金渗碳钢、合金调质钢、合金弹簧、高速工具钢、不锈钢、化学腐蚀、电化学腐蚀、耐热钢、耐磨钢、低温钢

7－2 合金元素在钢中的存在形式有哪些？

7－3 合金碳化物有哪几种类型？

7－4 合金元素对钢加热转变的影响有哪些？

7－5 何谓回火稳定性？

7－6 何谓二次硬化？

7－7 何谓高温回火脆性？

7－8 冷作模具钢对性能的基本要求有哪些？

7－9 热作模具钢对性能的基本要求有哪些？

7－10 简述金属腐蚀的基本概念。

7－11 为提高金属抵抗与耐受电化学腐蚀的能力，通常采取的措施有哪些？

8 铸 铁

铸铁是碳的质量分数大于 2.11% 的铁碳铸造合金。工业上常用铸铁的成分为：$w(C)$ = 2.5% ~ 4.0%、$w(Si)$ = 1.0% ~ 3.0%、$w(Mn)$ = 0.5% ~ 1.4%、$w(S)$ = 0.02% ~ 0.20%、$w(P)$ = 0.01% ~ 0.05%，加入一定量的合金元素（Cr、V、Cu、Al 等）可形成合金铸铁。

铸铁作为铸造合金，是以铸造方法制成铸件进行使用，不能进行锻造，因此，其抗拉强度、塑性、韧性较差，但其具有良好的铸造性、耐磨性、吸振性和切削加工性等，而且铸铁的生产工艺和设备简单、产品价格低廉，应用领域非常广泛。

8.1 铸铁的石墨化与分类

铸铁中的碳以三种形式存在：第一种是溶入铁晶格中形成间隙固溶体，第二种是与铁形成化合物状态的渗碳体（Fe_3C），第三种是游离状态的石墨，用 C 表示。铸铁中的碳原子析出并形成石墨的过程称为石墨化。

石墨的晶体结构是简单六方晶格，晶体中碳原子呈层状排列如图 8-1 所示，其层内底面中的原子间距较小，为 1.42×10^{-10} m，故层内原子结合力较强；层与层的间距较大，为 3.40×10^{-10} m，故层间结合力较弱，层间容易滑动或断裂，致使石墨的强度、硬度、塑性和韧性极低，接近于零。

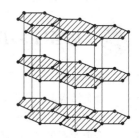

图 8-1　石墨的晶体结构

8.1.1 铁碳合金双重相图

将铸铁加热至高温并进行长时间保温，其中的渗碳体会分解为铁和石墨（$Fe_3C \rightarrow 3Fe + C$）；含有 C、Si 等化学元素较高的液态合金在缓慢冷却时，也会从液态合金中直接析出石墨。这说明渗碳体是一种亚稳定相，而石墨是稳定相。因此，铁碳合金的结晶过程存在两种相图，一种是形成渗碳体的亚稳定的 $Fe-Fe_3C$ 相图；另一种是形成石墨的稳定的 $Fe-G$ 相图，为便于研究和比较，通常把两个相图重叠起来，就得到简化的铁碳合金双重相图，如图 8-2 所示，图中实线表示 $Fe-Fe_3C$ 相图，虚线表示 $Fe-C$ 相图。

8.1.2 铸铁的石墨化过程

根据铁碳合金双重相图来分析，铸铁由高温液态冷却至室温的过程中，铸铁的石墨化过程可分为三个阶段。

第一阶段为从液相中结晶出石墨。包括从共晶成分的液相中直接结晶出一次石墨 C_1 和铸铁成分（亚晶、共晶和过共晶）的液相在共晶温度（1154℃）通过共晶反应形成的

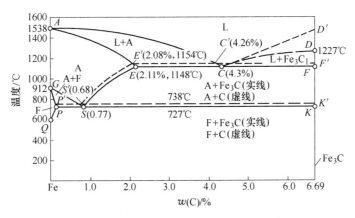

图 8 - 2 铁碳合金双重相图

共晶石墨 $C_{共晶}$，其反应式为：

$$L_{C'} \longrightarrow A_{C'} + C_1$$
$$L_{C'} \longrightarrow A_{E'} + C_{共晶}$$

第二阶段为从奥氏体中析出石墨。在共晶温度与共析温度之间（1154～738℃），随着温度下降，碳在奥氏体中的溶解度降低，沿 $E'S'$ 线析出二次石墨（C_2），其反应式为：

$$A_{E'} \longrightarrow A_{S'} + C_2$$

第三阶段为在共析转变中析出石墨。奥氏体在 738℃ 通过共析转变形成共析石墨，其反应式为：

$$A_{S'} \longrightarrow F_{P'} + C_{共析}$$

石墨化过程是原子扩散过程，温度越低，原子扩散就越困难。第一阶段和第二阶段的石墨化温度较高，原子扩散能力较强，石墨化过程就容易进行，第三阶段的石墨化是在较低温度的固态下进行的，奥氏体析出石墨的共析转变受到抑制而发生珠光体转变。显然，铸铁的石墨化程度决定了铸铁的基体组织，从而形成各种类型的铸铁。

8.1.3 铸铁的分类

8.1.3.1 按照石墨化程度分类

根据在结晶过程中石墨化程度的不同，铸铁可分为灰铸铁、白口铸铁和麻口铸铁三类。

A 灰铸铁

第一和第二阶段的石墨化过程都充分进行，而第三阶段的石墨化过程可能充分进行、部分进行或被抑制的铸铁，其断口呈暗灰色，故称为灰铸铁。灰铸铁是铁碳铸造合金的主体，是工业中应用最为广泛的铸铁。

B 白口铸铁

三个阶段的石墨化过程全部被抑制，完全按照 Fe - Fe₃C 相图结晶的铸铁，其断口呈银白色，故称为白口铸铁，简称白口铁。白口铸铁中的碳除很少量溶于铁素体外，其余大部分都以渗碳体形式存在，组织中存在着共晶莱氏体，其性能硬而脆，不易切削加工，工业上应用很少，主要用作炼钢原料。

C　麻口铸铁

第一和第二阶段的石墨化过程为部分进行，第三阶段的石墨化过程被抑制的铸铁，其断口呈灰白相间的麻点，故称为麻口铸铁。麻口铸铁是介于灰铸铁与白口铸铁之间的一种铸铁，其中碳的一部分以石墨形式存在，为灰口组织；另一部分碳以渗碳体形式存在，为白口组织。麻口铸铁的性能也偏脆，在工业中应用较少。

8.1.3.2　按照石墨化形态的不同分类

根据石墨化形态的不同，铸铁可分为灰铸铁、球墨铸铁、可锻铸铁和蠕墨铸铁四类。

（1）灰铸铁。灰铸铁组织中的石墨形态呈片状，这类铸铁的力学性能不高，生产工艺简单，应用广泛。

（2）球墨铸铁。球墨铸铁组织中的石墨形态呈球状，这类铸铁的力学性能较高，生产工艺比可锻铸铁简单，通过热处理可进一步提高其力学性能，所以应用日益广泛。

（3）可锻铸铁。可锻铸铁组织中的石墨形态呈团絮状，这类铸铁的力学性能比灰铸铁高，但其生产工艺较长，成本较高，用于制造一些重要的小型铸件。

（4）蠕墨铸铁。蠕墨铸铁组织中的石墨形态呈蠕虫状，这类铸铁的力学性能介于灰铸铁与球墨铸铁之间。

8.2　灰铸铁

灰铸铁是指具有片状石墨的铸铁，因断裂时断口呈暗灰色，故称为灰铸铁。主要成分是铁、碳、硅、锰、硫、磷，是应用最广的铸铁，其产量占铸铁总产量80%以上。

8.2.1　灰铸铁的成分与组织

灰铸铁的化学成分一般为：$w(C) = 2.7\% \sim 3.6\%$、$w(Si) = 1.0\% \sim 2.5\%$、$w(Mn) = 0.5\% \sim 1.2\%$、$w(P) < 0.3\%$、$w(S) < 0.15\%$。其中 P、S 是应限制的元素，Mn、P、S 的总含量一般不超过 2.0%。C 和 Si 是有效促进石墨化的元素，近80%的 C 以片状石墨析出，片状石墨的形态如图 8 - 3 所示。

灰铸铁的组织是由金属基体和片状石墨组成，由于金属基体与钢的组织相似，故可将金属基体称为钢。基体根据共析阶段石墨化程度的不同，可以获得三种不同基体组织的灰铸铁：第一种是铁素体基体灰铸铁，如图 8 - 4 所示；第二种是珠光体基体灰铸铁，如图 8 - 5 所示；第三种是铁素体 + 珠光体基体灰铸铁，如图 8 - 6 所示。

8.2.2　灰铸铁的性能

A　力学性能

灰铸铁的性能主要取决于基体组织的性能和石墨的数量、尺寸和分布状况。片状石墨的存在，相当于在钢的基体上形成了许多"微裂纹"和"微孔洞"。这些裂纹和孔洞严重割裂了金属基体的连续性，减少了金属基体的有效性，而且很容易形成应力集中，石墨片

图 8-3 片状石墨形态

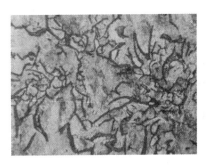

图 8-4 铁素体基体灰铸铁

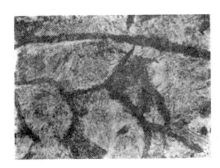

图 8-5 珠光体基体灰铸铁

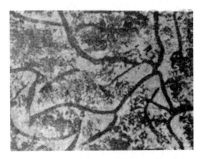

图 8-6 铁素体+珠光体基体灰铸铁

的量越多,尺寸越大,则其影响就越大,所以灰铸铁的抗拉强度、塑性和韧性要比钢差很多,灰铸铁的抗压强度一般是抗拉强度的 3~4 倍。珠光体基体灰铸铁的强度、硬度与耐磨性比另外两种基体的灰铸铁要高一些。

B 铸造性能

灰铸铁的熔点低(1145~1250℃),流动性好,凝固时由于析出密度小而体积大的片状石墨,部分地补偿了液态收缩,因而减少了灰铸铁凝固时的收缩率,不易产生缩孔、缩松等铸造缺陷,故灰铸铁具有优良的铸造性能。

C 耐磨性和减振性

石墨本身具有较强的润滑作用,当灰铸铁铸件表面的石墨脱落后所形成的孔洞、缝隙可以吸附和储存润滑油,使摩擦面上的油膜易于形成和保持,故灰铸铁具有良好的耐磨性。

由于片状石墨的存在严重割裂了金属基体的连续性,加之石墨本身比较松软,因此可以吸收振动能量、消减振动能量的传递,故灰铸铁具有良好的减振性(比钢大 6~10 倍)。

D 切削加工性能

由于石墨割裂了金属基体的连续性,使灰铸铁被切削时容易断屑和排屑,加之石墨对刀具有一定的润滑作用,可减少刀具的磨损,故灰铸铁具有良好的切削加工性能。

E 缺口敏感性

由于灰铸铁中的片状石墨已使金属基体形成了大量微小的缺口,因此其他缺口的存在对降低力学性能的作用会减弱,所以灰铸铁具有较小的缺口敏感性。

8.2.3 灰铸铁的孕育处理

为了提高灰铸铁的力学性能,生产上常进行孕育处理。在浇注前向铁液中加入少量强烈促进石墨化的物质（孕育剂），以改善铁液的结晶条件，使石墨晶核数量大幅度增加以细化石墨片和基体组织的过程就称为孕育处理。经孕育处理的灰铸铁称为孕育铸铁。常用的孕育剂有硅铁、锰铁、硅钙和稀土合金等，加入孕育剂的质量分数为 0.2% ~ 0.5%。孕育铸铁的石墨片细小、均匀，强度、硬度都比普通灰铸铁高，抗拉强度可达 400MPa。

8.2.4 灰铸铁的热处理

灰铸铁的热处理只能改变基体组织，不能改变石墨的形态和分布，也不能明显改善和提高灰铸铁的力学性能，主要用于消除铸件的内应力、稳定尺寸，消除铸造过程中产生的白口硬化组织，以改善切削加工性能。

8.2.4.1 去应力退火

铸件在铸造冷却过程中容易产生内应力，导致铸件产生变形和裂纹，并使强度降低。特别是形状复杂、厚薄不均或大型的铸件更容易产生内应力。因此，对于精度要求高、形状复杂或大型的铸件，如机床床身、汽缸体、汽缸盖、机架等在切削加工前都要进行一次去应力退火。对于质量要求很高的精密铸件一般在精加工之前还应进行第二次去应力退火，以保证铸件的形状和尺寸精度。

去应力退火的方法是将铸件缓慢加热至 500 ~ 550℃，保温一定时间炉冷至 150 ~ 220℃以下出炉空冷至室温。由于去应力退火的加热温度低于共析温度，故又称为低温退火。

8.2.4.2 去白口退火

铸件在冷却时，特别是冷却速度过快的情况下，易使铸件表层或薄壁处出现白口组织，致使切削加工很困难，这需要通过去白口退火，使白口组织中的渗碳体分解为石墨，以降低表层硬度，改善切削加工性能。

去白口退火的方法是将铸件加热至 850 ~ 950℃，保温 2 ~ 5h，使渗碳体得到充分分解，然后随炉缓冷至 400 ~ 500℃再出炉空冷至室温，可获得铁素体基体灰铸铁，去白口退火也称为软化退火或石墨化退火。

8.2.4.3 表面淬火

表面淬火的目的是提高铸件工作表面的硬度和耐磨性，如机床导轨的表面、汽缸套内壁等。表面淬火工艺有高频表面淬火、火焰表面淬火、电接触表面淬火等。淬火方法是将铸件工作表面快速加热至 900 ~ 1000℃并立即进行喷水冷却。表面经淬火后硬度可达 50 ~ 55HRC。

8.2.5 灰铸铁的牌号与应用

灰铸铁的牌号用"HT + 三位数字"表示，其中"HT"为"灰铁"两字汉语拼音字首，三位数字表示最低抗拉强度值。例如，HT150，表示最低抗拉强度值为 150MPa 的灰铸铁。GB/T 9439—2010 将灰铸铁分为八个牌号。灰铸铁的牌号、性能及用途见表 8 - 1。

表 8 - 1　灰铸铁的牌号、性能与用途（摘自 GB/T 9439—2010）

牌号	显微组织		最小抗拉强度 R_m/MPa	用　途
	基体组织	石墨形态	≥	
HT100	铁素体	粗片状	100	用于制造承受低载荷且不重要的铸件，如盖、外罩、手轮、支架、底座等
HT150	铁素体 + 珠光体	较粗片状	150	用于制造承受中等载荷的铸件，如机座、支柱、轴承座、阀体、泵体、进排气管、飞轮、管路附件等
HT200	珠光体	中等片状	200	用于制造一般运输机械中的汽缸体、缸盖、飞轮等；一般机床的床身、齿轮箱、立柱、机座等；通用机械承受中等压力的泵体、阀体、油缸、活塞等
HT225	珠光体	较细片状	225	用于制造承受较大弯曲载荷，要求保持气密性的铸件，如机床床身、齿轮箱、滑板、缸体、缸套、阀体、泵体、油缸等
HT250	珠光体	较细片状	250	
HT275	珠光体	较细片状	275	
HT300	珠光体	细小片状	300	用于制造承受大弯曲载荷，要求保持高气密性的铸件，如重型机床床身、车轮、凸轮、大型发动机曲轴、汽缸体、高压油缸、液压阀体等
HT350	珠光体	细小片状	350	

图 8 - 7 所示为机床床座、床身、齿轮箱等；图 8 - 8 所示为大型发动机曲轴；图 8 - 9 所示为阀体；图 8 - 10 所示为发动机缸体。

图 8 - 7　机床床座、床身、齿轮箱等

图 8 - 8　大型发动机曲轴

图 8 - 9　阀体

图 8 - 10　发动机缸体

8.3　球墨铸铁

球墨铸铁是 20 世纪 50 年代发展起来的一种高强度铸铁材料，其综合性能接近于碳钢，正是基于其优异的性能，已成功地用于铸造一些受力复杂，强度、韧性、耐磨性要求较高的零件。球墨铸铁已迅速发展为仅次于灰铸铁的、应用十分广泛的铸铁材料。

8.3.1　球墨铸铁的成分与组织

球墨铸铁的化学成分一般为：$w(\mathrm{C}) = 3.6\% \sim 4.0\%$、$w(\mathrm{Si}) = 2.0\% \sim 3.2\%$、$w(\mathrm{Mn}) = 0.6\% \sim 0.9\%$、$w(\mathrm{P}) < 0.1\%$、$w(\mathrm{S}) < 0.07\%$、$w(\mathrm{Mg}) = 0.03\% \sim 0.06\%$、$w(\mathrm{RE}) = 0.02\% \sim 0.06\%$。与灰铸铁相比，球墨铸铁的 C 与 Si 的含量较高，Mn 的含量较低，S、P 的含量受到严格控制，尤其是 S 对于石墨的球化有强烈破坏作用，球化剂为一定含量的 RE 和 Mg。

球墨铸铁的组织是由金属基体和球状石墨组成，球状石墨形态如图 8 – 11 所示。根据化学成分和冷却速度的不同，球墨铸铁可以获得三种不同的基体组织：第一种是铁素体球墨铸铁，如图 8 – 12 所示；第二种是铁素体 + 珠光体球墨铸铁，如图 8 – 13 所示；第三种是珠光体球墨铸铁，如图 8 – 14 所示。

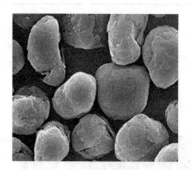

图 8 – 11　球状石墨形态

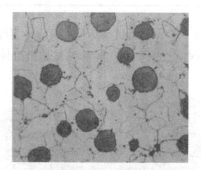

图 8 – 12　铁素体球墨铸铁

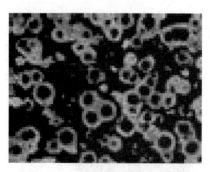

图 8 – 13　铁素体 + 珠光体球墨铸铁

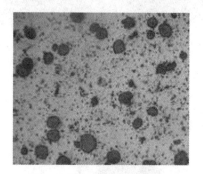

图 8 – 14　珠光体球墨铸铁

8.3.2　球墨铸铁的性能

由于球墨铸铁中的石墨呈球状分布，对基体的割裂作用和应力集中倾向要比片状石墨小很多，使基体强度的利用率从灰铸铁的 30% ~50% 提高到 70% ~95%，所以球墨铸铁的弹性模量、抗拉强度、疲劳强度、塑性和韧性不仅高于其他铸铁，而且接近相应组织的铸钢，其抗拉强度 ≥600MPa，特别是其屈强比高达 0.7~0.8，而一般钢的屈强比为 0.35~0.50。对于承受静载荷的零件，用球墨铸铁代替铸钢，可以减轻重量。

球墨铸铁中的石墨越小、越分散、分布越均匀，则力学性能越高。球墨铸铁的力学性能主要取决于其基体组织。铁素体基体的球墨铸铁具有高的塑性和韧性，但强度与硬度较低，耐磨性较差。珠光体基体的球墨铸铁具有较高的强度和硬度，耐磨性较好，但塑性和韧性较低。铁素体 + 珠光体基体的球墨铸铁的性能介于前两种基体的球墨铸铁之间。

由于球墨铸铁铸造时的过冷倾向较大，容易产生白口现象，铸件也容易产生缩松、夹渣、皮下气孔、球化不良及衰退等，因此，球墨铸铁的铸造工艺的要求要比灰铸铁高。

8.3.3 球墨铸铁的热处理

球墨铸铁的热处理主要用来改变基体组织和性能，主要有退火、正火、等温淬火、调质处理等。

8.3.3.1 退火

球墨铸铁退火的目的是为了获得铁素体基体，球墨铸铁的铸态组织中会出现不同程度的珠光体和自由渗碳体，铸造应力较大，切削加工很困难。为改善切削性能，消除铸造应力，必须进行退火处理，退火工艺分为高温退火和低温退火。

A 高温退火

当铸态组织为珠光体和自由渗碳体时，需要进行高温石墨化退火，以获得铁素体球墨铸铁。高温退火工艺是将铸件加热至 900~950℃，保温 2~4h，随炉缓冷至 600℃，使铸件发生第二和第三阶段石墨化，再出炉空冷至室温。

B 低温退火

当铸态组织为铁素体 + 珠光体 + 石墨而无自由渗碳体时，需要进行低温石墨化退火，使珠光体中的渗碳体得到分解，以获得塑性、韧性较高的铁素体球墨铸铁。低温退火工艺是将铸件加热至 720~760℃，保温 3~6h，使铸件发生第二阶段石墨化，然后随炉缓冷至600℃，再出炉空冷至室温。

8.3.3.2 正火

球墨铸铁正火的目的是为了获得珠光体基体，使铸件具有较高的强度、硬度和耐磨性，并可作为表面淬火的预先热处理。正火工艺分为高温正火和低温正火。

A 高温正火

将铸件加热至 880~920℃，保温 1~3h，使基体组织完全奥氏体化，然后出炉空冷至室温，通过这种快冷，以保证获得珠光体基体的球墨铸铁。

B 低温正火

将铸件加热至 840~880℃，保温 1~4h，使基体组织部分奥氏体化，然后出炉空冷至室温，可获得珠光体 + 铁素体基体的球墨铸铁。

8.3.3.3　等温淬火

对于一些要求综合力学性能要求较高、形状复杂、热处理容易变形或开裂的铸件，如齿轮、凸轮轴等，可采用等温淬火，等温淬火的目的是为了获得贝氏体型铁素体 + 奥氏体基体组织，使铸件具有高的强度、塑性与韧性。

球墨铸铁等温淬火的工艺是将铸件加热至 860 ~ 900℃，保温 1 ~ 2h，然后快速置于 250 ~ 300℃的等温盐浴中进行 0.5 ~ 1.5h 的等温处理，然后取出空冷至室温。

8.3.3.4　调质处理

对于一些受力复杂、综合力学性能要求较高的铸件，如承受交变拉应力的连杆、承受交变弯曲应力的曲轴等，为保证获得足够的强度、韧性和耐磨性，一般采用调质处理。

调质处理的工艺是将铸件加热至 860 ~ 900℃，保温 0.5 ~ 1h，出炉油淬，淬火组织为细片状马氏体 + 球状石墨；然后再加热至 550 ~ 600℃，回火 2 ~ 6h，获得的回火组织为回火索氏体 + 球状石墨。

8.3.4　球墨铸铁的牌号与应用

由于石墨以球状存在于铸铁基体中，改善其对基体的割裂作用，因此球墨铸铁的抗拉强度、屈服强度、塑性、冲击韧性大为提高，并具有耐磨性、减振性、工艺性能好、缺口敏感性低等优良的综合力学性能，可代替碳素钢以及部分铸钢。

球墨铸铁的牌号用"QT + 数字 + 数字"表示，其中"QT"为"球铁"两字汉语拼音字首，前一组数字表示最低抗拉强度值，后一组数字表示最低伸长率。例如，QT400 - 18，表示最低抗拉强度值为 400MPa、最低伸长率为 18% 的球墨铸铁，GB/T 1348—2009 规定球墨铸铁分为 14 个牌号。球墨铸铁的牌号、性能及用途见表 8 - 2。

表 8 - 2　球墨铸铁的牌号、性能及用途（摘自 GB/T 1348—2009）

牌　号	基体组织	力学性能				用　　途
		R_m/MPa	$R_{P0.2}$/MPa	A/%	HBW	
		≥				
QT350 - 22L	铁素体	350	220	22	≤220	用于制造机器的机架、底座、供水铸管、井盖等
QT350 - 22R	铁素体	350	220	22	≤220	
QT350 - 22	铁素体	350	220	22	≤220	
QT400 - 18L	铁素体	400	240	18	120 ~ 175	用于制造承受冲击、振动的零件，如汽车、拖拉机的轮毂、驱动桥壳、差速器壳，中压阀门的阀体、阀盖，压缩机高低压汽缸、电动机机壳、齿轮箱等
QT400 - 18R	铁素体	400	250	18	120 ~ 175	
QT400 - 18	铁素体	400	250	18	120 ~ 175	
QT400 - 15	铁素体	400	250	15	120 ~ 180	
QT450 - 10	铁素体	450	310	10	160 ~ 210	用于制造铁路机车车辆轴瓦、机油泵齿轮、机器底座、传动轴、飞轮等
QT500 - 7	铁素体 + 珠光体	500	320	7	170 ~ 230	
QT550 - 5	铁素体 + 珠光体	500	350	5	180 ~ 250	

续表8-2

牌 号	基体组织	力学性能				用 途
		R_m/MPa	$R_{P0.2}$/MPa	A/%	HBW	
		$\geqslant$				
QT600-3	铁素体+珠光体	600	370	3	190~270	用于制造大载荷、受力复杂的零件，如汽车、拖拉机的曲轴、连杆、凸轮轴、汽缸套、部分磨床、铣床、车床的主轴，空压机、冷冻机的缸体、缸套等
QT700-2	珠光体	700	420	2	225~305	
QT800-2	珠光体或索氏体	800	480	2	245~335	
QT900-2	回火马氏体或屈氏体+索氏体	900	600	2	280~360	用于制造高强度齿轮、凸轮轴、曲轴、大减速器齿轮、汽车、拖拉机的传动齿轮等

图8-15所示为汽车轮毂；图8-16所示为汽车差速器外壳；图8-17所示为电动机外壳；图8-18所示为机油泵齿轮；图8-19所示为发动机飞轮。

图8-15　汽车轮毂

图8-16　汽车差速器外壳

图8-17　电动机外壳

图 8 - 18　机油泵齿轮

图 8 - 19　发动机飞轮

8.4　蠕墨铸铁

蠕墨铸铁是 20 世纪 60 年代中期研制成功的。它的石墨形态介于片状石墨和球状石墨之间，所以力学性能也介于普通灰铸铁和球墨铸铁之间。它的物理性能和铸造性能优于球墨铸铁，接近普通灰口铸铁。由于蠕墨铸铁兼有球墨铸铁和灰铸铁的性能，因此，它具有独特的用途，在钢锭模、汽车发动机、排气管、玻璃模具、柴油机缸盖、制动零件等方面的应用均取得了良好的效果。

8.4.1　蠕墨铸铁的成分与组织

蠕墨铸铁的化学成分一般为：$w(C) = 3.5\% \sim 3.9\%$、$w(Si) = 2.2\% \sim 2.8\%$、$w(Mn) = 0.4\% \sim 0.8\%$、$w(P) < 0.1\%$、$w(S) < 0.1\%$。蠕墨铸铁的石墨大部分呈蠕虫状，形态介于片状和球状之间，如图 8 - 20 所示。通过控制成分和热处理工艺，可获得铁素体基体的蠕墨铸铁（如图 8 - 21 所示）、珠光体基体的蠕墨铸铁（如图 8 - 22 所示）、铁素体 + 珠光体基体的蠕墨铸铁（如图 8 - 23 所示）等三种组织。

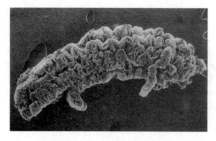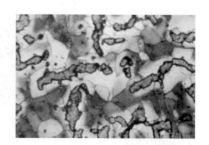

图 8 - 20　蠕虫状石墨形态　　　　　图 8 - 21　铁素体蠕墨铸铁

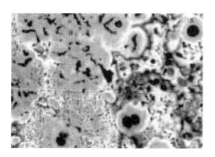

图 8 – 22　珠光体蠕墨铸铁

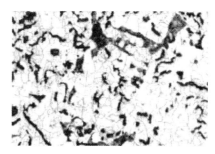

图 8 – 23　铁素体 + 珠光体蠕墨铸铁

8.4.2　蠕墨铸铁的性能

　　蠕墨铸铁的力学性能介于灰铸铁和球墨铸铁之间，如抗拉强度、伸长率、弯曲强度优于灰铸铁，接近于铁素体球墨铸铁。蠕墨铸铁具有良好的导热性和热疲劳性，可以制造耐受热疲劳的铸件，这是灰铸铁和球墨铸铁所不及的。铁素体基体的蠕墨铸铁具有较高的塑性和韧性；珠光体基体的蠕墨铸铁具有较高的强度、硬度和耐磨性；铁素体 + 珠光体基体的蠕墨铸铁介于前两者之间。

　　蠕墨铸铁具有良好的工艺性能，其切削加工性能优于球墨铸铁。蠕墨铸铁的铸造性能接近于灰铸铁，其缩孔与缩松倾向小于球墨铸铁，铸造工艺简单，成品率高。

8.4.3　蠕墨铸铁的牌号与应用

　　蠕墨铸铁的牌号用"RuT + 三位数字"表示，其中"RuT"为"蠕铁"两字汉语拼音字首，三位数字表示最低抗拉强度值。例如，RuT380，表示最低抗拉强度值为 380MPa 的蠕墨铸铁。蠕墨铸铁的牌号、性能及用途见表 8 – 3。

表 8 – 3　蠕墨铸铁的牌号、性能及用途（摘自 GB/T 26655—2011）

牌号	基体组织	力学性能				用　途
		R_m/MPa	$R_{P0.2}$/MPa	A/%	HBW	
		≥				
RuT300	铁素体	300	210	2.0	140 ~ 210	用于制造承受冲击和热疲劳的铸件，如增压器废气缸体，汽车、拖拉机的飞轮、底盘零件，玻璃模具等
RuT350	铁素体 + 珠光体	350	245	1.5	160 ~ 220	用于制造承受较高冲击和热疲劳的铸件，如重型机床的大型齿轮箱体，汽车、拖拉机的排气管、汽缸盖、变速箱体、起重机卷筒、玻璃模具等
RuT400	铁素体 + 珠光体	400	280	1.0	180 ~ 240	用于制造具有高强度、良好刚度和耐磨的铸件，如重型机床的床身、大型龙门铣床与大型龙门刨床的横梁、大型齿轮箱体、大型起重机卷筒、制动鼓等
RuT450	珠光体	450	315	1.0	200 ~ 250	用于制造具有高强度、高耐磨性的铸件，如活塞环、汽缸套、制动盘、钢球研磨盘、玻璃模具等
RuT500	珠光体	500	350	0.5	220 ~ 260	

图 8 - 24 所示为玻璃模具；图 8 - 25 所示为变速箱体；图 8 - 26 所示为气缸盖；图 8 - 27 所示为重型机床床身；图 8 - 28 所示为汽车制动鼓；图 8 - 29 所示为汽车制动盘；图 8 - 30 所示为活塞环；图 8 - 31 所示为气缸套。

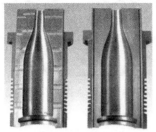

图 8 - 24　玻璃模具

图 8 - 25　变速箱体　　　　　　　　　图 8 - 26　气缸盖

图 8 - 27　重型机床床身

图 8 - 28　汽车制动鼓

图 8 - 29　汽车制动盘

图 8 - 30　活塞环

图 8 - 31　气缸套

8.5　可锻铸铁

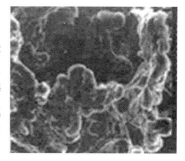

图 8 - 32　团絮状石墨形态

可锻铸铁是将白口铸铁通过石墨化退火处理得到的一种铸铁。将白口铸铁铸件经长时间的高温石墨化石退火处理，使白口铸铁中的渗碳体分解，这样就可获得在铁素体、珠光体的基体分布着团絮状石墨（如图 8 - 32 所示）的铸铁。可锻铸铁具有较高的强度、塑性和韧性，可以部分代替碳钢。可锻铸铁并不是一种可以进行锻造的铸铁，"可锻"一词仅说明它比灰铸铁具有更好的塑性和韧性。

8.5.1　可锻铸铁的成分与组织

可锻铸铁的化学成分一般为：$w(C) = 2.2\% \sim 2.8\%$、$w(Si) = 1.0\% \sim 1.8\%$、$w(Mn) = 0.4\% \sim 1.2\%$、$w(P) < 0.2\%$、$w(S) < 0.18\%$。可锻铸铁根据退火工艺的不同分为三种基体组织：铁素体基体可锻铸铁（又称为黑心可锻铸铁），如图 8 - 33 所示；珠光体基体可锻铸铁，如图 8 - 34 所示；白口基体可锻铸铁（又称为白心可锻铸铁），如图 8 - 35 所示。

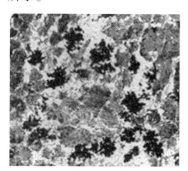

图 8 - 33　铁素体基体可锻铸铁

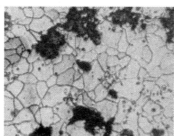

图 8 - 34　珠光体基体可锻铸铁

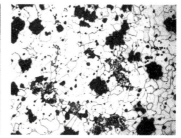

图 8 - 35　白口基体可锻铸铁

8.5.2　可锻铸铁的性能

黑心可锻铸铁的强度和塑性要比灰铸铁高，特别是低温冲击性能较好，耐磨性和减振性优于普通碳素钢，主要用于承受冲击、振动和扭转载荷的铸件。珠光体可锻铸铁具有较高的强度、硬度和耐磨性，常用来制造动力机械和农业机械的耐磨铸件。白心可锻铸铁由于可锻化退火时间长而较少应用。

8.5.3　可锻铸铁的牌号与应用

可锻铸铁的牌号用"KTH 或 KTZ + 两组数字"表示，其中"KT"为"可铁"两字汉语拼音字首，"H"表示铁素体基体，即黑心可锻铸铁的"黑"字汉语拼音字首；"Z"表示珠光体基体的"珠"字汉语拼音字首；两组数字分别表示最低抗拉强度值和最低伸长率。例如，KTH300 - 06，表示最低抗拉强度值不小于 300MPa、最低伸长率不小于 6% 的黑心可锻铸铁。黑心可锻铸铁和珠光体可锻铸铁的牌号、性能及用途见表 8 - 4。

表 8 - 4　可锻铸铁的牌号、性能及用途（摘自 GB/T 9440—2010）

牌号	试样直径 d/mm	力学性能				用　途
		R_m/MPa	$R_{P0.2}$/MPa	A/%	HBW	
		≥				
KTH275 - 05	12 或 15	275	—	5	120 ~ 150	用于制造弯头、接头、三通等管件，中低压阀门等
KTH300 - 06		300	—	6		
KTH330 - 08		330	—	8		用于制造各种扳手，粗纺机和印花机盘头，农机中的犁刀、犁柱等
KTH350 - 10		350	200	10		用于制造汽车、拖拉机中的前后轮壳、差速器壳、制动器支架、转向节壳；农机中的犁刀、犁柱；铁道垫板、船用电机壳等
KTH370 - 12		370	—	12		
KTZ450 - 06		450	270	6	150 ~ 200	用于制造强度要求较高和耐磨性较好的铸件，如齿轮箱、曲轴、凸轮轴、连发动机杆、活塞环、轴套、棘轮、万向节等
KTZ500 - 05		500	300	5		
KTZ550 - 04		550	340	4	180 ~ 250	
KTZ600 - 03		600	390	3		
KTZ650 - 02		650	430	2	210 ~ 260	
KTZ700 - 02		700	530	2	240 ~ 290	
KTZ800 - 01		800	600	1		

图 8 - 36 所示为弯头；图 8 - 37 所示为管接头；图 8 - 38 所示为三通；图 8 - 39 所示为铁道垫板；图 8 - 40 所示为发动机连杆；图 8 - 41 所示为万向节；图 8 - 42 所示为凸轮轴。

图 8 - 36　弯头

图 8 - 37　管接头

图 8 - 38　三通

图 8 - 39   铁道垫板

图 8 - 40   发动机连杆

图 8 - 41   万向节

图 8 - 42   凸轮轴

8.6   合金铸铁

为改善铸铁的性能，在普通铸铁的基础上加入某些合金元素使其具有某些特殊性能的铸铁，称为合金铸铁或特殊性能铸铁。铸铁合金化的目的是强化基体，根据性能的不同，合金铸铁分为耐磨铸铁、耐热铸铁和耐蚀铸铁三类。

8.6.1   耐磨铸铁

耐受磨损的铸铁称为耐磨铸铁。根据工作条件的不同，耐磨铸铁可分为减摩铸铁和抗磨铸铁两类。

8.6.1.1   减摩铸铁

减摩铸铁是用来制造在有润滑条件下工作的零件，如机床导轨、汽缸套、活塞环等。减摩铸铁的基本要求为在软基体上分布强硬相，软基体要有利于润滑，强硬相可承受摩擦，而且摩擦系数要小。珠光体灰铸铁可满足减摩铸铁的基本要求，在珠光体灰铸铁中，铁素体为软基体，渗碳体为强硬组织，石墨本身能存储润滑油，起到润滑表面作用，因此摩擦系数较小。为进一步改善珠光体灰铸铁的减摩性能，通常将其含磷量提高到 0.4% ~ 0.6%，形成高磷铸铁，由于普通高磷铸铁的强度和韧性较差，在此基础上再加入适量的 Cu、Cr、Mo、V、Ti、RE 等合金元素可形成合金高磷铸铁。

常用的合金高磷铸铁有磷铜钛铸铁和磷钼铜铸铁等。表 8 - 5 列出了部分合金高磷铸铁的化学成分与用途。

表 8 – 5　部分高磷铸铁的化学成分及用途

名　称	化学成分 w_{Me}/%						用　途
	C	Si	Mn	P	S	其　他	
磷铜钛铸铁	2.9~3.4	1.2~1.7	0.5~0.9	0.35~0.6	<0.12	Cu：0.6~1.0 Ti：0.09~0.15	用于制造机床导轨等
磷铜钼铸铁	3.1~3.4	2.2~2.6	0.5~1.0	0.55~0.8	<0.1	Cu：0.35~0.55 Mo：0.15~0.35	用于制造汽缸套等
磷钨铸铁	3.6~3.9	2.2~2.7	0.6~1.0	0.35~0.5	<0.06	W：0.4~0.65	用于制造活塞环等

8.6.1.2　抗磨铸铁

抗磨铸铁是用来制造在无润滑、干摩擦条件下工作的零件，如轧辊、犁铧、球磨机磨球等。抗磨铸铁要求具有高硬度且组织均匀，能够承受一定载荷下的严重磨损。抗磨铸铁为高碳共晶或过共晶白口铸铁，其金相组织为莱氏体、马氏体或下贝氏体。白口铸铁具有高硬度、高耐磨性的优点，缺点是脆性大，韧性差，因此，为改善和提高白口铸铁的性能，需要加入适量的 Cr、Mo、Cu、W、Ni、Mn 等合金元素，以使白口铸铁具有一定韧性和更高的硬度与耐磨性。

常用抗磨铸铁有普通白口铸铁、高韧白口铸铁、高铬白口铸铁、高铬钒白口铸铁、中锰球墨铸铁和激冷白口铸铁等。抗磨铸铁的典型牌号有 KmTBMn5W3、KmTBW5Cr4、KmTBCr9Ni5Si2、KmTBCr2Mo1Cu1 等。常用抗磨铸铁的化学成分、性能及用途可见表 8 – 6。

表 8 – 6　常用抗磨铸铁的化学成分、性能及用途

名　称	化学成分 w_{Me}/%						HRC	用　途
	C	Si	Mn	P	S	其　他		
普通白口铸铁	4.0~4.4	≤0.6	≥0.6	≤0.35	≤0.15		>48	用于制造犁铧等
高韧白口铸铁	2.2~2.5	~1.0	0.5~1.0	<0.1	<0.1		55~59	
中锰球墨铸铁	3.3~3.8	3.3~4.0	5.0~7.0	<0.15	<0.02	RE：0.025~0.05 Mg：0.025~0.06	48~56	用于制造球磨机磨球、衬板，磨煤机锤头，矿石破碎机衬板等
高铬白口铸铁	3.25	0.5	0.7	0.06	0.03	Cr：15.0 Mo：3.0	62~65	用于制造磨机磨球衬板等
高铬钒白口铸铁	2.4~2.6	1.4~1.6	0.4~0.6	<0.1	<0.1	Cr：4.4~5.2 V：0.25~0.3 Ti：0.09~0.10	61.5	用于制造抛丸机叶片等
中镍铬激冷白口铸铁	3.0~3.8	0.3~0.8	0.2~0.6	≤0.55	≤0.12	Ni：1.0~1.6 Cr：0.4~0.7	≥65	用于制造轧辊等

图 8-43 所示为犁铧；图 8-44 所示为轧辊；图 8-45 所示为球磨机和磨球。

图 8-43　犁铧

图 8-44　轧辊　　　　　　　　　　图 8-45　磨球与球磨机

8.6.2　耐热铸铁

在高温下具有抗氧化、抗蠕变、抗热生长能力以及保持高强度、高硬度的铸铁称为耐热铸铁。普通灰铸铁在高温下除了会发生表面氧化外，还会发生"热生长"现象，即铸铁的体积会发生不可逆的增大，严重时会增大 10% 左右。"热生长"的原因是由于氧化性气体沿着石墨片的边界和裂纹渗入铸铁内部，造成内部氧化以及因渗碳体的分解而发生的石墨化所形成的体积增大。为提高铸铁的耐热性，可向铸铁中加入 Si、Al、Cr 等合金元素，使铸铁表面形成一层致密的 SiO_2、Al_2O_3、Cr_2O_3 等氧化膜，以保护内层不再被继续氧化；这些元素还可使基体组织为单相铁素体，不发生固态相变，从而提高了铸铁的耐热性。

耐热铸铁根据加入合金元素的不同分为硅系、铝系、铝硅系、铬系、高镍系等，典型牌号有 RTCr2、RQTSi4、RQTAlSi4、RQTAl22 等，常用耐热铸铁的化学成分、使用温度及用途可见表 8-7。

表 8-7　常用耐热铸铁的化学成分、使用温度及用途

名　称	化学成分 w_{Me}/%						使用温度/℃	用　途
	C	Si	Mn	P	S	其　他		
中硅耐热铸铁	2.2~3.0	5.0~6.0	<1.0	<0.2	<0.12	Cr：0.5~0.9	≤850	用于制造烟道挡板、换热器等
中硅球墨铸铁	2.4~3.0	5.0~6.0	<0.7	<0.1	<0.03	Mg：0.4~0.07 RE：0.015~0.035	900~950	用于制造加热炉底板、坩埚等
高铝球墨铸铁	1.7~2.2	1.0~2.0	0.4~0.8	<0.2	<0.01	Al：21~24	1000~1100	用于制造加热炉底板、渗碳罐、炉用传送链构件等
铝硅球墨铸铁	2.4~2.9	4.4~5.4	<0.5	<0.1	<0.02	Al：4.0~5.0	950~1050	

名　称	化学成分 $w_{Me}/\%$						使用温度/℃	用　途
	C	Si	Mn	P	S	其　他		
高铬耐热铸铁	1.5 ~ 2.2	1.3 ~ 1.7	0.5 ~ 0.8	≤0.1	≤0.1	Cr：32 ~ 36	1100 ~ 1200	用于制造加热炉底板、炉用传送链构件等

图 8 - 46 所示为换热器；图 8 - 47 所示为加热炉底板；图 8 - 48 所示为渗碳罐。

图 8 - 46　换热器

图 8 - 47　加热炉底板

图 8 - 48　渗碳罐

8.6.3　耐蚀铸铁

具有耐受化学腐蚀、电化学腐蚀等腐蚀能力的铸铁称为耐蚀铸铁。耐蚀铸铁的化学、电化学腐蚀原理以及提高耐蚀性的主要方法与不锈钢基本相同。耐蚀铸铁主要用于化工企业，如容器、阀门、管道、泵、反应锅等。铸铁是包含铁素体、渗碳体和石墨等不同相的多相合金，它们在电解质溶液中的电极电位不同，会形成微电池，使作为阳极的铁素体不断溶解而被腐蚀，并一直深入到铸铁内部。因此，普通铸铁的耐蚀性是很差的。

提高铸铁耐蚀性的主要方法是合金化。一是在铸铁中加入 Si、Cr、Al 等元素，可在铸铁表面形成致密的保护膜；二是在铸铁中加入 Cr、Mo、Cu、Ni、Si 等元素，可获得致密、均匀的单相组织，即奥氏体或铁素体，就可提高铸铁基体的电极电位；三是减少石墨数量，改变石墨的形态，以球状或团絮状较为耐蚀。

目前应用较多的耐蚀铸铁有高硅铸铁（HTSSi15）、高硅钼铸铁（HTSSi15Mo4）、铝铸铁（QTSAl5）、铬铸铁（BTSCr28）、抗碱铸铁（QTSNiCrRE）等。耐蚀铸铁的化学成分、力学性能及用途可见表 8 - 8。

表 8 – 8 耐蚀铸铁的化学成分、力学性能及用途

名 称	化学成分 w_{Me}/%						力学性能		用 途
	C	Si	Mn	P	S	其 他	R_m/MPa	R_{eL}/MPa	
稀土高硅耐蚀铸铁	0.5 ~ 0.8	14.5 ~ 16	0.3 ~ 0.8	≤0.05	≤0.03	RE: 0.05 ~ 0.15	≥80	≥170	用于耐酸类离心泵、阀、容器、管件等
高硅钼耐蚀铸铁	0.5 ~ 0.8	14.5 ~ 16	0.3 ~ 0.5	≤0.1	≤0.07	Mo: 3 ~ 4	59 ~ 75	140 ~ 180	用于耐各种酸类（HF 除外）的泵、阀、低压简单容器、管道、管件、塔节等
铝铸铁	2.7 ~ 3.0	1.5 ~ 1.8	0.6 ~ 0.8	≤0.1	≤0.1	Al: 4.0 ~ 6.0	180 ~ 210	360 ~ 440	用于碱类溶液的输送泵、叶轮、阀门等
铬铸铁	0.5 ~ 1.0	0.5 ~ 1.3	0.5 ~ 0.8	≤0.1	≤0.08	Cr: 26 ~ 30	380 ~ 410	570 ~ 650	在氧化介质中稳定，在浓硝酸、浓硫酸、盐酸、海水、大气中都有足够耐蚀性
抗碱铸铁	3.2 ~ 3.6	1.2 ~ 1.5	0.5 ~ 0.8	0.15 ~ 0.8	≤0.1	Ni: 0.8 ~ 1.0 Cr: 0.6 ~ 0.8	>180	>360	在碱溶液中稳定

思考与练习题

8 – 1 解释名词
　　石墨化、灰铸铁、可锻铸铁、合金铸铁、耐热铸铁、耐蚀铸铁

8 – 2 铸铁的性能有哪些？

8 – 3 碳在铸铁中的存在形式有哪些？

8 – 4 铸铁按照石墨化结晶程度分为哪几类？

8 – 5 简述球墨铸铁的性能。

8 – 6 简述石墨的性能特点。

8 – 7 蠕墨铸铁的力学性能有哪些？

8 – 8 简述可锻铸铁的获得方法和其性能特点。

8 – 9 提高铸铁耐蚀性的方法有哪些？

9 有色金属与粉末冶金

金属一般分为黑色金属和有色金属两大类，黑色金属主要是指钢和铸铁等铁基金属及其合金，除此以外的其他非铁金属及其合金统称为有色金属，如 Al、Cu、Zn、Mg、Ti、Pb、Ni 等。有色金属根据密度的大小又分为两类：密度小于 $3.5g/cm^3$ 的有色金属称为轻金属（如 Al、Mg、Bh、Li 等），以轻金属为基的合金称为轻合金；密度大于 $3.5g/cm^3$ 的有色金属称为重金属（如 Cu、Zn、Pb 等），以重金属为基的合金称为重有色合金。

有色金属具有许多优良的性能，如密度小、比强度高、耐热、耐腐蚀和良好的导电性、导热性、弹性以及一些特殊的物理性能，是现代工业中必不可少的结构材料。本章介绍在工业上应用广泛的铝及其合金、铜及其合金、钛及其合金、轴承合金以及硬质合金的成分、组织、性能及应用。

9.1 铝及其合金

铝是地壳中蕴藏量最多的金属元素，总储量约占地壳质量的 7.45%，世界上铝的年产量仅低于钢铁。铝具有低密度、高导热性、高导电性、良好的加工工艺性能等特点，在工业领域中应用广泛，特别是在航空、航天等领域，铝合金是其主要结构材料。

9.1.1 工业纯铝

工业纯铝的含铝量为 99%～99.99%，是一种银白色的轻金属，熔点低（660℃）、密度小（$2.72g/cm^3$），具有面心立方晶格，无同素异构转变。

工业纯铝的导电性、导热性仅次于银和铜、导电能力约为铜的 60%～64%。工业纯铝在大气中极易与氧结合，可在表面形成一层致密的氧化膜，可阻止进一步的氧化。工业纯铝的抗拉强度只有 45MPa，硬度仅为 20HBS，但其塑性很好（$A = 50\%$、$Z = 80\%$）。通过冷变形强化可提高纯铝的强度（$R_m = 150 \sim 250MPa$），而通过合金化则可大幅度提高纯铝的强度（$R_m = 500 \sim 600MPa$），因此，工业纯铝除了制作电线、电缆以及对于强度要求不高的产品和生活器皿以外，工业纯铝主要作用是配制铝合金。

9.1.2 铝合金及其分类

工业纯铝的强度与硬度较低，不能用来制造工程结构材料。为提高工业纯铝的力学性能，需要进行合金化处理，在工业纯铝中加入适量的合金元素，可以制成具有较高强度的铝合金，若再进行冷变形处理和热处理工艺，还可进一步提高其强度，用于铝合金的合金元素分为主加元素（Si、Cu、Mg、Mn、Zn、Li 等）和辅加元素（Cr、Ti、Zr、RE、Ca、Ni、B 等）。

铝合金根据其成分、组织和工艺特点，可以分为变形铝合金和铸造铝合金两大类。铝合金的二元相图如图 9-1 所示，在此相图上可直接划分变形铝合金和铸造铝合金的成分

范围，成分在 D 点以左的铝合金，加热至固溶线（DF 线）以上温度可获得均匀的单相 α

固溶体，α 固溶体塑性好，适宜进行锻造、挤压、轧制等变形压力加工，故称为变形铝合金。变形铝合金又可分为两类：成分在 F 点以左的变形铝合金，其 α 固溶体的成分不随温度变化，故不可进行热处理强化，为不可热处理强化铝合金；成分在 F 点和 D' 点之间的变形铝合金，其 α 固溶体的成分随温度变化，故可进行热处理强化，为可热处理强化铝合金。

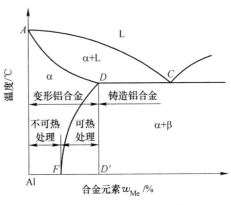

图 9 - 1 铝合金分类示意图

成分在 D 点以右的铝合金，由于存在共晶转变组织，塑性较差，不适宜进行压力加工，但其熔点低、流动性好，适宜铸造成型，可铸造形状复杂或薄壁的铸铝件，故称为铸造铝合金。

9.1.3　变形铝合金的分类与牌号

变形铝合金按其性能特点可分为防锈铝合金、硬铝合金、超硬铝合金及锻铝合金四类。变形铝合金的产品为各种规格的板材、带材、线材、管材等。其中防锈铝合金为不可热处理强化铝合金，其余三类为可热处理强化铝合金。

按照 GB/T 16474—1996 规定，变形铝合金的牌号用 2×××～8××× 系列表示。牌号第一位数字表示以主加元素确定的组别，1 表示纯铝，然后依次按 2—Cu，3—Mn，4—Si，5—Mg，6—Mg - Si，7—Zn，8—主加元素为其他元素的铝合金。牌号第二位为字母，表示原始合金的改型情况。如果字母为 A，表示为原始合金；如果是 B～Y 的字母，则表示为原始合金的改型。牌号的最后两位数字表示同一组中的不同铝合金，纯铝则表示最低百分含量中小数点后面的两位。例如，3A21 表示以锰为主加合金元素的变形铝合金。

9.1.3.1　防锈铝合金

防锈铝合金属于 Al - Mn 系和 Al - Mg 系合金。其性能特点是具有很好的耐蚀性、塑性和焊接性优良，由于强度偏低，不能通过热处理进行时效强化，属于不可热处理强化铝合金，只有通过冷变形加工进行强化，提高强度。

Al - Mn 系防锈铝合金牌号有 3A21，用于制造可焊接的管道、各种容器、防锈蒙皮等。Al - Mg 系防锈铝合金牌号有 5A02、5A03、5A05、5A06 等，此类铝合金有较高的疲劳强度和减振性，强度高于 Al - Mn 系防锈铝合金，用于制造管道（如图 9 - 2 所示）、油箱（如图 9 - 3 所示）、铆钉（如图 9 - 4 所示）等。

9.1.3.2　硬铝合金

硬铝合金包括 Al - Cu - Mg 系和 Al - Cu - Mn 系两类，是一种应用较广的可热处理强化铝合金。加入 Cu、Mg 的目的是形成强化相，以提高其强度和硬度，加入 Mn 是为了改善铝合金的耐蚀性，硬铝合金的塑性和韧性较低。这类铝合金通过淬火时效可显著提高强度，$R_m \geqslant 425MPa$，其比强度与高强度钢（$R_m = 1000 \sim 1200MPa$）相近，故称其为硬铝。

图 9-2　防锈铝合金管　　　图 9-3　防锈铝合金油箱　　　图 9-4　防锈铝合金铆钉

　　常用 Al-Cu-Mg 系硬铝可分为：低强度硬铝（铆钉硬铝），如牌号 2A01，此类硬铝强度低，塑性高，主要作为铆钉材料；中强度硬铝（标准硬铝），如牌号 2A11，此类硬铝强度、塑性和耐蚀性均属中等水平，强化效果较高，适宜进行冷弯、轧压等加工，可制作螺旋桨的叶片（如图 9-5 所示）和大铆钉；高强度硬铝，如牌号 2A12，此类硬铝中 Cu 和 Mn 的含量较高，因而具有更高的强度和硬度，可以制作航空模锻件和重要的销轴等。

图 9-5　硬铝合金螺旋桨叶片

9.1.3.3　超硬铝合金

　　超硬铝为 Al-Cu-Mg-Zn 系合金，是强度最高的铝合金，超硬铝一般采用淬火 + 人工时效的热处理，强化效果很好，$R_m \geq 600MPa$，其比强度相当于超高强度钢（$R_m \geq 1400MPa$ 的钢），故称其为超硬铝。

　　超硬铝合金主要用于受力较大的结构件，如飞机起落架（如图 9-6 所示）、大梁等。常用牌号有 7A04、7A09 等。

9.1.3.4　锻铝合金

　　锻铝为 Al-Cu-Mg-Si 系合金。锻铝合金热塑性较高，因此具有良好的锻造性能，故称其为锻铝。锻铝合金一般在锻造后再进行固溶处理和时效处理，锻铝的力学性能与硬铝接近。

　　锻铝主要用于制造形状复杂并承受中等载荷的各类大型锻件和冲压件，如叶轮、支架、活塞和汽缸头（如图 9-7 所示）等。常用牌号有 2A50、2A70 等。

图 9-6　超硬铝合金飞机起落架　　　　　图 9-7　锻铝合金汽缸头

常用变形铝合金的牌号、化学成分、力学性能见表9－1。

表9－1　常用变形铝合金牌号、化学成分、力学性能（摘自 GB/T 3190—2008）

类别	牌号	化学成分 w_{Me}/%					热处理状态	力学性能		
		Cu	Mg	Mn	Zn	其　他		R_m/MPa	A/%	HBS
								≥		
防锈铝合金	5A05	0.10	4.8～5.5	0.3～0.6	0.20		T2	280	20	70
	5A11	0.10	4.8～5.5	0.3～0.6	0.20	Ti 或 V：0.02～0.15	T2	280	20	70
	3A21	0.20	0.05	1.0～1.6	0.10	Ti：0.15	T2	130	20	30
硬铝合金	2A01	2.2～3.0	0.2～0.5	0.20	0.10	Ti：0.15	T4	300	24	70
	2A11	3.8～4.8	0.4～0.8	0.4～0.8	0.30	Ni：0.10 Ti：0.15	T4	420	15	100
	2A12	3.8～4.9	1.2～1.8	0.3～0.9	0.30	Ti：0.15	T4	480	11	131
超硬铝合金	7A04	1.4～2.0	1.8～2.8	0.2～0.6	5.0～7.0	Cr：0.1～0.25	T6	600	12	150
	7A09	1.2～2.0	2.0～3.0	0.15	5.1～6.1	Ti：0.10	T6	680	7	190
锻铝合金	2A50	1.8～2.6	0.4～0.8	0.4～0.8	0.30	Si：0.7～1.2	T6	420	13	105
	2A70	1.9～2.5	1.4～1.8	0.20	0.30	Ni：1.0～1.5 Ti：0.02～0.1 Fe：1.0～1.3	T6	440	12	120
	2A14	3.9～4.8	0.4～0.8	0.4～1.0	0.30	Si：0.5～1.2	T6	480	10	135

注：T2—退火；T4—固溶处理＋自然时效；T6—固溶处理＋完全人工时效。

9.1.4　铸造铝合金的分类与牌号

铸造铝合金具有良好的铸造性能，可用于铸造各种形状复杂的成型铸件。根据主加合金元素的不同，铸造铝合金分为：Al－Si 系、Al－Cu 系、Al－Mg 系、Al－Zn 系四类。

按照 GB/T 1173—1995 规定，铸造铝合金的牌号由"Z＋Al＋主加元素符号及平均百分含量"来表示，其中"Z"为"铸"字汉语拼音字首，例如：ZAlSi12 表示平均含量为 12% Si 的 Al—Si 系铸造铝合金。此外，压铸铝合金在牌号前用"YZ"表示，其中"Y"为"压"字汉语拼音字首。优质铸造铝合金在牌号的后部加注字母"A"。

铸造铝合金的代号用"ZL＋三位数字"表示。其中"ZL"为"铸铝"两字汉语拼音字首，第一位数字表示合金系，1 表示 Al－Si 系合金，2 表示 Al－Cu 系合金、3 表示 Al－Mg 系合金、4 表示 Al－Zn 系合金；第二、三位数字表示合金的顺序号，例如：ZL303 表示 3 号 Al－Mg 系铸铝合金。

常用铸造铝合金的牌号、代号、化学成分及力学性能见表9－2。

表9-2　常用铸造铝合金牌号、代号、化学成分及力学性能（摘自 GB/T 1173—1995）

类别	牌号	代号	化学成分 w_{Me}/%					铸造方法	热处理状态	力学性能		
			Si	Cu	Mg	Mn	其他			R_m/MPa ≥	A/% ≥	HBS
铝硅合金	ZAlSi7Mg	ZL101	6.0~8.0		0.2~0.4			S、B	T4	190	4	50
								S、R	T5	210	2	60
								K、B	T6	230	1	70
	ZAlSi12	ZL102	10.0~13.0					S、B	F	145	4	50
								J	F	155	2	50
								S、B	T2	135	4	50
								J	T2	145	3	50
	ZAlSi9Mg	ZL104	8.0~10.5		0.17~0.35	0.2~0.5		J	T1	195	1.5	65
								J	T6	235	2	70
	ZAlSi5Cu1Mg	ZL105	4.5~5.5	1.0~1.5	0.4~0.6			J	T5	235	0.5	70
								S	T7	175	1	65
	ZAlSi7Cu4	ZL107	6.5~7.5	3.5~4.5				S、B	T6	245	2	90
								J	T6	275	2.5	100
	ZAlSi12Cu1Mg1Ni	ZL109	11.0~13.0	0.5~1.5	0.8~1.3		Ni：0.8~1.5	J	T1	195	0.5	90
								J	T6	245	—	100
	ZAlSi9Cu2Mg	ZL111	8.0~10.0	1.3~1.8	0.4~0.6	0.1~0.35	Ti：0.1~0.35	S、B	T6	255	1.5	90
								J	T6	315	2	100
铝铜合金	ZAlCu5Mn	ZL201		4.0~5.3		0.6~1.0	Ti：0.10~0.35	S	T4	295	8	70
								S	T5	335	4	90
	ZAlCu4	ZL203		4.5~5.0				J	T4	205	6	60
								J	T5	225	3	70
铝镁合金	ZAlMg10	ZL301			9.5~11.5			S	T4	280	10	20
	ZAlMg5Si1	ZL303	0.8~1.3		4.5~5.5	0.1~0.4		S、J	F	143	1	55
铝锌合金	ZAlZn11Si7	ZL401	6.0~8.0		0.1~0.3		Zn：9.0~13.0	J	T1	245	1.5	90
	ZAlZn6Mg	ZL402			0.5~0.65		Cr：0.4~0.6　Zn：5.0~6.0　Ti：0.15~0.25	J	T1	235	4	70

注：J—金属模铸造；S—砂模铸造；B—变质处理；F—铸态；T1—人工时效；T2—退火；T4—固溶处理＋自然时效；T5—固溶处理＋不完全人工时效；T6—固溶处理＋完全人工时效；T7—固溶处理＋稳定化处理。

9.1.4.1　Al-Si 系铸铝合金

该系铸铝合金俗称硅铝明，其中不含其他合金元素的称为简单硅铝明，如 ZL102。简单硅铝明具有良好的铸造性能以及良好的耐蚀性、耐热性和焊接性。简单硅铝明不能进行时效强化，故强度不高。该系铸铝合金主要用于制造形状复杂，强度要求不高的铸件，如仪表壳体等。

在简单硅铝明的基础上加入适量的 Cu、Mg、Mn、Zn、Ni 等合金元素，可通过热处理进行时效强化的 Al – Si 系铸铝合金，称为复杂硅铝明，如 ZL101、ZL104、ZL105、ZL107、ZL108、ZL109 等。复杂硅铝明可通过变质处理和时效强化，使其强度得到较大提高。复杂硅铝明用于制造中等强度、形状复杂的铸件，如电机壳体、汽缸体、风机叶片、内燃机活塞（如图 9 – 8 所示）等。

图 9 – 8　铸造铝合金内燃机活塞

9.1.4.2　Al – Cu 系铸铝合金

该系铸铝合金具有较高的强度和耐热性，缺点是铸造性和耐蚀性差。主要用于制造能够承受大载荷、具有高强度和耐热性的铸件，如内燃机汽缸头、活塞、增压器导风叶轮（如图 9 – 9 所示）等，其常用的代号有 ZL201、ZL202、ZL203 等。

图 9 – 9　增压器导风叶轮

9.1.4.3　Al – Mg 系铸铝合金

该系铸铝合金密度小（$2.55 \times 10^3 \text{kg/m}^3$）、强度很高、耐蚀性优良，切削加工性能好。缺点是铸造性能差，耐热性低，时效强化的效果较小。主要用于制造承受冲击载荷、振动载荷、耐海水和大气腐蚀、形状简单的铸件，如舰船的配件、氨用泵体等，其常用的代号有 ZL301、ZL302 等。

9.1.4.4　Al – Zn 系铸铝合金

该系铸铝合金铸造性能好、铸态下可进行自然时效强化，不通过热处理就可以得到较高的强度，缺点是密度大，耐蚀性差，热裂倾向大。主要用于制造受力较小，形状复杂的铸件，如汽车、飞机、医疗器械、仪器仪表的壳体等，其常用的代号有 ZL401、ZL402 等。

9.1.5　铝合金的热处理

合金元素溶入铝中产生的强化作用仍然有限，而通过热处理可进一步提高其强度。对铝合金材料进行热处理，其主要目的是提高铝合金材料的强度，增强耐腐蚀性能，改善加工性能，获得尺寸与形状的稳定性。铝合金材料的热处理工艺主要有退火、固溶处理（淬火）、时效、循环处理和细晶强化等。

9.1.5.1　退火

根据生产要求的不同，退火分可为再结晶退火、低温退火、均匀化退火等。

（1）再结晶退火。再结晶退火又称为完全退火，适用于变形铝合金。其工艺是将合金加热到再结晶温度以上某一温度，以获得完全再结晶状态下的软化组织，保温一定时间后空冷。其目的是消除材料由变形加工引起的加工硬化，改善塑性，一般作为成型工序的预备性热处理。

（2）低温退火。低温退火又称为不完全退火，适用于不可热处理强化铝合金。其工艺是将合金加热到再结晶温度以下某一温度，保温一定时间后空冷。其目的是消除合金的内应力，提高塑性，同时又保留一定的硬度，低温退火后可进行变形量较小的成型工序。

（3）均匀化退火。均匀化退火又称为扩散退火，适用于铝合金铸锭和铸件。其工艺是将铸锭和铸件加热到该合金固相线温度以下某一较高温度，长时间保温，为避免淬火效应，退火后应随炉冷却，或出炉后堆积在一起空冷。其目的是为消除铸锭和铸件的成分偏析以及铸造应力，提高铸锭塑性，减小变形抗力，降低在加工和使用中的开裂倾向。

9.1.5.2　固溶处理（淬火）

将铝合金铸件加热到固相线以上温度某一温度，保温一定时间，形成固溶体，然后使铸件急冷，使大量强化相固溶在 α 固溶体内，获得过饱和固溶体，为后续的时效处理作组织准备，铝合金的这种热处理工艺称为固溶处理，一般也将固溶处理称为淬火。

9.1.5.3　时效（时效强化）

对于含碳量较高的钢，经淬火后可获得很高的硬度和强度，而塑性、韧性则大幅度降低。然而铝合金却不是这样，铝合金无同素异构转变，淬火后不会发生类似钢的组织转变。铝合金的强化是要通过固溶处理和时效来实现。

铝合金铸件经固溶处理后获得过饱和固溶体，其强度与硬度并不立即升高，而塑性非但没有下降，反而有所上升。但放置一段时间（约为 6 ~ 7 天），沉淀强化相从过饱和固溶体中析出和长大，使铸件的强度和硬度显著提高，而塑性则明显下降。这种经固溶处理获得的过饱和固溶体在一定温度下随着时间的延长而分解并产生析出强化作用，导致铸件的强度和硬度升高的现象称为时效（又称为时效强化）。时效又分为自然时效和人工时效两大类。

（1）自然时效。铸件在室温下自发产生析出强化作用的时效称为自然时效。自然时效的特点是塑性高强度低。

（2）人工时效。铸件在人工加热条件下产生析出强化作用的时效，称为人工时效。人工时效的特点是强度高塑性低。人工时效根据时效温度的不同又分为不完全人工时效、完全人工时效和稳定化处理 3 种。

1）不完全人工时效。把铸件加热到 150 ~ 170℃，保温 3 ~ 5h，可获得较高强度、良好的塑性和韧性，但耐蚀性较低的热处理工艺称为不完全人工时效。

2）完全人工时效。把铸件加热到 175 ~ 185℃，保温 5 ~ 24h，可获得最大的硬度和最高的抗拉强度，但伸长率较低的热处理工艺称为完全人工时效。

3）稳定化处理。把铸件加热到 190 ~ 230℃，保温 4 ~ 9h，铸件仍保持较高的强度，同时塑性、韧性有所提高，主要目的是为获得较好的抗应力、抗腐蚀能力的热处理工艺称为称为稳定化处理（或称为稳定化回火）。

9.1.5.4　循环处理

首先把零件冷却到零下某个温度（如 -50℃、-70℃、-195℃）并保温一定时间，再把零件加热到 350℃ 以下，使合金中的固溶体点阵反复收缩和膨胀，并使各相的晶粒发生少量位移，以使这些固溶体结晶点阵内的原子偏聚区和金属间化合物的质点处于更加稳定的状态，达到增强尺寸稳定的目的，这种反复加热冷却的热处理工艺称为循环处理。这种处理适宜于高精密、对尺寸要求很稳定的零件，一般铸件不做这种处理。

9.1.5.5 细晶强化

细晶强化主要是利用晶界对位错运动的阻碍作用，通过细化晶粒来增加晶界或改善晶界性质，阻碍位错运动，来提高金属强度。对于有些不能进行时效强化或时效强化效果不好的铝合金，常采用加入微量合金元素进行变质处理，来提高合金的强度。变质处理工艺是在浇注前向合金溶液中加入变质剂，增强结晶核心，抑制晶粒长大，从而达到细化晶粒的目的。例如，纯铝在浇注前加入 Ti 进行变质处理；变形铝合金在半连续铸造中加入变质剂 Ti、B、Nb、Zr 等；在 Al – Si 合金中加入 Na、Sb 等。通过变质处理进行细晶强化，不仅可提高合金的强度，还可提高合金的塑性和韧性，变质处理应用最多的是铸造铝合金。

9.2　铜及其合金

铜及其合金是人类应用最早的金属，铜在地壳中蕴藏量较少，属重有色金属，铜按表面颜色分为紫铜（纯铜）、黄铜、青铜和白铜四种，其中后三种为铜合金，工业应用以纯铜为主。

9.2.1　工业纯铜

工业纯铜含铜量为 99.70% ~ 99.95%，熔点为 1083℃，密度为 8.9g/cm³，具有面心立方晶格，无同素异构转变，无磁性。工业纯铜具有玫瑰色，表面形成氧化膜后紫色，故俗称紫铜。

9.2.1.1　工业纯铜的性质与用途

工业纯铜具有优良的导电性和导热性，其导电性仅次于银。具有很好的化学稳定性，在大气、淡水以及非氧化性酸溶液中具有良好的耐蚀性，而在海水中的耐蚀性较差。

工业纯铜的强度不高（$R_m = 200 \sim 240MPa$）、硬度较低（45 ~ 50HBW）、具有很好的塑性（$A = 45\% \sim 50\%$、$Z \leq 70\%$）。工业纯铜具有优良的加工成型性能和焊接性能，可进行各种冷、热变形加工和焊接。工业纯铜广泛用于制作各种导电、导热及耐蚀材料，如电线、电缆、电刷、铜管、散热器、蒸发管和冷凝设备的零件等。

工业纯铜一般含有 0.1% ~ 0.5% 的杂质（Pb、Bi、O、S、P 等），这些杂质对纯铜的力学性能和物理性能影响较大，可降低纯铜的导电能力。Pb、Bi 可与铜形成熔点很低的共晶体并分布在铜的晶界上，其共晶温度分别为 326℃ 和 270℃，当铜进行热加工时，由于晶界上的共晶体熔化而引起脆性断裂，这种现象称为"热脆"。S、O 也与可与铜形成熔点很高的共晶体，其共晶温度分别为 1067℃ 和 1065℃，由于 Cu_2S 和 Cu_2O 均为脆性化合物，会降低铜的塑性和韧性，因此，在冷加工时，易产生破裂，这种现象称为"冷脆"。因此对铜的杂质含量必须进行限制与规定。

9.2.1.2　工业纯铜的分类与牌号

我国工业纯铜的牌号有 T1、T2、T3、T4 四种，牌号中的数字越大，表示杂质含量越高。工业纯铜的牌号、化学成分及用途见表 9 - 3。

表 9 - 3　常用工业纯铜的牌号、化学成分及用途

牌号	铜质量分数 $w(Cu)/\%$	杂质质量分数 $w/\%$		杂质总量/%	用　途
		Bi	Pb		
T1	99.95	0.001	0.003	0.05	制作电线、电缆、雷管等
T2	99.90	0.001	0.005	0.1	
T3	99.70	0.002	0.01	0.3	制作电器开关、垫片、铆钉、油管等
T4	99.50	0.003	0.05	0.5	

9.2.2　铜合金

纯铜的强度不高，虽然可以通过冷变形强化来提高其强度，但塑性会显著降低，因此要进一步提高纯铜的强度，并保持较高的塑性，就需要在纯铜中加入适量的 Zn、Sn、Al、Mn、Ni、Fe、Be、Ti、Zr 等合金元素进行合金化，形成铜合金。铜合金比工业纯铜的强度高，还具有优良的物理化学性能，常用于制作工程结构材料。铜合金按化学成分的不同分为黄铜、青铜和白铜三大类。

9.2.2.1　黄铜

黄铜是以 Zn 为主加元素的铜合金，因其颜色呈黄色，故称其为黄铜。黄铜根据合金成分的不同又分为普通黄铜和特殊黄铜。

　A　普通黄铜

普通黄铜是 Cu 和 Zn 组成的二元合金。普通黄铜在室温平衡状态下有 α 相和 β′ 相，当 $w(Zn) < 32\%$ 时，Zn 全部溶入铜中，形成单相 α 固溶体，具有面心立方晶格，塑性好，适宜于冷、热压力加工。当 $w(Zn) > 32\%$ 时，合金组织中出现以电子化合物 CuZn 为基体的 β 固溶体，具有体心立方晶格，使合金的强度增高，塑性降低，脆性增大，只能进行热压力加工。当 $w(Zn) > 45\%$ 时，温度加热至 456 ~ 468℃ 时，β 相转变为有序的 β′ 相，纯 β′ 相组织硬而脆，不能进行热压力加工，因此含有 β′ 相的合金组织没有使用价值，所以工业用黄铜，其 $w(Zn) < 45\%$。

普通黄铜按平衡组织可分为两种：当 $w(Zn) < 32\%$ 时，室温组织为单相 α 固溶体，称为单相黄铜；当 $w(Zn) = 32\% ~ 45\%$ 时，室温组织为 α + β′，称为双相黄铜。黄铜的显微组织如图 9 - 10 和图 9 - 11 所示。

普通黄铜具有良好的压力加工性能和铸造性能，优良的塑性，切削加工性、焊接性。当 $w(Zn) < 7\%$ 时，在海水和大气中的耐蚀性较好；当 $w(Zn) > 7\%$、尤其是 $w(Zn) > 20\%$ 并经冷加工后的普通黄铜，在海水和大气中，特别是在氨的气氛中，易产生应力腐蚀开裂现象。防止黄铜自裂的方法是采用低温去应力退火，以消除黄铜制品在冷加工时产生

的残余内应力。

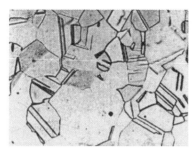
图 9 - 10　单相黄铜的显微组织

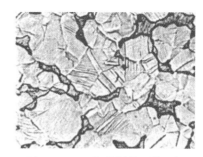
图 9 - 11　双相黄铜的显微组织

B　特殊黄铜

在普通黄铜的基础上，加入其他合金元素所组成的多元合金称为特殊黄铜。特殊黄铜除 Zn 以外，常加入的合金元素有 Si、Al、Pb、Sn、Mn、Fe、Ni 等，并相应地称之为硅黄铜、铝黄铜、铅黄铜、锡黄铜等。这些元素的加入除均可提高合金的强度外，其中 Al、Sn、Mn、Ni 等可提高黄铜的耐蚀性和耐磨性，Mn 可提高耐热性，Si 可改善铸造性能，Pb 可改善切削加工性能。特殊黄铜分为铸造黄铜和压力加工黄铜。

C　黄铜牌号的表示方法

普通黄铜的牌号由 "H + 数字" 表示，其中 "H" 为 "黄" 字汉语拼音字首，数字表示平均含铜量的百分数。例如，H68 表示平均 $w(\mathrm{Cu}) = 68\%$ 、其余为 Zn 含量的普通黄铜。

铸造普通黄铜的牌号由 "Z + Cu + 主加元素符号及平均含量" 表示，其中 "Z" 为 "铸" 字汉语拼音字首。例如，ZCuZn38 表示平均 $w(\mathrm{Zn}) = 38\%$ 、其余为 Cu 含量的铸造普通黄铜。

特殊黄铜的牌号由 "H + 主加元素符号（除 Zn 以外） + Cu 与主加元素的平均含量的百分数（数字之间用 ' - ' 分开）" 表示。例如，HSn62 - 1 表示平均 $w(\mathrm{Cu}) = 62\%$ 、平均 $w(\mathrm{Sn}) = 1\%$ 、其余为 Zn 含量的特殊黄铜。

铸造特殊黄铜的牌号由 "Z + Cu + 主加元素符号及平均含量 + 其他元素符号及平均含量" 表示，例如，ZCuZn40Pb2 表示平均 $w(\mathrm{Zn}) = 40\%$ 、平均 $w(\mathrm{Pb}) = 2\%$ 、其余为 Cu 含量的铸造特殊黄铜。

常用黄铜的牌号、化学成分、力学性能与用途见表 9 - 4。

表 9 - 4　常用黄铜的牌号、化学成分、力学性能及用途

类别	牌号	化学成分 $w_{\mathrm{Me}}/\%$			加工状态或铸造方法	力学性能			用　途
		Cu	其　他	Zn		$R_{\mathrm{m}}/\mathrm{MPa}$	$A/\%$	HBS	
						≥			
普通黄铜	H70	68.5 ~ 71.5		余量	软	320	53		制作弹壳、冷凝管、散热器、导电零件等
					硬	600	3	150	
	H68	67.0 ~ 70.0		余量	软	320	55		制作形状复杂的冲压件、导管、波纹管、散热器外壳等
					硬	660	3	150	

类别	牌号	化学成分 w_{Me}/%			加工状态或铸造方法	力学性能			用　途
		Cu	其　他	Zn		R_m/MPa	A/%	HBS	
						≥			
普通黄铜	H62	60.5~63.5		余量	软	330	49	56	制作铆钉、螺母、垫圈、散热器零件等
					硬	600	3	164	
	H59	57.0~60.0		余量	软	390	44		制作机械零件、焊接件、热冲压件等
					硬	500	10	163	
	ZCuZn38	60.0~63.0		余量	S	295	30	590	制作法兰、支架、手柄等一般结构件及耐蚀零件等
					J	295	30	685	
特殊黄铜	HSn62-1	61.0~63.0	Sn：0.7~1.1	余量	硬	700	4	HRB 95	制作与海水接触的船舶零件等
	HPb59-1	57.0~60.0	Pb：0.8~1.9	余量	硬	650	16	HRB 140	制作热冲压件与切削加工零件等
	HAl59-3-2	57.0~60.0	Al：2.5~3.5 Ni：2.0~3.0	余量	硬	650	15	155	制作高强度耐蚀零件等
	HMn58-2	57.0~60.0	Mn：1.0~2.0	余量	硬	700	10	175	制作弱电用零件等
	ZCuZn16Si4	79.0~81.0	Si：2.5~4.5	余量	S	345	15	88.5	制作与海水接触的及250℃以下的零件等
					J	390	20	98.0	
	ZCuZn40Pb2	58.0~63.0	Pb：0.5~2.5 Al：0.2~0.8	余量	S	220	15	78.5	制作一般耐蚀件、耐磨件等
					J	280	20	88.5	
	ZCuZn40Mn3Fe1	53.0~58.0	Mn：3.0~4.0 Fe：0.5~1.5	余量	S	440	18	98.0	制作耐海水腐蚀的及300℃以下配件，船用螺旋桨等大型铸件等
					J	490	15	108.0	
	ZCuZn40Mn2	57.0~60.0	Mn：1.0~2.0	余量	S	345	20	78.5	制作在300℃以下各种燃料液体中工作的阀体、泵、接头等
					J	390	25	88.5	

注：软—600℃退火状态；硬—加工硬化状态（变形度50%）；J—金属模铸造；S—砂模铸造。

9.2.2.2　青铜

青铜是金属冶铸史上最早的合金，是在纯铜中加入锡或铅的合金，青铜的颜色本来是黄色偏红，因氧化而呈现青灰色，故称为青铜。

工业上将以 Sn、Al、Be、Si、Pb、Mn、Ti 等为主加元素的铜合金均称为青铜，并相应地称之为锡青铜、铝青铜、铍青铜、硅青铜等。青铜合金中，工业应用最多的是锡青铜、铝青铜和铍青铜。

A　锡青铜

锡青铜是以 Sn 为主加元素的铜合金。$w(Sn) < 8\%$ 的锡青铜塑性好，适宜于进行冷变形加工，可制成板、带、棒、管材使用；$w(Sn) > 10\%$ 的锡青铜塑性差，可作为铸造锡青铜，适宜于铸造尺寸与形状要求精准的铸件。

锡青铜具有良好的耐蚀性、减摩性、抗磁性和低温韧性。锡青铜在大气、海水以及水蒸气中的耐蚀性比纯铜和黄铜好，但在盐酸、硫酸与氨水中的耐蚀性较差。加入 Pb、P 可提高锡青铜的耐磨性和切削加工性能。锡青铜可用于制造弹性元件、耐磨零件与耐蚀零件等，如弹簧、垫圈、轴承（如图 9 - 12 所示）、齿轮等。

B 铝青铜

铝青铜是以 Al 为主加元素的铜合金，一般 $w(\text{Al}) = 5\% \sim 10\%$。铝青铜的强度、硬度、耐磨性、耐热性、耐蚀性均高于黄铜和锡青铜。

为了进一步提高铝青铜的力学性能，可加入适量的 Fe、Mn、Ni 等合金元素。铝青铜具有高强度、高冲击韧性和高耐磨性，可用来制造耐磨、耐蚀以及弹性零件等，如齿轮、轴承、摩擦片、螺旋桨、蜗轮（如图 9 - 13 所示）等。

图 9 - 12 锡青铜轴承

图 9 - 13 铝青铜蜗轮

C 铍青铜

铍青铜是以 Be 为主加元素的铜合金，一般 $w(\text{Be}) = 1.7\% \sim 2.5\%$。铍青铜可以进行淬火 + 时效强化处理，因此具有很高的强度（$R_m = 1200 \sim 1400\text{MPa}$）、硬度（330 ~ 400HBS）以及良好的塑性和耐蚀性，还具有良好的冷、热压力加工性能、切削加工性能和铸造性能。

铍青铜主要用于制造重要的精密弹簧、膜片等弹性元件，在高速、高温、高压下工作的轴承等耐磨零件等。

D 青铜牌号的表示方法

青铜的牌号由 "Q + 主加元素符号及平均含量 + 其他元素符号及平均含量" 表示，其中 "Q" 为 "青" 字汉语拼音字首。例如，QSn4 - 3 表示平均 $w(\text{Sn}) = 4\%$、$w(\text{Zn}) = 3\%$、其余为 Cu 含量的青铜。铸造青铜牌号的表示方法与铸造黄铜相同。

常用青铜的牌号、化学成分、力学性能及用途见表 9 - 5。

表 9 - 5 常用青铜的牌号、化学成分、力学性能及用途

类别	牌号	化学成分 $w_{\text{Me}}/\%$			加工状态或铸造方法	力学性能			用途
		主加元素	其他元素	Cu		R_m/MPa	$A/\%$	HBS	
						≥			
锡青铜	QSn4 - 3	Sn: 3.5 ~ 4.5	Zn: 2.7 ~ 3.3	余量	软	350	40	60	制作弹性元件、抗磁零件和化工机械耐磨、耐蚀零件等
					硬	550	4	160	
	QSn6.5 - 0.4	Sn: 6.0 ~ 7.0	P: 0.1 ~ 0.5	余量	软	400	65	80	制作精密仪器中的耐磨零件、抗磁零件、弹性元件等
					硬	750	10	180	

类别	牌 号	化学成分 w_{Me}/%			加工状态或铸造方法	力学性能			用 途
		主加元素	其他元素	Cu		R_m/MPa	A/%	HBS	
						≥			
铝青铜	QAl10 - 3 - 1.5	Al：8.5 ~ 10.0	Fe：2.0 ~ 4.0 Mn：1.0 ~ 2.0	余量	退火	600 ~ 700	20 ~ 30	125 ~ 140	制作船舶用高强度、高耐磨性、耐蚀零件，如齿轮、轴承等
					冷加工	700 ~ 900	9 ~ 12	60 ~ 200	
	QAl7	Al：6.0 ~ 8.0	P：0.1 ~ 0.5	余量	退火	420	70	70	制作弹性元件，如弹簧等
					冷加工	1000	4	154	
铍青铜	QBe2	Be：1.8 ~ 2.1	Ni：0.2 ~ 0.5	余量	淬火	500	40	100	制作各种精密弹性元件，耐磨件，重要仪器的轴承、衬套等
					时效	1250	3	330	
铸造青铜	ZQSn10 - 2	Sn：9.0 ~ 11.0	Zn：1.5 ~ 3.5	余量	S	200	10	70	制作阀门、泵等
					J	250	6	80	
	ZQPb10 - 10	Pb：8.0 ~ 11.0	Sn：8.0 ~ 11.0	余量	S	150	3	65	制作冷轧机轴承、耐酸铸件等
					J	200	5	70	

9.2.2.3　白铜

白铜是以 Ni 为主加元素的铜合金。Cu 和 Ni 均为面心立方晶格，可无限互溶，所以各种 Cu - Ni 合金均为单相固溶体，不能进行热处理强化，可通过固溶强化和加工硬化来提高性能。白铜根据合金成分分为普通白铜和特殊白铜。

Cu - Ni 二元合金称为普通白铜。普通白铜属于结构白铜，具有较高的耐蚀性和抗腐蚀疲劳性，优良的冷热加工性能，主要用于制造在蒸汽和海水环境中工作的精密仪器、仪表零件等。常用白铜的牌号有 B0.6、B5、B19 等。

普通白铜的牌号由 "B + Ni 元素的平均含量" 表示，其中 "B" 为 "白" 字汉语拼音字首。例如，B19 表示平均 $w(Ni) = 19\%$、其余为 Cu 含量的白铜。

特殊白铜是在普通白铜的基础上添加 Zn、Mn、Al 等元素形成的，分别称为锌白铜、锰白铜、铝白铜等。锌白铜属于结构白铜，具有较高的强度、塑性和很高的耐蚀性，适宜于制造精密仪器、医疗器械等，常用锌白铜的牌号有 BZn15 - 20、BZn18 - 18、BZn18 - 26 等。锰白铜属于电工白铜，具有较高的电阻率、热电势和低的电阻温度系数，是制造低温热电偶、热电偶补偿导线以及变阻器的理想材料，常用锰白铜的牌号有 BMn3 - 12、BMn40 - 1.5、BMn43 - 0.5 等。铝白铜属于结构白铜，具有较高的强度和塑性，耐蚀性和焊接性能优良，主要用于造船、电力、化工等工业部门中各种高强耐蚀结构件，常用铝白铜的牌号有 BAl6 - 1.5、BAl3 - 3 等。

特殊白铜的牌号由 "B + 添加元素符号 + Ni 元素的平均含量 + 添加元素的平均含量" 表示，例如，BZn15 - 20 表示平均 $w(Ni) = 15\%$、$w(Zn) = 20\%$、其余为 Cu 含量的锌白铜。

9.3 钛及其合金

钛及其合金具有密度小、重量轻、比强度高、耐高温、耐腐蚀以及良好的低温韧性。钛的冶炼比较困难，制造工艺较为复杂，成本较昂贵，主要应用于航空工业、汽车工业、化工、医疗和通信等产业。

9.3.1 纯钛

纯钛是银白色金属，熔点为 1668℃，密度为 4.507g/cm³。纯钛具有同素异构转变，同素异构转变温度为 882.5℃，在 882.5℃ 以下为密排六方晶格的 α 相（α - Ti），在 882.5℃ 以上为体心立方晶格的 β 相（β - Ti）。在常温下，钛金属表面极易形成由氧化物和氮化物组成的致密的钝化膜，使其在许多腐蚀介质中具有优良的耐蚀性。

根据杂质（O、N、C）含量的多少，纯钛分为高纯钛 [$w(Ti) = 99.9\%$] 和工业纯钛 [$w(Ti) = 99.5\%$]。高纯钛强度不高，塑性很好，其力学性能为 $R_m = 220 \sim 260$MPa、$R_{P0.2} = 120 \sim 170$MPa、$A = 50\% \sim 60\%$、$Z = 70\% \sim 80\%$，高纯钛的牌号为 TA0，仅用于研究。工业纯钛按杂质含量的不同分为 TA1、TA2、TA3 三个牌号，少量的杂质可提高钛的强度，其力学性能与低碳钢相近，故工业纯钛可用于石油化工及航空产品。工业纯钛的牌号、杂质成分、力学性能及用途见表 9 - 6。

表 9 - 6 工业纯钛的牌号、杂质成分、力学性能及用途

牌 号	杂质成分 $w_{Me}/\%$	室温力学性能					用 途
		R_m/MPa	$R_{P0.2}$/MPa	$A/\%$	$Z/\%$	HBW	
		≥					
TA1	$w(O) = 0.1\%$，$w(N) = 0.03\%$，$w(C) = 0.05\%$	350	140	25	30	80	制作在350℃以下工作的石油化工用热交换器、反应器、舰船零件、飞机蒙皮等
TA2	$w(O) = 0.15\%$，$w(N) = 0.05\%$，$w(C) = 0.05\%$	450	275	20	30	70	
TA3	$w(O) = 0.15\%$，$w(N) = 0.05\%$，$w(C) = 0.10\%$	550	380	15	30	50	

9.3.2 钛合金

在纯钛的基础上加入 Al、Mo、Cr、Sn、Mn、V 等元素可形成钛合金，钛合金具有同素异构转变。

钛合金按照退火组织可分为 α 型、β 型和（α + β）型三类，其牌号以 TA、TB、TC 加顺序号表示。常用钛合金的牌号、化学成分、力学性能及用途见表 9 - 7。

表 9 - 7 常用钛合金的牌号、化学成分、力学性能及用途

类别	牌号	化学成分	热处理状态	室温力学性能			高温力学性能		
				R_m/MPa	$A/\%$	HBW	温度/℃	R_m/MPa	$R_{P0.2}$/MPa
				≥				≥	
α 型钛合金	TA5	Ti - 4Al - 0.005B	退火	700	15	60	—	—	—
	TA7	Ti - 5Al - 2.5Sn	退火	800	10	30	350	500	450

类别	牌号	化学成分	热处理状态	室温力学性能			高温力学性能		
				R_m/MPa	A/%	HBW	温度/℃	R_m/MPa	$R_{P0.2}$/MPa
				≥				≥	
β 型钛合金	TB1	Ti - 3Al - 8Mo - 11Cr	淬火 + 时效	1300	5	15	—	—	—
	TB2	Ti - 5Mo - 5V - 8Cr - 3Al	淬火 + 时效	1400	7	15	—	—	—
（α + β）型钛合金	TC4	Ti - 6Al - 4V	退火	920	10	40	400	630	580
	TC10	Ti - 6Al - 6V - 2.5Sn - 0.5Cu - 0.5Fe	退火	1050	12	35	400	850	800

9.3.2.1　α 型钛合金

该型钛合金的退火组织为单相 α 固溶体。合金元素的作用是固溶强化，其中 Al 是强化 α 相的主要元素，并可提高合金的耐热性和再结晶温度。α 型钛合金组织稳定，具有良好的抗氧化性、抗蠕变性、耐蚀性和焊接性，但压力加工性较差。α 型钛合金不可热处理强化，主要依靠固溶强化，一般在退火状态使用，具有室温强度低，高温强度高的特点。

α 型钛合金牌号有 TA4、TA5、TA6、TA7、TA8 等，常用的有 TA5、TA7 等。TA5 合金具有较好的强度和焊接性能，耐海水腐蚀性较高，主要作为舰船用板材。TA7 合金具有良好的焊接性能，主要用于制造在 500℃ 以下温度工作的结构件与模锻件，如航空发动机气压机叶片与管道；TA7 合金还具有良好的低温性能，是制造火箭、导弹等特种低温高压容器的主要材料。图 9 - 14 所示为航空发动机气压机叶片。

图 9 - 14　钛合金航空发动机气压机叶片

9.3.2.2　β 型钛合金

β 型钛合金的主要合金元素有 Mo、V、Mn、Cr、Fe、Si 等，这类钛合金可通过热处理与时效进行强化。β 型钛合金具有较高的强度，优良的冲压性能和焊接性能。β 型钛合金的生产工艺复杂，性能稳定性较差。

β 型钛合金有 TB1、TB2 两个牌号。TB1 合金主要用于制造飞机的结构件和紧固件等。TB2 合金主要用于制造在 350℃ 以下温度工作的结构件，如弹簧、紧固件等。

9.3.2.3　（α + β）型钛合金

该型钛合金中同时加入 β 元素（Mo、V、Mn、Cr、Fe、Si 等）和 α 元素（Al），以稳定两相中 β 相、α 相的强度，该型钛合金的退火组织为（α + β），可通过淬火与时效进行强化。该型钛合金具有 α 型钛合金和 β 型钛合金的优点，但焊接性能不如 α 型钛合金。该型钛合金具有良好的塑性与压力加工性能，容易锻造，切削加工性能良好。

（α+β）型钛合金牌号有 TC1~TC11，其中最常用的牌号有 TC4。TC4 合金主要用于制造在 400℃以下温度工作的零件、结构锻件，如火箭发动机外壳及冷却喷管，火箭和导弹的液氢燃料箱部件，舰船的部件等。TC10 是在 TC4 的基础上发展起来的，具有更高的强度和耐热性。

图 9 - 15 所示为火箭钛合金液氢燃料箱；图 9 - 16 所示为钛合金火箭液氢输送泵体；图 9 - 17 所示为钛合金自行车。

图 9 - 15　火箭液氢燃料箱

图 9 - 16　火箭液氢输送泵体

图 9 - 17　钛合金自行车

9.4　轴承合金

滑动轴承是用于支承轴的零件，由轴承体和轴瓦组成，制造轴瓦以及轴衬套的合金称为轴承合金。轴瓦与轴相接触并承受载荷，与滚动轴承相比，滑动轴承具有承压面积大、承载能力强、工作平稳、无噪声、装拆方便等优点。

图 9 - 18 所示为轴瓦，图 9 - 19 所示为对开式轴承座，图 9 - 20 所示为整体式轴承座。

图 9 - 18　轴瓦

图 9 - 19　对开式轴承座

图 9 - 20　整体式轴承座

9.4.1　轴承合金的性能与要求

当轴高速运转时，轴颈与轴瓦接触面会发生强烈摩擦并产生磨损，轴是机器中的重要零件，制造成本很高，在无法避免轴颈与轴瓦面间产生磨损的情况下，就必须让轴瓦来承受磨损，通过选择满足一定性能要求的轴承合金，以保证轴不被磨损或磨损量很微小，并通过更换被磨损到一定程度的轴瓦来保证机器的正常运转。为此，轴承合金应具有以下性能：

（1）较小的摩擦系数，减摩性好，储油性好，以减小轴的磨损和功率损耗。
（2）良好的磨合性和抗咬合性，以保证机器工作的稳定性和连续性。
（3）足够的塑性、韧性和抗压强度，载荷均匀分布，能够承受交变载荷和振动。
（4）良好的镶嵌性、耐蚀性、导热性、较小的膨胀系数和良好的铸造性能。

9.4.2　轴承合金的组织特性

轴承合金若采用硬度较高的材料，将会使轴颈受到磨损；若采用较软的材料，将会增大摩擦系数，从而产生大量的热能，易导致轴承合金软化或熔化。基于此，轴承合金必须兼具软硬两种性质，目前轴承合金的组织可分为两大类：一类是在软基体上分布一些硬质点；另一类是在硬基体上分布一些软质点。软基体合金具有很好的镶嵌性、磨合性和抗咬合性，磨合后会使软基体凹陷，硬质点突起，起到支撑的作用，并使轴颈与轴瓦之间形成微小的间隙，这样就可储存润滑油，形成油膜，减轻轴的磨损，软基体承受冲击和振动的能力较好。此类轴承合金的承载能力有限，属于此类组织的轴承合金有锡基和铅基轴承合金。

硬基体与软质点的轴承合金，具有较高承载能力，但磨合能力稍差，属于此类组织的轴承合金有铝基和铜基轴承合金。

9.4.3　轴承合金的分类

常用滑动轴承合金有锡基、铅基、铝基和铜基轴承合金。其中，锡基、铅基轴承合金又称为巴氏合金。

9.4.3.1　锡基轴承合金

锡基轴承合金又称为锡基巴氏合金，是以 Sn 为基体，加入 Sb、Cu 等元素组成的合金。这类合金的软基体为 Sb 溶入 Sn 所形成的 α 固溶体；硬质点是以化合物 SnSb 为基体的 β 固溶体以及化合物 Cu_6Sn_5，加入 Cu 可以防止比重偏析。

锡基轴承合金具有良好的耐磨性、耐蚀性、导热性、镶嵌性和韧性，缺点是疲劳极限较低，工作温度不能超过 150℃。主要用于最重要的轴承，如汽轮机、发动机、涡轮机、内燃机的高速轴承。

9.4.3.2　铅基轴承合金

铅基轴承合金又称为铅基巴氏合金，是以 Pb - Sb 为基体，加入 Sn、Cu 等元素组成的合金。这类合金的软基体为（$\alpha + \beta$）共晶体，α 相是 Sb 溶入 Pb 所形成的固溶体，β 相是以 SnSb 化合物；硬质点为化合物 Cu_2Sb、SnSb。为了提高强度、硬度和耐磨性，通常加入

6% ~16% 的 Sn，加入 1% ~2% 的 Cu 可以防止比重偏析。

铅基轴承合金的强度、塑性、韧性、导热性、耐蚀性等均比锡基轴承合金要低，但摩擦系数较大，但价格较低，主要用于中低载荷的轴承，如汽车、拖拉机的曲轴、连杆轴承以及电动机轴承等。

9.4.3.3 铝基轴承合金

铝基轴承合金是以 Al 为基体，加入 Sb、Sn 等元素组成的合金。其组织形态为硬的铝基体上分布着软的锡质点。目前广泛使用的铝基轴承合金有铝锑镁轴承合金和高锡铝轴承合金。

铝基轴承合金具有密度小、导热性和耐蚀性好、高温强度和疲劳强度高，价格低廉，缺点是线膨胀系数较大，抗咬合性低于巴氏合金。铝锑镁轴承合金用于制造高速、载荷不超过 200MPa、滑动速度不大于 10m/s 的工作条件下的内燃机轴承。高锡铝轴承合金用于制造高速、重载下工作的轴承，如汽车、拖拉机和内燃机轴承等。

9.4.3.4 铜基轴承合金

铜基轴承合金是以 Cu 为基体，加入 Pb、Sn 等元素组成的合金。其组织形态为硬的铜基体上分布着软的铅质点。铜基轴承合金有铅青铜、锡青铜等。

铜基轴承合金具有优良的耐磨性和导热性、承载能力大、疲劳强度高、摩擦系数低，缺点是镶嵌性较差，对轴颈的相对磨损较大。主要用于承受大载荷、高速度及高温下工作的轴承。

9.4.3.5 轴承合金牌号的表示方法

轴承合金牌号由"Z + 基体元素符号 + 主加元素符号及平均含量 + 辅加元素符号及平均含量"表示，其中"Z"为"铸"字汉语拼音字首。如 ZSnSb11Cu6 表示平均 $w(\text{Sb}) = 11\%$、$w(\text{Cu}) = 6\%$、其余为 Sn 含量的锡基轴承合金，ZPbSb16Sn16Cu2 表示平均 $w(\text{Sb}) = 16\%$、$w(\text{Sn}) = 16\%$、$w(\text{Cu}) = 2\%$、其余为 Pb 含量的铅基轴承合金。

常用锡基、铅基轴承合金的牌号、化学成分、硬度及用途见表 9 - 8。

表 9 - 8 常用锡基、铅基轴承合金的牌号、化学成分、硬度及用途

类别	牌号	化学成分 $w_{\text{Me}}/\%$				HBS (≥)	用 途
		Sb	Cu	Pb	Sn		
锡基轴承合金	ZSnSb12Pb10Cu4	11.0 ~ 13.0	2.5 ~ 5.0	9.0 ~ 11.0	余量	29	制作一般中速、中载发动机轴承等，但不宜于高温工作
	ZSnSb12Cu6Cd1	11.0 ~ 13.0	4.5 ~ 6.8	0.15	余量	34	
	ZSnSb11Cu6	10.0 ~ 12.0	5.5 ~ 6.5	0.35	余量	27	制作 1500kW 以上蒸汽机、400kW 以上涡轮机轴承等
	ZSnSb8Cu4	7.0 ~ 8.0	3.0 ~ 4.0	0.35	余量	24	制作大载荷发动机轴承等
	ZSnSb4Cu4	4.0 ~ 5.0	4.0 ~ 5.0	0.35	余量	20	制作韧性要求高、浇注层较薄的重载、高速轴承，如涡轮机、航空发动机轴承等

类别	牌号	化学成分 $w_{Me}/\%$				HBS ($\geqslant$)	用　途
		Sb	Cu	Pb	Sn		
铅基轴承合金	ZPbSb15Sn16Cu2	15.0~17.0	1.5~2.0	余量	15.0~17.0	30	制作工作温度在120℃以下，小冲击载荷的高速轴承和轴衬等
	ZPbSb15Sn5 Cu5Cd2	14.0~16.0	2.5~3.0	余量	5.0~6.0	32	制作船舶机械抽水机轴承等
	ZPbSb15Sn10	14.0~16.0	0.7	余量	9.0~11.0	24	制作中速、中载、中等冲击载荷机械的轴承，如拖拉机、汽车发动机曲轴、连杆轴承等
	ZPbSb15Sn5	14.0~15.5	0.5~1.0	余量	4.0~5.5	20	制作低速、轻载机械的轴承等
	ZPbSb10Sn6	9.0~11.0	0.7	余量	5.0~7.0	18	制作重载、耐蚀、耐磨的轴承等

9.5　粉末冶金

　　粉末冶金是以金属粉末或金属与非金属粉末作为原材料，经过压制成型和烧结，制取金属材料、复合材料以及各种类型制品的工业技术。

　　目前，粉末冶金技术已被广泛应用于交通、机械、电子、航空航天、兵器、生物、新能源、信息和核工业等领域，成为新材料科学中最具发展活力的分支之一。粉末冶金技术具有显著节能、省材、性能优异、产品精度高且稳定性好等一系列优点，非常适合于大批量生产。

　　粉末冶金具有独特的化学组成和机械、物理性能，而这些性能是用传统的熔铸方法无法获得的。如材料的孔隙度可控，材料组织均匀、无宏观偏析，可一次成型等。粉末冶金是一种精密无切削或少切削工业技术，运用粉末冶金技术可以直接制成多孔、半致密或全致密材料和制品，如含油轴承、齿轮、凸轮、导杆、刀具等。

9.5.1　粉末冶金生产工艺

　　粉末冶金的生产工艺分为五个阶段：制粉、混料、成型、烧结和后处理。

　　（1）制粉。制取粉末的材质范围有金属粉末、合金粉末、金属化合物粉末等。粗粉末粒度有 500~1000μm，超细粉末粒度小于 0.5μm 等。

　　（2）混料。混料是将制取的粉料按照要求配比进行混合。

　　（3）成型。成型是将粉末在 15~600MPa 压力下，压制成具有一定形状、尺寸、密度的型坯，一般有常温和高温加压两种方式。

　　（4）烧结。烧结是在保护气氛的高温炉或真空炉中进行。烧结不同于金属熔化，烧结时至少有一种元素仍处于固态，烧结过程中粉末颗粒间通过扩散、再结晶、化合、溶解等一系列的物理化学过程熔焊在一起成为冶金制件。

　　（5）后处理。一般情况下，烧结好的制件可直接使用。但对于某些尺寸精度要求高并且有高硬度、高耐磨性的制件还要进行烧结后处理。后处理包括精压、滚压、挤压、淬火、表面淬火、浸油及熔渗等。

9.5.2　粉末冶金烧结零件材料

粉末冶金烧结零件材料包括烧结减摩材料、烧结构材料、烧结多孔材料、烧结摩擦材料等。

9.5.2.1　烧结减摩材料

在烧结减摩零件材料中使用较多的是含油轴承（又称为多孔轴承），通常以金属或合金为基体，一般采用铁基或铜基含油轴承材料，以保证减摩零件基体的强度。含油轴承制好后，再浸入润滑油中，在毛细现象作用下，多孔材料的孔隙能吸附大量的润滑油（一般含油率为 12% ~30%），均匀分布在基体孔隙中的润滑油可起到减摩作用。工作时由于轴承会发热，多孔材料受热膨胀使孔隙容积减小，润滑油溢出并在轴承和轴的微小间隙之间形成一层稳定而连续的油膜，这样就使摩擦系数大幅度降低，停止工作后，多孔材料的孔隙容积增大，润滑油又会渗入孔隙，这种由材料内部提供润滑源的方式一般称为"自润滑"。

常用铁基含油轴承材料有铁—石墨 $[w(C)=0.5\% ~3\%]$ 烧结合金、铁—硫化物 $[w(S)=0.5\% ~1\%]$—石墨 $[w(C)=1\% ~2\%]$ 烧结合金等。前者铁基含油轴承硬度为 35 ~110HBS，后者铁基含油轴承硬度为 35 ~70HBS。具有耐磨性高、承载能力大。其组织中的石墨或硫化物起固体润滑作用，可改善减摩性能，石墨还可以吸附润滑油，形成胶状的润滑剂，可进一步改善减摩性能。

常用铜基含油轴承材料有青铜—石墨 $[w(C)=0.3\% ~2\%]$ 烧结合金、铜—硫化物—石墨 $[w(C)=0.3\% ~1\%]$ 烧结合金等。铜基含油轴承的硬度为 20 ~40HBS，具有良好的导热性、耐蚀性、抗咬合性以及低摩擦系数，承载能力比铁基含油轴承要小，图 9 – 21 所示为铜基含油轴承。

图 9 – 21　铜基粉末冶金含油轴承

烧结减摩材料一般用于中速、轻载的滑动轴承，尤其适宜不能经常加油的滑动轴承，如纺织机械、食品机械、家用电器上的轴承、衬套等，还可用于制造导轨、活塞环、密封环、电器的滑动零件等。

9.5.2.2　烧结结构材料

烧结结构材料主要是以碳钢粉末或合金钢粉末为主，烧结结构粉末可直接压制成型、烧结制成形状、尺寸精度、表面粗糙度都符合要求的零件，具有少无切削加工的特点，还可通过热处理来提高性能，具有承受拉伸、压缩、扭曲等载荷的能力，并能够在摩擦、磨损条件下工作。用于制造汽车发动机、变速箱、农业机械、电动工具等的凸轮轴、连杆、轴承、衬套、垫圈、离合器（如图 9 – 22 所示）、齿轮（如图 9 – 23 所示）等。

9.5.2.3　烧结多孔材料

烧结多孔材料主要由青铜、不锈钢、镍的金属或合金粉末经成型、烧结制成。材料内

图 9 - 22　粉末冶金离合器

图 9 - 23　粉末冶金齿轮

部孔道纵横交错、互相贯通，一般有 30% 左右的体积孔隙度，孔径在 1 ~ 100μm 之间，具有导电性能好、耐高低温性能好、耐蚀性好、抗冲击性能好等特点。用于制造机械工业、冶金工业、化工工业、医药工业和食品工业等的过滤器、分离器、热交换器、多孔电极、防冻装置、灭火装置等。

9.5.2.4　烧结摩擦材料

烧结摩擦材料是由基体金属（铜、铁或其他合金）、润滑组元（铅、锡、石墨、二硫化钼等）、摩擦组元（二氧化硅、石棉等）三部分混合烧结制成。粉末冶金摩擦材料具有强度高、耐蚀性好，耐高温（可达 1000℃ 左右）、导热性好，摩擦系数高，能够快速吸收动能，抗咬合性好、磨损小等特点。铜基烧结摩擦材料主要用于制造汽车、拖拉机、锻压设备上离合器和制动器，铁基烧结摩擦材料主要用于制造各种高速重载机器上的制动器。图 9 - 24 所示为汽车用粉末冶金制动器。

图 9 - 24　汽车用粉末
冶金制动器

9.5.3　粉末冶金工具材料

粉末冶金工具材料包括各种硬质合金、粉末冶金高速钢、精细陶瓷（特种陶瓷）、金刚石—金属复合材料等，用于制造切削刀具、模具和零件等。这里主要介绍硬质合金。

9.5.3.1　硬质合金

由高硬度和高熔点金属碳化物（如 WC、TiC、TaC、NbC 等）的粉末与作为黏结剂（Co、Mo、Ni 等）的金属粉末通过粉末冶金工艺方法制取的材料称为硬质合金。

9.5.3.2　硬质合金的性能特点

硬质合金的性能具有以下几个特点：

（1）密度大。硬质合金的密度范围在 6.0 ~ 16.0g/cm² 之间。

（2）硬度高、热硬性好。硬质合金的硬度为 69 ~ 81HRC，可切削硬度在 50HRC 左右的材料；工作温度在 900 ~ 1000℃ 时，其硬度仍可保持 60HRC。

（3）耐磨性好。硬质合金刀具比高速钢切削速度高 4 ~ 7 倍，寿命高 5 ~ 80 倍。量具寿命比合金工具钢高 29 ~ 50 倍，模具寿命比合金工具钢高 50 ~ 100 倍。

（4）抗压强度高。硬质合金的抗压强度高达6000MPa。

（5）耐蚀性好。硬质合金具有良好的耐蚀性（可耐受大气、酸、碱等）和抗氧化性。

（6）脆性大。由于硬质合金材料的脆性很大，韧性很差，不能进行切削加工，难以制成形状复杂的整体刀具，因而常制成不同形状的刀片，采用焊接、粘接、机械夹持等方法安装在刀体或模具体上使用。

9.5.3.3 硬质合金的应用

（1）刀具材料。硬质合金主要用来制造高速切削刀具，图9－25所示为硬质合金刀片。

（2）模具与耐磨零件。可制造某些冷作模具以及不受冲击、振动的高耐磨零件（如车床、磨床上使用的顶尖等），图9－26所示为机床上使用的顶尖。

（3）量具材料。将硬质合金镶嵌在量具的易损表面（如外径千分尺的测砧），可大幅度提高其耐磨性与使用寿命，并且可以保证测量精度。图9－27所示为外径千分尺及其测砧。

图9－25　硬质合金刀片

图9－26　机床上使用的顶尖

图9－27　外径千分尺

9.5.3.4 硬质合金的种类与牌号

常用硬质合金根据化学成分可分为三类：钨钴类硬质合金、钨钴钛类硬质合金和通用硬质合金。

（1）钨钴类硬质合金（YG）。其主要化学成分为碳化钨（WC）与钴（Co）。牌号以"YG＋数字"表示，"YG"为"硬钴"两字汉语拼音字首，数字表示钴元素的质量分数。如YG6表示含钴量为6%，其余含量为碳化钨的硬质合金。

（2）钨钴钛类硬质合金（YT）。其主要化学成分为碳化钨（WC）、碳化钛（TiC）与钴（Co）。牌号以"YT+数字"表示，"YT"为"硬钛"两字汉语拼音字首，数字表示钛元素的质量分数。如 YT15 表示含钛量（质量分数）为 15%，其余含量为碳化钛与钴的硬质合金。

（3）通用硬质合金（YW）。这类是用碳化钽（TaC）或碳化铌（NbC）代替部分碳化钛（TiC）制成的硬质合金。由于 TaC 和 NbC 的硬度和熔点要比 TiC 高，所以通用硬质合金的硬度和热硬性更高，可用于不锈钢、铸钢、高锰钢、耐热钢、可锻铸铁、合金钢、合金铸铁等难加工材料的切削加工，故又称为万能硬质合金。牌号以"YW+数字"表示，"YW"为"硬万"两字汉语拼音字首，数字表示顺序号，如 YW2 表示是 2 号万能硬质合金。

常用硬质合金的牌号、化学成分和性能见表9－9。

表9－9　常用硬质合金的牌号、化学成分、性能

类别	牌号	化学成分 w_{Me}/%				物理、力学性能		
		WC	TiC	TaC	Co	密度 ρ/g·cm^{-3}	HRA	R_m/MPa
								≥
钨钴类	YG3	97	—	<0.5	3	15.0~15.3	90.5	1100
	YG3X	96.5	—	—	3	15.0~15.3	91.5	1100
	YG6	94.0	—	<0.5	6	14.6~15.0	89.5	1450
	YG6X	93.5	—	—	6	14.6~15.0	91.0	1373
	YG8	92.0	—	—	8	14.5~14.9	89.5	1471
	YG8C	92.0	—	—	8	14.5~14.9	88.0	1750
	YG11C	89.0	—	—	11	14.0~14.4	86.5	2100
	YG15	85.0	—	—	15	13.0~14.2	87	2100
	YG4C	96.0	—	—	4	14.9~15.2	89.5	1422
	YG6A	92.0	—	2	6	14.6~15.0	91.5	1373
	YG8A	91.0	—	<1.0	8	14.5~14.9	89.5	1500
钨钴钛类	YT5	85.0	5.0	—	10	12.5~13.2	89.0	1400
	YT15	79.0	15.0	—	6	11.0~11.7	91	1150
	YT30	66.0	30.0	—	4	9.3~9.7	92.5	900
通用类	YW1	84.0	6	4	6	12.6~13.5	91.5	1200
	YW2	82.0	6	4	8	12.4~13.5	90.5	1300

 思考与练习题

9－1　解释名词

工业纯铝、工业纯铜、钛合金、锡基轴承合金、铅基轴承合金、铝基轴承合金、铜基轴承合金、粉末冶金、硬质合金

9－2　有色金属如何进行分类？

9－3　铝合金分为哪两大类？分别说明这两类铝合金的牌号表示方法。

9 – 4 铸造铝合金分为哪几类?

9 – 5 简述铝合金的淬火与钢的淬火有什么不同? 何谓固溶处理? 何谓时效强化?

9 – 6 变形铝合金如何进行分类? 简述各类变形铝合金的主要性能特点。

9 – 7 简述铝合金材料的热处理方法。

9 – 8 简述铝合金材料的细晶强化。

9 – 9 简述工业纯铜的性质。

9 – 10 简述轴承合金的组织特性。

9 – 11 简述粉末冶金的性能特点。

9 – 12 简述硬质合金的性能特点。

9 – 13 简述硬质合金的分类。

10 非金属材料与复合材料

随着工业生产与科学技术的不断进步，非金属材料与复合材料得到了迅速发展，越来越广泛地应用于众多领域。

非金属材料是指由非金属元素或化合物构成的材料。非金属材料主要是指高分子材料和陶瓷材料。高分子材料具有耐蚀、减振、电绝缘等优异性能，陶瓷材料具有高硬度、耐高温、耐腐蚀等优异性能。

复合材料是指由两种或两种以上不同性质的材料，通过物理或化学的方法所组成的具有新性能的材料。各种材料在性能上取长补短，产生优化效应，使复合材料的综合性能得到大幅度提高。

10.1 高分子材料

以高分子化合物为基体，与各种添加剂配合形成的材料称为高分子材料。高分子化合物也称为高聚物，是指由众多原子或原子团主要以共价键结合而成的相对分子量在10000以上的化合物。高分子化合物具有良好的强度、弹性、韧性和塑性。高分子材料有塑料、橡胶、胶黏剂等。

10.1.1 塑料

塑料是以合成树脂为主要成分，加入一些添加剂（辅助材料），在一定的温度和压力下塑制成型的高分子材料。塑料有简单组分和复杂组分之分，简单组分的塑料基本上是由合成树脂本身组成，仅加入少量添加剂，属于这一类的有聚乙烯、聚苯乙烯等。复杂组分的塑料是除了合成树脂外，还含有各种添加剂。

10.1.1.1 塑料的组成

塑料是以合成树脂为主、添加剂为辅共同组成，形成所需要的塑料制品，添加剂种类较多，主要有合成树脂、填充剂、增塑剂、稳定剂、润滑剂、固化剂、着色剂、抗氧剂等。

（1）合成树脂。合成树脂是塑料的主要成分，它是一种高分子化合物，是决定塑料物理、力学性能的主要成分，树脂的性质决定着塑料的性质。

（2）填充剂。填充剂可以调整塑料的物理化学性能、力学性能和加工性能，并可减少合成树脂的用量，降低塑料的成本。常用的填充剂有玻璃纤维、石棉、云母、硅藻土、石墨粉等。

（3）增塑剂。增塑剂可增强塑料的可塑性、柔韧性，降低脆性，改善熔体的流动性，使塑料易于加工成型。常用的增塑剂有邻苯二甲酸二丁酯、邻苯二甲酸二辛酯、磷酸三丁酯等。

（4）稳定剂。稳定剂可增强塑料对光、热、氧等的作用而分解变质（老化）的抵抗能力，以延长塑料的使用寿命。常用的稳定剂有硬脂酸钡、硬脂酸铅、硬脂酸盐、环氧树脂等。

（5）润滑剂。润滑剂可改善塑料的流动性和脱模效果，防止塑料在成型加工过程中黏附在模具上，同时可使制品表面光亮。常用的润滑剂有脂肪酸皂类、合成蜡等。

（6）固化剂。固化剂又称为硬化剂，可使树脂具有体型网状结构，可促进塑料的快速硬化。固化剂一般多用于热固性塑料，如在酚醛树脂中加入六次甲基四胺、在环氧树脂中加入乙二胺等。

（7）着色剂。着色剂可使塑料制品的色彩多种多样，具有美感。

（8）抗氧剂。抗氧剂可防止塑料在热成型过程中的热氧化降解，从而阻止塑料的老化并延长其使用寿命。

10.1.1.2 塑料的分类

塑料一般按照以下两种方法分类。

（1）塑料按受热时的性质可分为热塑性塑料和热固性塑料。

热塑性塑料的特点是受热时软化或熔化，冷却后变硬，这一过程可多次反复进行，树脂的化学结构不变。热塑性塑料包括聚乙烯、聚氯乙烯、聚苯乙烯、聚丙烯、聚酰胺、聚甲醛、聚碳酸酯、聚四氟乙烯、ABS 塑料等。这类塑料容易加工成型，具有较高的力学性能，但耐热性和刚性较差。

热固性塑料的特点是经加热软化、塑造成型并固化后，将转变为不熔、不溶的固态，这一过程不可反复进行，即不再具有可塑性。热固性塑料包括酚醛树脂、环氧树脂、氨基树脂等。这类塑料容易具有高耐热性、受压不易变形等优点，但力学性能较差。

（2）塑料按应用范围可分为通用塑料、工程塑料和特种塑料三类。

1）通用塑料是指产量大、用途广、价格低的常用塑料，主要有聚乙烯、聚丙烯、聚氯乙烯、聚苯乙烯、酚醛塑料和氨基塑料等。

2）工程塑料是指具有优良力学性能以及耐寒、耐热、耐蚀、绝缘等性能，可作为工程结构材料的塑料，主要有聚碳酸酯、聚甲醛、聚酰胺、尼龙和 ABS 塑料等。

3）特种塑料是指具有某些特殊性能的塑料，如耐高温塑料（100～200℃）、导电塑料、导磁塑料、感光塑料等，特种塑料主要有环氧树脂、聚四氟乙烯、有机硅树脂等。

10.1.2 塑料的性能

塑料的优点主要有高耐磨性、高弹性和低弹性模量、自润滑性、优良的电绝缘性、良好的化学稳定性、良好的耐蚀性、良好的成型加工性等，缺点主要有强度低、韧性低、耐热性低、膨胀系数大、导热系数小、受热易变形、易老化等。

10.1.3 常用工程塑料

10.1.3.1 热塑性塑料

A 聚乙烯（PE）

聚乙烯是由乙烯单体聚合而成，是目前塑料工业产量最大的品种。聚乙烯具有良好的耐磨性、耐蚀性、耐寒性和电绝缘性，缺点是易氧化。聚乙烯大量用于农用薄膜、电器绝缘材料、电线电缆的绝缘保护材料等。聚乙烯可制作化工耐腐蚀管道、阀件、衬套等。聚乙烯无毒无味，可制作食品包装袋、奶瓶、食品容器等。图 10 - 1 所示为聚乙烯奶瓶。

　　B　聚氯乙烯（PVC）

聚氯乙烯是以聚氯乙烯树脂为主要原料，加入填充剂、稳定剂、增塑剂等辅助材料制成，产量仅次于聚乙烯。聚氯乙烯的优点是耐化学腐蚀、不燃烧、成本低、容易加工，缺点是耐热性差、冲击韧性较差。聚氯乙烯根据增塑剂加入量的不同，分为硬质聚氯乙烯（增塑剂小于 5%）和软质聚氯乙烯（增塑剂为 30% ~ 70%）。硬质聚氯乙烯具有一定的机械强度、良好的耐化学腐蚀性能、良好的成型加工性和焊接性能，广泛地应用于化工设备、耐蚀容器等；软质聚氯乙烯质地柔软，可制作耐酸碱软管、薄膜、板材、电线电缆的保护套管以及日用品等。图 10 - 2 所示为聚氯乙烯电缆。

图 10 - 1　聚乙烯奶瓶

图 10 - 2　聚氯乙烯电缆

　　C　聚苯乙烯（PS）

聚苯乙烯是由苯乙烯单体聚合而成，是一种无色透明的热塑性塑料。聚苯乙烯具有良好的电绝缘性、耐蚀性和较大的刚度，缺点是冲击韧性差、易脆裂、耐热性差。应用于仪器仪表零件、包装和隔音材料、化工设备中的管道与弯头，由于有良好的透明度，可制作车辆上的灯罩、透明窗等。图 10 - 3 所示为聚苯乙烯软管，图 10 - 4 所示为聚苯乙烯弯头。

图 10 - 3　聚苯乙烯软管

图 10 - 4　聚苯乙烯弯头

　　D　聚丙烯（PP）

聚丙烯是由丙烯单体聚合而成，是一种无色、无味、无毒的热塑性塑料。聚丙烯刚性大，其强度、硬度和弹性均高于聚乙烯，密度仅为 $0.90 ~ 0.91\text{g/cm}^3$，是常用塑料中质量最轻的塑料。聚丙烯具有优良的耐热性、耐蚀性、电绝缘性，缺点是膨胀系数大、冲击韧性较差，耐低温与耐磨性较差。聚丙烯可用于制作某些机械零件，如法兰、接头、齿轮、泵叶轮、轴承等，聚丙烯还可制作化工容器、医疗器械以及药品、食品的包装等。

图 10-5 所示为聚丙烯齿轮，图 10-6 所示为聚丙烯法兰。

图 10-5 聚丙烯齿轮

图 10-6 聚丙烯法兰

E 聚酰胺（PA）

聚酰胺又称为尼龙或锦纶，是由二元胺与二元酸缩合而成，是应用最广泛的一种工程塑料。聚酰胺具有优良的耐磨性、耐蚀性和自润滑性能，在常温下具有较高的强度和韧性。缺点是吸湿性较大，受到阳光的曝晒易产生老化。聚酰胺可用于制作一般机械零件，如轴承、齿轮、凸轮轴、蜗轮、水泵叶轮、各种螺钉、螺母、垫圈、输油管、螺纹接头等。图 10-7 所示为聚酰胺水泵叶轮，图 10-8 所示为聚酰胺螺纹接头。

图 10-7 聚酰胺水泵叶轮

图 10-8 聚酰胺螺纹接头

F 聚甲醛（POM）

聚甲醛为甲醛聚合而成，是一种表面光滑，硬而致密的塑料。由于聚甲醛具有类似金属的硬度、强度和刚性，因此被誉为"超钢"或"赛钢"。聚甲醛具有优良的电绝缘性、耐磨性、韧性、抗疲劳性、抗蠕变性，还具有良好的耐油性、耐氧化性能等。缺点是不耐酸、不耐强碱等。聚甲醛可替代有色金属及其合金以及钢所制作的零件，如齿轮、轴承、水管等。图 10-9 所示为聚甲醛滚动轴承。

图 10-9 聚甲醛滚动轴承

G　聚碳酸酯（PC）

聚碳酸酯是分子链中含有碳酸酯基的聚合物，根据酯基的结构可分为脂肪族、芳香族、脂肪族－芳香族等多种类型。目前仅有芳香族聚碳酸酯获得了工业化生产，其冲击韧性和延展性在热塑性塑料中是最好的，还具有良好的抗冲击强度、抗疲劳性、抗蠕变性、抗热老化性以及高弹性模量、尺寸稳定等综合性能，被誉为"透明金属"。聚碳酸酯主要应用于玻璃装配业、汽车工业和电子工业，其次还应用于工业机械零件、办公室设备、医疗与保健器材、休闲与防护器材等，如挡风玻璃、信号灯、光盘、座舱罩、头盔、精密齿轮、蜗轮、蜗杆、齿条等。图 10 – 10 所示为头盔，图 10 – 11 所示为齿条。

图 10 – 10　聚碳酸酯头盔

图 10 – 11　聚碳酸酯齿条

H　聚四氟乙烯（PTFE）

聚四氟乙烯是以线型晶态高聚物为基的塑料，被誉为"塑料王"。其熔点为 327℃，聚四氟乙烯具有优良的综合性能，耐高温（工作温度高达 250℃）、耐低温（工作温度低至 – 196℃）、耐腐蚀（能耐强酸、强碱和各种有机溶剂）、电绝缘性（耐 1500V 高压电）、无毒性（可作为人工血管和人工心脏）、自润滑性（在固体材料中摩擦系数为最低）等。聚四氟乙烯主要用于制作减摩密封件和填充材料、化工设备的耐腐蚀零件，如管道、泵、阀门等以及在潮湿条件下的绝缘材料，各种机械的密封圈、活塞环、轴承以及医疗代用器官等。图 10 – 12 所示为人工心脏，图 10 – 13 所示为活塞环。

图 10 – 12　聚四氟乙烯人工心脏

图 10 – 13　聚四氟乙烯活塞环

I　ABS 塑料

ABS 塑料是由丙烯腈（A）、丁二烯（B）、苯乙烯（S）三种组分的共聚物。ABS 塑料具有很好的综合性能，具有"硬、韧、刚"的特性，即兼有丙烯腈的高硬度、丁二烯的韧性和弹性、苯乙烯的刚性和良好的成型性，同时具有尺寸稳定、容易电镀、耐热性好，在 – 40℃ 的低温下仍具有一定强度，因而被誉为"塑料合金"。ABS 塑料在机械加工、电器制造、化工、纺织、汽车、船舶等工业中得到广泛应用，主要用于制造齿轮、轴承、泵叶轮、电机外壳、仪表盘壳、容器、管道、装饰板、隔音板等。图 10 - 14 所示为泵叶轮，图 10 - 15 所示为汽车仪表盘壳。

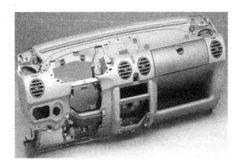

图 10 - 14 ABS 塑料泵叶轮　　　　图 10 - 15 ABS 塑料汽车仪表盘壳

J　聚甲基丙烯酸甲酯（PMMA）

聚甲基丙烯酸甲酯又称为有机玻璃。其密度约为 $1.18g/cm^3$，比普通硅玻璃轻一半，机械强度为普通硅玻璃的 10 倍以上。有机玻璃具有优良的光学性能，透光率比普通硅玻璃好，并具有优良的电绝缘性。缺点是热导率低、表面硬度低，耐磨性差、容易拉伤。有机玻璃主要用于制作飞机和汽车的窗玻璃、光学镜片、护目镜、透明模型、透明管道、灯罩、装饰品、广告牌、医疗器械等。图 10 - 16 所示为光学镜片，图 10 - 17 所示为护目镜，图 10 - 18 所示为透明管道。

图 10 - 16 有机玻璃光学镜片　　图 10 - 17 有机玻璃护目镜　　图 10 - 18 有机玻璃透明管道

10.1.3.2　热固性塑料

A　酚醛塑料（PE）

酚醛塑料是由酚类和醛类在催化剂作用下缩聚合成并加入添加剂形成的热固性塑料，俗称电木粉或胶木粉。酚醛塑料具有一定的强度和硬度，耐磨性、耐热性较高，绝缘性和耐蚀性良好，缺点是耐冲击强度低，容易脆裂、不耐碱和强酸。酚醛塑料分为模压塑料、酚醛注射塑料和酚醛层压板等，用于制作电话机、开关、插头、仪表盒、电器绝缘零件、汽车刹车片、手柄、无声齿轮、化工用耐酸泵等。图 10 - 19 所示为酚醛塑料汽车刹车片。

B　环氧塑料（EP）

环氧塑料是环氧树脂加入固化剂形成的热固性塑料。环氧塑料比强度高，具有良好的耐热性、耐蚀性、绝缘性和成型性，缺点是有一定毒性。环氧塑料是高质量的胶黏剂，对

图 10 – 19　汽车刹车片

各种材料（金属与非金属）都有很强的黏合能力。环氧塑料用于制作模具、印刷线路板、精密量具的零件等。图 10 – 20 所示为环氧塑料印刷线路板。

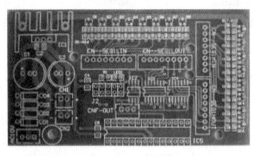

图 10 – 20　环氧塑料印刷线路板

C　氨基塑料

氨基塑料是指含有氨基或酰氨基的化合物与甲醛反应而生成的热固性塑料。工业上应用较多有脲醛树脂（UF）、三聚氰胺甲醛树脂（MF）和聚酰胺多胺环氧氯丙烷（PAE）等。氨基塑料具有良好的绝缘性、耐磨性、保色性、高硬度、耐燃烧、耐油脂以及半透明、无毒、耐刮伤等特点，氨基塑料又称为"电玉"，可制成色彩鲜艳、光泽如玉的塑料制品和日用品。以氨基树脂作交联剂的涂料广泛地应用于航空、汽车、机械、钢制家具、家用电器等。图 10 – 21 所示为氨基塑料日用品。

图 10 – 21　氨基塑料日用品

常用工程塑料的性能与用途见表 10 – 1。

表 10 – 1　常用工程塑料的性能与用途

名称与代号	密度 /g·cm^{-3}	力学性能				使用温度 /℃	用　途
		拉伸强度 /MPa	压缩强度 /MPa	弯曲强度 /MPa	冲击韧度 /J·cm^{-2}		
聚乙烯（PE）	0.91 ~ 0.97	8 ~ 36	20 ~ 25	20 ~ 45	>2	– 70 ~ 100	制作一般机械构件、电缆套管、耐蚀、耐磨涂料等
聚氯乙烯（PVC）	1.16 ~ 1.58	30 ~ 60	60 ~ 90	70 ~ 110	4 ~ 11	– 15 ~ 55	制作化工耐蚀构件、电缆套管、薄膜等

名称与代号	密度 /g·cm⁻³	力学性能				使用温度 /℃	用 途
		拉伸强度 /MPa	压缩强度 /MPa	弯曲强度 /MPa	冲击韧度 /J·cm⁻²		
聚苯乙烯（PS）	1.04～1.10	≥60		70～80	12～16	-30～75	制作绝缘、耐蚀零件，装饰材料等
聚丙烯（PP）	0.90～0.91	40～49	40～60	30～50	5～10	-35～121	制作一般机械零件，电缆套管、电线套管等
聚酰胺（PA）	1.05～1.36	45～90	70～120	50～110	4～15	<100	制作耐磨、耐蚀传动件，高压油脂润滑密封圈，金属耐蚀、耐磨等
聚甲醛（POM）	1.41～1.43	60～75	～25	～100	～6	-40～100	制作耐磨传动件，绝缘、耐蚀零件，化工容器等
聚碳酸酯（PC）	1.18～1.20	55～70	～85	～100	65～75	-100～130	制作耐冲击、耐磨的机械与仪表零件，绝缘零件等
聚四氟乙烯（PTFE）	2.10～2.20	21～28	～7	11～14	～98	-180～150	制作耐蚀、耐磨零件，密封零件，高温绝缘零件等
ABS 塑料	1.05～1.08	21～63	18～70	25～97	6～53	-40～90	制作耐磨传动件，一般化工装置、管道、容器等
聚甲基丙烯酸甲酯（PMMA）	1.17～1.20	42～50	80～126	75～135	1～6	-60～100	制作光学零件、装饰材料、绝缘零件等
酚醛塑料（PE）	1.37～1.36	21～56	105～245	56～84	0.05～0.82	～100	制作绝缘构件、零件，耐蚀衬里等
环氧塑料（EP）	1.11～2.10	56～70	84～140	105～126	～5	-80～155	制作仪表构件、电器构件的灌注材料、金属胶黏剂等

10.1.4 橡胶

橡胶是以高分子化合物为基础的具有可逆形变的高弹性聚合物材料。橡胶在使用温度范围内富有弹性，在很小的外力作用下能产生较大的形变，除去外力后，能恢复原状，因此橡胶属于完全无定型聚合物。橡胶具有良好的伸缩性、弯曲性、耐磨性、隔音性、电绝缘性和良好的储能能力，吸振、减振能力以及不透水不透气等性能。橡胶可用于制造高弹性、密封、防振、减振的零件。

10.1.4.1 橡胶的组成

橡胶是以生胶为原料，加入适量的配合剂，经硫化后所形成的高分子聚合物。生胶是一种独具高弹性的聚合物材料，是制造橡胶制品的基本材料，一般是指未经硫化的橡胶原料，生胶包括天然橡胶和合成橡胶。配合剂包括硫化剂、硫化促进剂、补强填充剂等。

A　硫化剂

塑性生胶需经过硫化处理后才能变为弹性胶（也称为硫化胶或熟胶），常用的硫化剂有硫黄、含硫化合物、硒、过氧化物等。

B　硫化促进剂

常用的硫化促进剂有胺类、胍类、秋兰姆类、噻唑类与硫脲类物质，它们起降低硫化温度，加速硫化过程的作用。

C　补强填充剂

为了提高橡胶的力学性能以及改善加工工艺性能，降低成本，需加入一些填充剂，如炭黑、陶土、碳酸钙、硫酸钡、氧化硅、滑石粉等。

10.1.4.2　橡胶的分类

根据原料来源的不同，橡胶分为天然橡胶与合成橡胶两大类。合成橡胶根据应用范围的不同，又分为通用橡胶和特种橡胶。通用橡胶与天然橡胶的性能相似，品种有丁苯橡胶、异戊橡胶、顺丁橡胶等，主要用于制造工业产品和日用生活品；特种橡胶主要用于制造特殊环境下工作的橡胶制品，如硅橡胶、氟橡胶、丁腈橡胶、聚乙丁腈橡胶等。

10.1.4.3　常用橡胶介绍

A　天然橡胶（NR）

天然橡胶是从橡胶树等植物中提取胶质后，经过凝固、干燥等加工工序而制成的弹性体（干胶），天然橡胶是一种以聚异戊二烯为主要成分的天然高分子化合物，其橡胶烃（聚异戊二烯）含量在90%以上，还含有少量的蛋白质、脂肪酸、糖分与灰分等。天然橡胶按照加工工艺和外形的不同，分为烟片胶、绉片胶、颗粒胶和乳胶等。图10-22所示为在橡胶树上割胶，图10-23所示为烟片胶。

图10-22　割胶　　　　　　　　　　　图10-23　烟片胶

天然橡胶经过硫化处理后，使其弹性、强度、耐溶剂性与耐老化性等方面得到改善。天然橡胶具有优良的弹性和良好的耐磨性、耐碱性、耐低温性、电绝缘性，易于加工成型，缺点是强度与硬度低，耐酸性、耐高温性、耐油性、耐溶剂性与耐老化性差，用于制造轮胎（如图10-24所示）、空气弹簧（图10-25所示）、胶带、胶管、胶鞋等。

B　合成橡胶

合成橡胶是由人工合成的高弹性聚合物，也称为合成弹性体，是三大合成材料之一，产量仅低于合成树脂、合成纤维等。由于天然橡胶的资源有限，成本较高，而制造合成橡

图 10 - 24　天然橡胶轮胎

图 10 - 25　天然橡胶空气弹簧

胶的成本很低，并可提高与改善橡胶制品的特性。

　　a　通用合成橡胶

　　常用的通用合成橡胶有丁苯橡胶、顺丁橡胶、氯丁橡胶、丁基橡胶等。

　　（1）丁苯橡胶（SBR）。丁苯橡胶是由丁二烯和苯乙烯为单体共聚而成，是应用最早、应用最广、产量最大的通用合成橡胶。丁苯橡胶具有良好的耐磨性、耐热性与耐老化性，缺点是弹性、机械强度、耐寒性较差。丁苯橡胶可以部分代替天然橡胶，用于制造一般轮胎、胶板、胶布、胶鞋。

　　（2）顺丁橡胶（BR）。顺丁橡胶是丁二烯的聚合物，其产量仅次于丁苯橡胶。顺丁橡胶具有优良的耐寒性、较高的耐磨性（比丁苯橡胶高 26%），缺点是强度低、耐老化性差、加工性能差。顺丁橡胶一般与天然橡胶和丁苯橡胶混合使用，用于制造耐寒制品、减震制品、电绝缘制品、一般轮胎、胶带、胶管、胶鞋等。

　　（3）氯丁橡胶（CR）。氯丁橡胶是由氯丁二烯聚合而成。氯丁橡胶的机械性能与天然橡胶相似，具有高弹性和较高的强度，而且其耐油性、耐磨性、耐溶剂性、耐热性、耐燃烧性、耐老化性、耐挠曲性能等均优于天然橡胶，故有"万能橡胶"之称。它既可作为通用橡胶，又可作为特种橡胶使用。其缺点是耐寒性差（-35℃）、电绝缘性稍差。氯丁橡胶用于制造电缆护套、胶管、输送带以及一般橡胶制品等。

　　（4）丁基橡胶（HR）。丁基橡胶是由单体丁二烯和少量的戊二烯聚合而成。丁基橡胶气密性极好，其耐热性、耐老化性、电绝缘性均优于天然橡胶，耐磨性、耐挠曲性能较好。缺点是强度低，加工性较差，弹性、耐寒性、耐油性较差，易燃烧等。丁基橡胶用于制造内胎等要求气密性好的橡胶制品，绝缘材料，防撞击材料等。图 10 - 26 所示为天然橡胶内胎。

图 10 - 26　天然橡胶内胎

　　b　特种橡胶

　　常用的特种橡胶有丁腈橡胶、硅橡胶、氟橡胶等。

　　（1）丁腈橡胶（NBR）。丁腈橡胶是由丁二烯与丙烯腈两种单体聚合而成。丁腈橡胶的优点是具有较好的耐热性、耐油性、气密性、耐老化性和耐溶剂性，耐磨性接近天然橡胶。缺点是耐寒性、耐酸性、电绝缘性较差。丁腈橡胶主要用于制作各种耐油密封件（如图 10 - 27 所示）、耐油容器等。

图 10 – 27　丁腈橡胶耐油密封件

（2）硅橡胶（Q）。硅橡胶由二甲基硅氧烷与其他有机硅单体聚合而成。硅橡胶具有突出的耐热性和耐寒性以及优良的电绝缘性和耐老化性。缺点是强度较低，耐磨性、耐酸性较差。硅橡胶主要用于制造耐高温与耐低温的密封件、垫圈、衬垫等。硅橡胶无味无毒，具有生理惰性，不会导致凝血的突出特性，因而可用作医用高分子材料。图 10 – 28 所示为医用硅橡胶牙套，图 10 – 29 所示为医用硅橡胶软管。

图 10 – 28　医用硅橡胶牙套

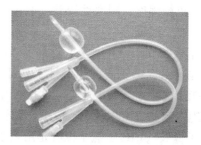

图 10 – 29　医用硅橡胶软管

（3）氟橡胶（FPM）。氟橡胶是以碳原子为主链、含有氟原子的高聚物。氟橡胶具有很高的化学稳定性，在酸、碱、强氧化剂中的耐蚀性以及耐油性居各类橡胶之首，还具有良好的耐热性（最高使用温度达 300℃）、电绝缘性和耐老化性。缺点是耐寒性差、加工性能差。氟橡胶主要用于制造高级密封件、高真空密封件、化工设备中的衬里等。图 10 – 30 所示为氟橡胶外骨架油封。

图 10 – 30　氟橡胶外骨架油封

常用橡胶的性能见表 10 – 2。

表 10 – 2　常用橡胶的性能

名称与代号	性能			名称与代号	性能		
	伸长率/%	拉伸强度/MPa	使用温度/℃		伸长率/%	拉伸强度/MPa	使用温度/℃
天然橡胶（NR）	650 ~ 950	25 ~ 30	– 55 ~ 70	丁基橡胶（HR）	450 ~ 800	17 ~ 21	– 40 ~ 130
丁苯橡胶（SBR）	500 ~ 800	15 ~ 20	– 45 ~ 100	丁腈橡胶（NBR）	300 ~ 800	20 ~ 35	– 35 ~ 120
顺丁橡胶（BR）	450 ~ 800	18 ~ 25	– 70 ~ 100	硅橡胶（Q）	50 ~ 500	4 ~ 10	– 100 ~ 250
氯丁橡胶（CR）	800 ~ 1000	25 ~ 27	– 35 ~ 120	氟橡胶（FPM）	100 ~ 500	20 ~ 22	– 10 ~ 300

10.1.5 胶黏剂

胶黏剂是通过其界面的黏附和内聚等作用，使同质或异质材料胶接在一起并在结合处具有足够强度的一类物质，胶黏剂又称为黏合剂、黏合剂或胶。由于胶黏剂的连接强度很高，且应力分布连续，具有密封性，有时可部分代替铆接或焊接等工艺。

10.1.5.1 胶黏剂的组成

胶黏剂是一种多组分液态物质，其组分中包括基料、固化剂、稀释剂、增塑剂、增韧剂、填料等。

（1）基料。基料是胶黏剂的主要组成部分，常用的基料有酚醛树脂、环氧树脂、聚酯树脂、聚酰胺树脂、氯丁橡胶等。

（2）固化剂。固化剂是促使黏结物质通过化学反应加快固化的组分。有的胶黏剂中的树脂（如环氧树脂）若不加固化剂，就不能变成坚硬的黏结层。固化剂也是胶黏剂的主要组分，其性质和用量对胶黏剂的性能的影响很大。

（3）稀释剂。稀释剂又称为溶剂。用于调节胶黏剂的黏度，提高胶黏剂的湿润性和流动性，以便于进行涂覆操作。常用的稀释剂有丙酮、苯和甲苯等。

（4）增塑剂。增塑剂的作用是提高和改善黏结层的机械强度和抗剥离、耐冲击的性能。

（5）增韧剂。增韧剂的作用是改善黏结层的韧性、提高其冲击韧性的组分。常用的增韧剂有邻苯二甲酸二丁酯、邻苯二甲酸二辛酯等。

（6）填料。填料一般在胶黏剂中不发生化学反应，其作用是增加胶黏剂的稠度，降低热膨胀系数、减少收缩性，提高机械强度。常用的填料有滑石粉、石棉粉和铝粉等。

10.1.5.2 胶黏剂的分类

常用胶黏剂分为树脂型、橡胶型和复合型三大类。

A 树脂型胶黏剂

按照胶黏剂的变化性质不同，树脂型胶黏剂又分为热固性树脂胶黏剂和热塑性树脂胶黏剂。

（1）热固性树脂胶黏剂。是以热固性树脂为基料的黏合剂，通过加入固化剂或加热使液态树脂经聚合反应交联成网状结构，形成不熔、不溶的固体并达到胶接目的。热固性树脂胶黏剂具有良好的胶接性、耐热性、耐溶剂性以及较很高的胶接强度和硬度。其缺点是耐冲击性、弯曲性差。常用热固性树脂胶黏剂有环氧树脂胶黏剂。热固性树脂胶黏剂应用广泛，可用于胶接各种金属和非金属材料以及陶瓷、木材、玻璃等。

（2）热塑性树脂胶黏剂。是以热塑性树脂为基料的黏合剂，与溶剂配制成溶液或直接通过熔化的方式进行胶接。热塑性树脂胶黏剂具有良好的耐冲击性、剥离强度和起始胶接性，使用方便，可反复进行胶接。缺点是耐热性、耐溶剂性较差。常用热塑性树脂胶黏剂有聚乙酸乙烯酯、聚乙烯醇缩醛、聚丙烯酸酯、过氧乙烯树脂、聚丙烯酸酯等。热塑性树脂胶黏剂适宜于胶接易吸水的材料，如纸张、木材、纤维织物等，也可用于塑料的胶接。

B　橡胶型胶黏剂

橡胶型胶黏剂是以合成橡胶或天然橡胶为基料制成的胶黏剂。橡胶型胶黏剂具有优良的弹性和较高的剥离强度，对多种材料具有良好的胶接性能。常用的橡胶型胶黏剂有氯丁胶黏剂、丁腈胶黏剂等。

（1）氯丁胶黏剂。氯丁胶黏剂又称为 801 强力胶，是一种溶剂挥发干燥型胶黏剂，应用极为广泛。其优点是初粘力大、胶接强度高、耐冲击、耐水、耐酸碱、耐老化。适用于橡胶、皮革、帆布、木材、金属、塑料、陶瓷、纸张等。

（2）丁腈胶黏剂。丁腈胶黏剂具有良好的耐油性、耐热性，对极性材料具有很强的胶接性，缺点是对非极性材料的胶接性要稍差一些。适用于金属、木材、塑料、皮革、织物等。

C　复合型胶黏剂

复合型胶黏剂是由两种组分组成，一种是可起交联作用的热固性树脂，如酚醛树脂、环氧树脂等，另一种是具有可挠性和柔性的聚合物和橡胶弹性体。这类胶黏剂兼备了两种组分所固有的高强度、耐热、耐溶剂性、抗蠕变、高剥离强度、抗弯曲、抗冲击、耐疲劳等优良性能。常用的复合型胶黏剂有酚醛－聚乙烯胶黏剂、酚醛－丁腈胶黏剂等。该类胶黏剂主要用于航空和宇航工业中的飞机、导弹、卫星和宇宙飞船等结构中的胶接。

10.2　陶瓷材料

陶瓷材料是以天然矿物或各种人工合成化合物为基本原料，经过成型和高温烧结制成的无机非金属材料。陶瓷材料具有高熔点、高硬度、高耐磨性、耐腐蚀以及某些特殊性能等优点。可用于结构材料、刀具材料以及功能材料。

10.2.1　陶瓷的性能

10.2.1.1　力学性能

陶瓷材料具有很高的刚度、硬度、抗压强度与耐磨性，其硬度一般为 1000～5000HV（淬火钢一般为 500～800HV），但其抗拉强度较低，塑性和韧性很差。陶瓷的脆性很大，冲击韧度极低，对裂纹、冲击、表面损伤特别敏感。

10.2.1.2　热学性能

陶瓷材料一般具有高熔点（一般在 2000℃以上），在高温下具有很好的化学稳定性和高温强度，用陶瓷制造的发动机，不仅体积小，而且热效率大幅度提高，其导热性低于金属材料，因此可作为隔热材料。陶瓷材料线膨胀系数比金属低，当温度发生变化时，具有良好的尺寸稳定性。和金属相比，陶瓷材料的抗热震性较差，不耐温度的急剧变化，受热冲击时容易破裂。

10.2.1.3　化学性能

陶瓷材料具有优良的抗氧化性能，对于酸、碱、盐均具有良好的抗腐蚀能力。

10.2.1.4 电学性能

大多数陶瓷具有良好的电绝缘性，可用于制作绝缘器材；有的陶瓷还具有半导体的特性，可用于制作半导体材料；有的陶瓷可作导电材料、热电材料和磁性材料。

10.2.1.5 光学性能

陶瓷材料还具有独特的光学性能，可用于制作激光材料、光色材料、光学纤维、光导纤维材料、荧光物质和透光材料等。

10.2.2 常用陶瓷材料

陶瓷按原料的不同可分为普通陶瓷（硅酸盐材料）和特种陶瓷（人工合成材料）两大类。

10.2.2.1 普通陶瓷

普通陶瓷是用硅酸盐矿物，如长石、黏土和石英等烧结而成，主要组成元素是 Si、Al、O 等。这类陶瓷按用途又可分为普通日用陶瓷和普通工业陶瓷两类，普通工业陶瓷包括建筑陶瓷、电绝缘陶瓷、化工陶瓷等。普通陶瓷具有质地坚硬、不氧化、耐腐蚀、电绝缘性等优点，缺点是强度较低、耐高温性不如特种陶瓷。

A 普通日用陶瓷

普通日用陶瓷具有较好的热稳定性、化学性质稳定、经久耐用的优点，最大的缺点是抗冲击强度低，不耐磕碰，容易破损。普通日用陶瓷的品种较多，主要有日用细瓷器、日用普瓷器、日用炻瓷器、骨质瓷器、玲珑日用瓷器等。

B 普通工业陶瓷

（1）建筑陶瓷。建筑陶瓷是指用于房间、卫生间、道路、庭院的陶瓷制品，如各种洁具、瓷面砖、彩色瓷片等。

（2）电绝缘陶瓷。电绝缘陶瓷又称为装置陶瓷，是在电子设备中起支撑、保护、绝缘作用的陶瓷装置零件、元件等，如高频绝缘子（如图 10 – 31 所示）、电子管底座（如图 10 – 32 所示）、电阻器基片、微波集成电路基片等。

图 10 – 31　高频绝缘子

图 10 – 32　电子管底座

（3）化工陶瓷。化工陶瓷具有优异的耐腐蚀性以及良好的耐磨性。广泛应用于石油化工、食品、造纸、化纤等工业的管道、容器等。

10.2.2.2. 特种陶瓷

特种陶瓷是指采用人工合成原料，利用精密控制工艺成型烧结制成，具有某些特殊性能的新型陶瓷。特种陶瓷不同的化学组成和组织结构决定了它具有不同的特殊性质和功能，如高强度、高硬度、高韧性、耐蚀性、导电性、绝缘性、磁性、透光性以及半导体、压电、光电、声光、磁光等，广泛应用于机械、电子、化工、冶炼、能源、医学、激光、核反应、航空航天等领域。特种陶瓷包括特种结构陶瓷和功能陶瓷两大类，如压电陶瓷、磁性陶瓷、电容器陶瓷、高温陶瓷等。在机械工程上应用最多的是高温陶瓷，这类具有优异的强度、硬度、绝缘性、热传导、耐腐蚀、耐氧化、耐磨损以及高温强度等性能。下面分别介绍几种典型的高温陶瓷，如氧化物陶瓷、氮化物陶瓷、碳化物陶瓷和硼化物陶瓷等。

A　氧化物陶瓷

氧化物陶瓷的种类有氧化铝（Al_2O_3）、氧化锆（ZrO_2）、氧化镁（MgO）、氧化钙（CaO）、氧化铍（BeO）等陶瓷。其中氧化铝陶瓷是目前应用最为广泛的结构陶瓷，其熔点在2000℃以上，可在1600℃左右的高温下长期使用，特别耐酸、碱的腐蚀，具有优良的电绝缘性，硬度仅次于金刚石、立方氮化硼、碳化硼、碳化硅等，可达92～93HRA。

氧化铝陶瓷广泛用于制造高速切削刀具、量具测量部位的镶块、火花塞（如图10-33所示）、拉丝模、高温坩埚（如图10-34所示）、高温热电偶套管、耐火炉管等。氧化锆陶瓷主要用于制造高温坩埚、高温炉和反应堆的绝热材料。氧化镁陶瓷可用于制造高温装置。氧化钙陶瓷可用于制造坩埚。氧化铍陶瓷可用于制造坩埚、真空陶瓷和反应堆的绝热材料。

图10-33　氧化铝陶瓷火花塞

图10-34　氧化铝陶瓷高温坩埚

B　氮化物陶瓷

氮化物陶瓷是氮与金属或非金属元素以共价键相结合的难熔化合物为主要成分的陶瓷。氮化物陶瓷具有优良的耐磨性、耐蚀性和自润滑性。应用较多的氮化物陶瓷有氮化硅（Si_3N_4）、氮化硼（BN）、氮化铝（AlN）等陶瓷。

氮化硅陶瓷具有很高的硬度和高温强度，优良的化学稳定性、耐蚀性、电绝缘性和抗热振性，主要用于制造高温轴承（如图10-35所示）、增压器转子叶片（如图10-36所示）、火花塞、缸套、加热元件以及砂轮、磨粒等。

氮化硼陶瓷分为低压型和高压型两种。低压型氮化硼陶瓷具有优良的高温电绝缘性、抗热振性、自润滑性和化学稳定性，可用于制造耐高温、耐腐蚀的润滑剂、坩埚、耐热涂料等。高压型氮化硼陶瓷具有极高的硬度（接近金刚石），耐热温度可达2000℃，抗磨粒磨损能力很强, 主要用于制造耐磨切削刀片 (如图 10 - 37 所示)、高温模具、磨粒等。

图 10 - 35 氮化硅陶瓷　　　图 10 - 36 氮化硅陶瓷　　　图 10 - 37 氮化硼耐磨
　　　高温轴承　　　　　　　增压器转子叶片　　　　　切削刀片

氮化铝陶瓷具有优良的电绝缘性、抗热振性和耐蚀性, 可用于制造热电偶保护管 (如图 10 - 38 所示)、电路基板 (如图 10 - 39 所示)、磁流体发电装置、高频压电元件、高温透平机耐蚀部件等。

图 10 - 38 热电偶保护管　　　　　　　　图 10 - 39 电路基板

C　碳化物陶瓷

碳化物陶瓷是含碳难熔化合物为主要成分的陶瓷。碳化物是一种最耐高温 (很多碳化物的软化点在 3000℃ 以上) 的材料, 具有很高的硬度 (接近金刚石) 和良好的导电性、化学稳定性, 缺点是脆性很大, 耐高温氧化能力差。典型的碳化物陶瓷包括碳化硅 (SiC)、碳化硼 (B_4C)、碳化钛 (TiC)、碳化锆 (ZrC)、碳化钒 (VC)、碳化钽 (TaC)、碳化钨 (WC)、碳化钼 (Mo_2C) 等陶瓷。碳化物陶瓷可作为耐热材料、超硬材料、耐磨材料、耐腐蚀材料等。图 10 - 40 所示为碳化硅陶瓷轴承; 图 10 - 41 所示为碳化硅喷火嘴; 图 10 - 42 所示为碳化硅三通。

图 10 - 40 碳化硅陶瓷轴承　　　图 10 - 41 碳化硅喷火嘴　　　图 10 - 42 碳化硅三通

D　硼化物陶瓷

硼化物陶瓷分为硼化锆、硼化钛、硼化铬、硼化铌、硼化钨等陶瓷。硼化物陶瓷具有高熔点（熔点范围为 1800 ~ 2500℃）、高硬度和高热稳定性（使用温度达 1400℃）。硼化物陶瓷可用于制造火箭结构元件、航空装置元件、涡轮机部件、核装置中的耐热构件、高温轴承、内燃机喷嘴等。

10.3　复合材料

复合材料是指由两种或两种以上物理和化学性质不同的材料通过复合工艺所组成的具有新性能的材料。复合材料主要由基体材料和增强体材料构成，有金属与非金属复合材料、非金属与金属复合材料、非金属与非金属复合材料。

10.3.1　复合材料的分类

复合材料的种类繁多，目前还没有统一的分类，一般可按其基体、增强体、作用等特点进行分类。

10.3.1.1　按基体材料分类

复合材料按基体材料的特点可分金属基复合材料、树脂基（又称为聚合物基）复合材料、陶瓷基复合材料等，目前应用较多的是金属基复合材料和树脂基复合材料。

10.3.1.2　按增强体材料分类

复合材料按增强体材料特点可分为纤维增强复合材料、夹层增强复合材料、颗粒增强复合材料等。

10.3.1.3　按复合材料的作用分类

按复合材料的作用特点可分为结构复合材料和功能复合材料两大类。

结构复合材料是用于承力结构的材料，主要是由能够承受载荷的增强体组元与连接增强体并成为整体材料的基体组元构成。增强体材料有玻璃纤维、碳纤维、硼纤维、碳化硅纤维、石棉纤维、金属丝、织物、晶须、硬质颗粒等。基体材料则有树脂、金属、陶瓷、玻璃、碳、水泥等。由不同的增强体和不同的基体即可组成名目繁多的结构复合材料，并以所用的基体来命名。结构复合材料包括金属基复合材料、树脂基复合材料、陶瓷基复合材料、碳/碳基复合材料、水泥基复合材料等。

功能复合材料一般由功能体组元与基体组元构成。基体组元不仅起到构成整体的作用，而且能产生协同或加强功能的作用。功能复合材料是指除机械性能以外而提供其他物理性能的复合材料。如：导电、超导、半导、磁性、压电、阻尼、吸波、透波、摩擦、屏蔽、阻燃、防热、吸声、隔热等某一个功能。功能复合材料包括换能功能复合材料、阻尼吸声功能复合材料、导电导磁功能复合材料、屏蔽功能复合材料、摩擦磨损功能复合材料等。

10.3.2 复合材料的基本性能

复合材料的基本性能取决于基体、增强体的性能、含量与分布状况以及它们之间的界面结合状况,其比强度和比模量要比钢和铝合金大数倍,还具有优良的化学稳定性、减摩性、耐磨性、自润滑性、耐热性、耐疲劳性、耐蠕变性、电绝缘性等。

10.3.2.1 高的比强度、比模量

比强度是指强度与其密度之比;比模量是指弹性模量与其密度之比。复合材料一般具有很高的比强度和比模量。若材料的比强度越高,则构件的自重就越轻;若材料的比模量越高,则构件的刚性就越大。表 10 – 3 为部分各类复合材料的强度性能比较。

表 10 – 3　各类复合材料的强度性能比较

材　料	密度 $\rho/t \cdot m^{-3}$	抗拉强度 R_m/MPa	弹性模量 E/MPa	比强度 R_m/ρ /MPa · m³ · kg⁻¹	比弹性模量 E/ρ /MPa · m³ · kg⁻¹
钢	7.8	1010	206	0.129	26
铝	2.3	461	74	0.165	26
钛	4.5	942	112	0.209	25
玻璃钢	2.0	1040	39	0.520	20
碳纤维Ⅱ/环氧树脂	1.45	1472	137	1.015	95
碳纤维Ⅰ/环氧树脂	1.6	1050	235	0.656	147
硼纤维/环氧树脂	2.1	1344	206	0.640	98
有机纤维 PRD/环氧树脂	1.4	1373	78	0.981	56
硼纤维/铝	2.65	981	196	0.370	74

10.3.2.2 良好的耐疲劳性能

一般情况下,由于复合材料中的纤维缺陷较少,因而其本身的抗疲劳性能就比较高;加之基体又具有良好的塑性与韧性,能够消除或减少应力集中,不易产生微裂源,因而具有较小的缺口敏感性;大量纤维的存在能使裂纹尖端钝化,可减缓裂纹的扩展,因此,复合材料具有良好的耐疲劳性能。

10.3.2.3 良好的减振性能

复合材料的比模量越高,则其自振频率就越高,这样就不易产生共振及由此引起的破坏;又因为复合材料本身就具有良好的吸振能力和阻尼特性,可使振动波在材料中快速衰减。因此,复合材料具有良好的减振性能。

10.3.2.4 优越的高温性能

大多数增强纤维复合材料熔点较高,具有较高的高温强度、高温弹性模量和抗蠕变性能。目前树脂基复合材料的工作温度上限为 350℃;金属基复合材料的工作温度范围为 350 ~ 1100℃;陶瓷基复合材料的工作温度可达 1400℃;碳/碳基复合材料的工作温度更高

达 2800℃。

10.3.2.5 其他特殊性能

复合材料还具有良好的耐磨性、减摩性、耐蚀性、化学稳定性以及导电、导热、压电、换能、吸波、屏蔽、阻燃等特殊性能。

10.3.3 常用复合材料

10.3.3.1 树脂基复合材料

树脂基复合材料是以高分子树脂为基体材料，以纤维状、颗粒状、片状增强体材料为骨架的复合材料。常用树脂基复合材料有玻璃纤维增强复合材料、碳纤维增强复合材料和硼纤维增强复合材料。

A 玻璃纤维增强复合材料

玻璃纤维增强复合材料通常称为"玻璃钢"，是以玻璃纤维为增强体的复合材料。根据树脂的性质可分为热固性玻璃钢和热塑性玻璃钢。

热固性玻璃钢是指以热固性树脂为黏结剂的玻璃纤维增强复合材料，主要有环氧树脂玻璃钢、酚醛树脂玻璃钢、不饱和聚酯玻璃钢、有机硅树脂玻璃钢等。热固性玻璃钢具有密度小、比强度高、化学稳定性好、耐蚀性好、绝缘性好，成型工艺简单等优点。缺点是弹性模量低、易老化。

热塑性玻璃钢是指以热塑性树脂为黏结剂的玻璃纤维增强复合材料，主要有尼龙玻璃钢、聚乙烯玻璃钢、聚苯乙烯玻璃钢、聚碳酸酯玻璃钢等，热塑性玻璃钢具有较高韧性、良好的耐老化性和低温性能、易于成型等优点，但其强度不如热固性玻璃钢。

树脂基复合材料应用领域极为广泛。例如，在机械行业中可用于制造轴承、齿轮等精密零件；在航空工业中可用于制造飞机螺旋桨（如图 10-43 所示）、直升飞机机身（如图 10-44 所示）、雷达天线罩（如图 10-45 所示）等；在建筑行业中可用于制造建筑结构、围护结构、施工模板、混凝土模板、室内设备与装饰材料等；在化工行业中可用于制造耐腐蚀管道、耐腐蚀输送泵、储罐、耐腐蚀阀门等；在汽车行业中可用于制造汽车壳体、车门、内饰板、地板、保险杠、仪表屏等；在铁路行业中可用于制造车辆窗框、车顶水箱、厕所地板、冷藏车门以及通讯设备等；在船舶行业中可用于制造内河客货船舶、气垫船、游艇、救生艇以及玻璃钢浮标筒等；在电气与通讯行业中可用于制造灭弧装置、电缆护管、绝缘管、绝缘杆、绝缘轴、电动机护环、高压绝缘子、电容器外壳、配电箱与配电盘、印刷线路板等。

图 10-43 飞机螺旋桨   图 10-44 直升飞机机身   图 10-45 雷达天线罩

B 碳纤维增强复合材料

碳纤维增强复合材料是以碳纤维和环氧树脂、酚醛树脂、聚四氟乙烯等组成的复合材料。该类材料具有低密度、高比强度、高弹性模量、高断裂韧性、蠕变小，良好的化学稳定性、导电性、耐疲劳性、耐蚀性以及耐低温性和耐高温性，其抗拉强度一般在 3500MPa 以上，是钢的 7~9 倍，但是碳纤维与基体的结合力较低，各向异性明显，使得垂直于纤维方向的强度和刚度较低。

碳纤维增强复合材料在航空航天领域可用于制造航天器的外层材料，人造卫星和火箭的机架、壳体；飞机机身、机翼、螺旋桨；汽车车身与结构件（如图 10-46 所示）等；在生物医学领域可用于制造人体骨骼替代材料；在机械制造领域可用于制造各种精密机器的齿轮（如图 10-47 所示）、轴承、活塞、密封圈等；在化工行业可用于制造管道、容器；在体育健身方面可用于制造运动自行车（如图 10-48 所示）等。

图 10-46 碳纤维汽车车身　　　图 10-47 碳纤维齿轮　　　图 10-48 碳纤维自行车

C 硼纤维增强复合材料

硼纤维增强复合材料是以硼纤维和环氧树脂、聚酰亚胺树脂等组成的复合材料。该类材料具有很高的抗压强度和剪切强度（优于铝合金、钛合金），且蠕变小，还具有高的拉伸强度、比强度、比模量、耐热性，但其各向异性明显，加工难度较大，成本昂贵。该类材料主要用于制造航空航天器的翼面，飞机机身、机翼等。

10.3.3.2 陶瓷基复合材料

陶瓷基复合材料是以陶瓷为基体与各种纤维组成的复合材料。基体材料按材质可分为氧化物陶瓷、氮化物陶瓷、碳化物陶瓷、硅化物陶瓷等高温结构陶瓷。其中主要的纤维增强体有：高模量碳纤维、碳化硅纤维、硼纤维、碳化硅晶须、$\alpha - Al_2O_3$ 纤维、$Al_2O_3 - TiC$ 颗粒等。

陶瓷基复合材料具有高强度、高硬度、高模量、低密度、耐高温（工作温度可达 1300~1900℃）、耐磨、耐腐蚀等优点，缺点是具有脆性，处于应力状态时，会产生裂纹，甚至断裂而导致材料失效。采用高强度、高弹性的纤维与基体复合，可提高陶瓷的韧性和可靠性，纤维能够阻止裂纹的扩展，从而得到具有优良韧性的纤维增强陶瓷基复合材料。

陶瓷基复合材料可用于制造高速切削刀具、摩擦磨损件、内燃机部件、高速列车的制动件、汽车制动盘（如图 10-49 所示）、航空发动机部件、大功率内燃机的增压涡轮、石油化工容器、燃气轮机组件、火箭喷管、航空发动机尾喷管（如图 10-50 所示）等。

10.3.3.3 金属基复合材料

金属基复合材料是以金属或合金为基体，以纤维、晶须、颗粒等为增强体的复合材料。

图 10-49　汽车陶瓷制动盘

图 10-50　航空发动机尾喷管

与树脂基复合材料相比，金属基复合材料具有高比强度、高比模量，特别是其剪切强度较高，同时还具有良好的冲击韧性、耐热性、耐磨性、耐蚀性、导电性以及热膨胀系数小、阻尼性好、不吸湿、不老化等优点。

金属基复合材料按基体的不同可分为铝基、钛基、镁基、铜基、高温合金基、难熔金属基等类别。按增强体的不同可分为纤维增强、颗粒增强、晶须增强等类别。

纤维增强金属基复合材料的增强体材料有硼纤维、碳化硅纤维、氧化铝纤维以及高强度金属丝等，基体材料有铝及铝合金、镁合金、钛合金、镍合金等。

（1）硼纤维增强铝基复合材料。该复合材料具有很高的比强度、比模量以及优良的耐疲劳性能，主要用于制造航天飞机的结构材料、如桁架、壁板、加强肋以及导弹构件等。

（2）碳化硅纤维、晶须增强铝基复合材料。该复合材料具有高比强度、高比模量和高硬度，主要用于制造飞机机身结构件、航天飞行器的结构件、导弹构件以及内燃机的活塞、连杆等。

（3）碳化硅颗粒增强铝基复合材料。该复合材料的比强度接近钛合金，比模量高于钛合金，还具有高硬度、高耐磨性、耐高温等优点，可用于制造航天器结构材料、飞机零部件、导弹翼、遥控飞机翼以及汽车发动机缸套、活塞、连杆等。

 思考与练习题

10-1　解释名词
　　　高分子化合物、塑料、橡胶、胶黏剂、陶瓷材料、复合材料
10-2　塑料的组成有哪些？
10-3　塑料的性能有哪些？塑料按应用范围分为哪几类？
10-4　简述橡胶的组成。
10-5　何谓特种陶瓷？特种陶瓷具有哪些特殊性能？特种陶瓷应用于哪些领域？
10-6　复合材料的基本性能有哪些？
10-7　简述陶瓷基复合材料的性能特点与应用范围。
10-8　简述金属基复合材料的性能特点与应用范围。

11 工程材料的选用与加工

机械产品是由各种零件经装配而成，零件的制造是生产合格机械产品的基础。每个机械零件都有其特定的功能，制造一个合格的机械零件，要涉及三个方面的问题：零件的结构设计、材料的选择与加工工艺。这三个方面的问题相互影响，缺一不可，都将直接关系到零件的质量、并最终影响机械产品的使用性能、安全性能与经济效益。本章介绍机械零件的失效、选用材料的一般原则、典型零件的选材与工艺路线的确定。

11.1 机械零件的失效

11.1.1 失效的概念

失效是指零件在使用过程中，由于尺寸、形状、形态的改变以及材料的组织、性能发生变化而失去原设计效能的现象。零件的失效分为正常失效和过早失效。正常失效是指零件使用到设计的期限后发生的失效现象；过早失效是指零件未使用到设计的期限而发生的失效现象。失效具体表现为：零件彻底破坏，完全不能工作；零件受到一定程度破坏，达不到原设计效能，但能勉强工作；零件破坏较严重，虽能勉强工作，但不能保证安全。

11.1.2 失效的形式

常见零件的失效形式有断裂失效、表面损伤失效、过量变形失效、腐蚀失效等。

11.1.2.1 断裂失效

零件因承受载荷过大或因疲劳损伤而发生断裂的现象称为断裂失效。断裂失效包括脆性断裂失效、塑性断裂失效、疲劳断裂失效、高温蠕变断裂失效等。断裂失效是一种最为危险的失效形式，它不仅使零件失效，还极易造成严重的机械设备事故和人身伤害事故。图 11 - 1 所示为齿轮轮齿的脆性断裂；图 11 - 2 所示为螺栓的塑性断裂；图 11 - 3 所示为轴的疲劳断裂断面；图 11 - 4 所示为高温合金蠕变断口。

图 11 - 1　齿轮轮齿的脆性断裂

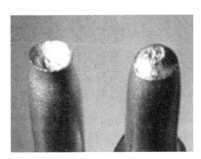

图 11 - 2　螺栓的塑性断裂

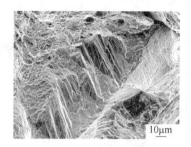

10μm

图 11 - 3　轴的疲劳断裂断面　　　　　　图 11 - 4　高温合金蠕变断口

11.1.2.2　表面损伤失效

零件工作表面因过量磨损，导致零件失去原有精度并造成机械设备无法正常工作的现象称为表面损伤失效。表面损伤失效包括磨损失效、表面接触疲劳（点蚀或剥落）失效等。零件工作表面的损伤易增大零件表面间的摩擦，增加设备的能量消耗；零件工作表面的过量磨损会使尺寸发生变化，导致零件出现报废；表面损伤失效会减少零件的使用寿命。图 11 - 5 所示为齿轮轴的轴颈部位磨损失效；图 11 - 6 所示为齿轮表面接触疲劳（点蚀）失效。

图 11 - 5　齿轮轴的轴颈部位磨损失效　　　图 11 - 6　齿轮表面接触疲劳（点蚀）失效

11.1.2.3　过量变形失效

零件在过大载荷作用下发生过量的弹性、塑性变形并导致失去应有效能、不能正常工作的现象称为过量变形失效。过量变形失效包括弹性变形失效和塑性变形失效。

过量的弹性变形，易使零件产生过大的振动进而影响机械设备的正常工作状况和工作精度，过大的振动还可使零件产生损坏，导致机械设备不能正常工作。例如，当轴类零件出现过量弹性变形现象时，会产生过大挠度与偏角，造成轴上啮合零件严重偏载，啮合失常，导致传动失效；当镗床镗刀杆过量弹性变形时，会产生"让刀"现象，导致被加工零件的孔径尺寸变小。

当载荷超过材料的屈服强度时，塑性材料会发生塑性变形，塑性变形会使零件的尺寸和形状发生改变，破坏零件间的相互位置关系和配合关系，导致机械设备不能正常工作。图 11 - 7 所示为齿轮轮齿的塑性变形失效。

图 11 - 7　齿轮轮齿的塑性变形失效

11.1.2.4 腐蚀失效

零件在腐蚀环境下，受到周围腐蚀介质的作用而造成表层不断脱落并导致不能正常工作的现象称为腐蚀失效。锈蚀是最常见的腐蚀形态，锈蚀时，在金属的界面上发生化学或电化学多相反应，使金属处于氧化状态，这会显著降低金属材料的强度、塑性、韧性等力学性能，破坏金属构件的几何形状，增大零件间的磨损，缩短机械设备的使用寿命。腐蚀失效包括点腐蚀失效（如图 11-8 所示）、缝隙腐蚀失效（如图 11-9 所示）、晶间腐蚀失效（如图 11-10 所示）、接触腐蚀失效（如图 11-11 所示）、空气腐蚀失效（如图 11-12 所示）、磨损腐蚀失效（如图 11-13 所示）、应力腐蚀失效（如图 11-14 所示）等。

图 11-8　点腐蚀失效

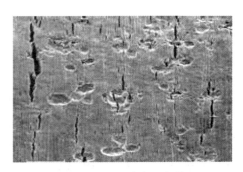

图 11-9　缝隙腐蚀失效

图 11-10　焊缝晶间腐蚀失效

图 11-11　滚动轴承内圈接触腐蚀失效

图 11-12　因空气腐蚀失效的储罐

图 11-13　因磨损腐蚀失效的叶轮

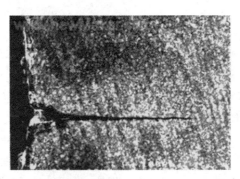

图 11 – 14 在材料应力集中部位发生的应力腐蚀失效

11.1.3 失效的原因与分析

失效分析的目的是为了确定失效原因，并提出改进措施。失效分析是一项系统工程，必须对零件在设计、选材、加工、安装使用等方面进行严谨、认真、系统的分析，才能找出失效原因。失效分析的结果对于零件的改进与优化将起到重要的指导作用。

失效分析的一般过程为：失效（损伤）零件与残骸的收集→失效零件的初步检查（肉眼检查与记录）→机械性能检测→宏观检验与分析（断裂表面、二次裂纹及其他表面现象）→微观检验与分析（组织分析、化学分析）→失效机理的判定→断裂机理的分析→模拟实验→确定失效原因→提出改进措施。

引起零件失效的原因很多且较为复杂，主要涉及零件的结构设计、材料选择、加工工艺、安装使用等四个方面的因素。

11.1.3.1 结构设计不合理

当零件的结构形状和尺寸设计不合理，如零件存在尖角或缺口、过渡圆弧过小等缺陷，容易产生应力集中，还有过载考虑不足、安全系数过小等都会导致零件的失效。因此，机械零件的设计不仅要满足力学性能的要求，而且结构设计也要合理，这样就可以避免失效的发生。

11.1.3.2 材料选择不合理

选材不当或材料本身存在缺陷等都会导致零件的失效。零件的设计一般是以材料的强度极限和屈服极限等性能指标为依据，若所选材料的性能指标不符合标准要求，将导致选材错误。另外，所选材料的冶金质量存在缺陷，如偏析、夹杂、疏松、缩孔、白点、夹层等都会降低材料的力学性能，还会产生缺口效应与应力集中，形成裂纹源并最终导致零件的失效。

11.1.3.3 加工工艺不合理

零件在制造时，由于加工工艺制定得不合理、工艺参数不正确、加工过程中存在缺陷等都会导致零件的失效。例如切削加工中较深的刀痕与磨削裂纹、热处理不当造成的过烧、脱碳、变形、开裂等，这些缺陷容易形成裂纹源并最终导致零件的失效。

11.1.3.4 安装使用不当

零件在安装时，由于配合过紧或过松、安装位置不正确、对中不准、固定不稳、密封不好等，都会使零件不能正常工作或不能安全地工作而导致过早失效。在使用过程中，不能按照工艺规程或操作规程进行正确的操作、维护、保养、冷却、润滑、检修等，使零件在不正常或不良的状态下进行工作，都易导致零件的过早失效。

11.2 材料的选用原则

11.2.1 选材的一般原则

材料的选择是机械设计与制造中一项重要的基础性工作，工程设计人员在选材时，应对零件的服役条件、性能指标、加工工艺、制造成本、环保要求等进行全面分析，综合考虑。机械零件选材的一般原则是使用性能原则、工艺性能原则、经济性原则。

11.2.1.1 材料的使用性能原则

材料的使用性能是指机械零件在正常工作条件下所应具备的力学、物理、化学等性能，它是保证零件可靠工作的基础和必要条件。不同的零件，由于工作条件的不同，功能的不同，对材料使用性能的要求也各不相同。一般而言，选材时主要考虑其机械性能（力学性能），同时还应该考虑工作环境对零件性能的影响。例如，在腐蚀介质环境下工作的零件，应要求材料具有耐蚀性；在高温条件下工作的零件，应要求材料具有良好的热稳定性。

11.2.1.2 材料的工艺性能原则

材料的工艺性能是指材料制造加工的难易程度。材料具有良好的工艺性能表现为工艺简单、技术难度小、容易制造加工、产品质量稳定等。因此，材料的工艺性能也是选材的重要依据。材料的工艺性能包括铸造性能、锻造性能、焊接性能、切削性能、热处理性能等。

11.2.1.3 材料的经济性原则

在满足使用性能的前提下，选用材料时应注意降低零件的总成本。总成本包括：原料成本、运输费用、加工费用、成品率以及仓储保管费用等，应尽可能选用货源充足、价格合理、加工容易、能耗低、利用率高的材料。

11.2.2 选材的基本要素

零件选材的基本要素一般包括工作条件、失效分析、力学性能指标的要求。

11.2.2.1 工作条件

零件的工作条件是指受力状况和环境状况。受力状况主要是指载荷的类型（如静载荷、动载荷、循环载荷等）、大小、形式（如拉伸、压缩、弯曲、扭转等）、特点（如均布载荷、集中载荷等）。

环境状况主要是指温度（如常温、低温、高温等）、介质（有无腐蚀）。

11.2.2.2　失效分析

正确分析零件可能的失效形式，通过分析或试验，结合同类零件失效分析的结果，确定对失效起主要作用和次要作用的性能指标。

11.2.2.3　力学性能指标的要求

根据零件的几何形状、尺寸与在工作中所承受的载荷，计算出零件中的应力分布，再根据工作应力，使用寿命、安全系数与实验室性能指标的关系，通过计算或实验，确定对实验室性能指标要求的具体数值。

11.2.3　选材的一般步骤

选材一般可分为以下几个步骤：

（1）对零件的工作特性和使用条件进行细致的分析与计算，提出主要的使用性能指标。

（2）根据工作条件、使用寿命、受力状态等方面的分析与计算，提出必要的技术条件。

（3）通过分析、试验以及查找相关资料，确定零件主要和次要的失效抗力指标。

（4）根据技术要求和工艺性能、经济性等方面进行综合考虑，对材料进行预选。

（5）对预选材料进行零件试制，然后对试样进行实验室试验、台架试验和工艺性能试验，考验其是否能够满足使用性能的要求，为最终确定选材方案，正式投产作出重要的技术依据。

11.3　典型零件的选材与工艺路线的确定

11.3.1　轴类零件

11.3.1.1　轴的工作条件、失效形式与性能要求

轴是机械设备中的重要零件，其功能是支撑旋转零件，传递运动和动力。轴的工作条件和受力情况是：心轴在工作时只承受弯曲应力；传动轴在工作时主要承受扭转应力；转轴在工作时既要承受交变弯曲应力、又要承受交变扭转应力、还要承受一定的过载和冲击载荷。

轴的主要失效形式有：过量弯曲变形、表面过量磨损、疲劳、断裂等。

作为轴的选材应满足以下性能要求：

（1）应具有良好的综合力学性能，以防止过载、冲击断裂和过量弯曲变形。

（2）应具有高的疲劳强度，以防止疲劳断裂。

（3）轴颈与花键部位表面应具有较高的硬度与耐磨性。

（4）应具有良好的工艺性能，如切削加工性能、淬透性等。

11.3.1.2 机床主轴的选材与工艺路线

机床主轴在工作时，主要承受交变弯曲应力、交变扭转应力以及冲击载荷，轴颈与花键部位承受摩擦与磨损。因此，要求机床主轴应具有良好的综合力学性能，即应有足够的强度、刚度、耐疲劳、耐磨损等性能，轴颈与花键部位表面应具有较高的硬度与耐磨性。

（1）常见机床主轴的工作条件、选用材料及热处理工艺见表 11 - 1。

表 11 - 1 常见机床主轴的工作条件、选用材料及热处理工艺

序号	工作条件	选用材料	热处理及硬度	应用实例
1	①与滚动轴承配合 ②低速、轻或中等载荷 ③精度要求不高 ④低冲击、低疲劳	45	调质：220～250HBW 正火：170～217HBW 轴颈表面感应淬火：48～53HRC	重型车床主轴、龙门铣床、立式铣床、小型车床主轴
2	①与滚动轴承或滑动轴承配合 ②低速、轻或中等载荷 ③精度要求不高 ④稍有冲击	45 50Mn2	调质：220～250HBW 正火：192～241HBW	一般车床主轴、重型机床主轴
3	①与滑动轴承配合 ②高转速、中等载荷 ③精度要求较高 ④交变应力较高、冲击载荷不大	20Cr 20Mn2B 20MnVB	渗碳淬火：58～62HRC	精密车床主轴、内圆磨床主轴、外圆磨床头架主轴
4	①与滑动轴承配合 ②中等或重载荷 ③精度要求高 ④低冲击、高疲劳	65Mn GCr15 9Mn2V	调质：250～280HBW 轴颈表面淬火：≥59HRC	磨床主轴
5	①与滑动轴承配合 ②转速较高、中等载荷 ③精度要求较高 ④中等冲击	40Cr 42MnVB 42CrMo	调质：220～250HBW 轴颈表面淬火：52～61HRC	齿轮铣床、组合车床、磨床等主轴

（2）几种典型机床主轴的选材、热处理与加工工艺路线。

1）CA6140 型卧式车床主轴的选材、热处理与加工工艺路线。图 11 - 15 所示为 CA6140 卧式车床主轴简图。该主轴承受交变弯曲与交变扭转的复合载荷，转速不高，冲击载荷也不大。大端轴颈、锥孔部位有摩擦。因此，这些部位要求有较高的硬度。该主轴的选材、热处理与加工工艺路线如下。

材料：选用 45 钢。

性能要求：整体调质，硬度为 220～250HBW；C 面与 $\phi90mm \times 80mm$ 段外圆表面淬火，硬度为 52HRC，锥孔硬度为 48HRC。

工艺路线：下料→锻造→正火→粗车→调质→半精加工→表面高频感应加热淬火 + 低

温回火→磨削。

　　该工艺路线中，正火处理的目的是消除锻造应力，细化晶粒，改善机加工时的切削性能；调质处理（整体调质）的目的是消除内应力，替代时效处理，使主轴获得所需要的综合力学性能；对大端轴颈、锥孔部位进行表面高频感应加热淬火 + 低温回火，硬度可达到48 ~ 56HRC，以提高该部位的耐磨性。

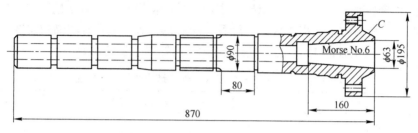

图 11 - 15　CA6140 型卧式车床主轴

　　2）M1432 万能外圆磨床主轴的选材、热处理与加工工艺路线。图 11 - 16 所示为M1432 万能外圆磨床主轴简图。该主轴主要承受径向载荷，转速很高，无冲击载荷，轴颈、轴头部位有摩擦。所以，要求材料具有高的精度、尺寸稳定性、耐磨性等。该主轴的选材、热处理与加工工艺路线如下。

　　材料：选用 38CrMoAlA 钢。

　　性能要求：轴颈、轴头部位表面硬度不小于950HV，渗氮层厚度不小于0.43mm。

　　工艺路线：下料→锻造→正火→粗车→调质→半精车→去应力退火→精车→粗磨→渗氮→精磨。

　　该工艺路线中，调质处理可使主轴获得所需要的综合力学性能；去应力退火的目的是消除内应力，并为最终热处理作好组织准备；渗氮的目的是提高轴颈、轴头部位表面的硬度和耐磨性。

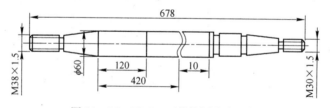

图 11 - 16　M1432 万能外圆磨床主轴

11.3.1.3　汽车半轴的选材与工艺路线

　　图 11 - 17 所示为跃进 - 130 载重汽车后桥半轴简图。该半轴承受反复扭转应力、弯曲疲劳应力和冲击载荷的作用，尤其是在启动和爬坡时扭矩很大。所以，要求材料具有较高的抗弯曲强度、疲劳强度和足够的韧性。该半轴的选材、热处理与加工工艺路线如下。

　　材料：选用 40Cr 钢。

　　性能要求：杆部37 ~ 44HRC，盘部外圆24 ~ 34HRC。

　　工艺路线：下料→锻造→正火→粗车→调质→盘部钻孔→磨盘部端面与杆部花键。

　　该工艺路线中，正火的目的是为了获得合适的硬度，便于切削加工，同时为调质作好组织准备；调质处理可使半轴获得所需要的综合力学性能。

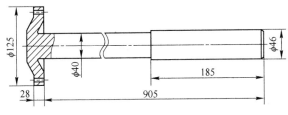

图 11 - 17　跃进 - 130 载重汽车后桥半轴

11.3.2　齿轮类零件

11.3.2.1　齿轮的工作条件、失效形式与性能要求

齿轮是机械设备中的重要零件，其功能是传递动力，调节速度和运动方向。齿轮的工作条件和受力情况是：齿轮在工作时，在啮合齿表面存在很高的接触应力和摩擦、齿根部将承受较高的弯曲应力，在启动、换挡以及停车时将承受较高的冲击载荷。

齿轮的主要失效形式有：轮齿断裂（分为过载断裂和疲劳断裂）、齿面接触疲劳、轮齿弯曲疲劳、齿面塑性变形等。

作为齿轮的选材应满足以下性能要求：

（1）应具有高的接触疲劳强度、高的表面硬度和耐磨性，以防止齿面磨损破坏。

（2）应具有高的弯曲疲劳强度，适当的心部强度和韧性，以防止疲劳、过载以及疲劳断裂。

（3）应具有良好的切削加工性能和热处理性能，以获得高的加工精度和低的表面粗糙度，提高齿轮表面抗磨损能力。

11.3.2.2　机床齿轮的选材与工艺路线

机床使用的齿轮，其载荷一般较小，冲击不大，运动较为平稳，因此其工作条件较好。根据其载荷大小、工作速度、啮合精度等要求，机床齿轮常选用中碳调质钢（如 40、45 钢）、中碳低合金结构钢（如 40Cr、42SiMn）、低合金结构钢（如 20Cr、20CrMnTi）等材料。

（1）常见机床齿轮的工作条件、选用材料及热处理工艺见表 11 - 2。

表 11 - 2　常见机床齿轮的工作条件、选用材料及热处理工艺

序号	工作条件	选用材料	热处理及硬度	应用实例
1	低速、低载、精度较低、运动较为平稳的一般齿轮	40 45 50 50Mn	调质：200 ~ 280HBW 正火：160 ~ 200HBW	一般机床的进给箱、挂轮架、溜板箱齿轮
2	中速、中载、低冲击、运动较为平稳的齿轮	45 50Mn 40Cr 42SiMn	高频或中频淬火 + 低温回火 50 ~ 55HRC	高速机床的变速箱、溜板箱齿轮

序号	工作条件	选用材料	热处理及硬度	应用实例
3	高速、中载或重载、承受一般冲击的齿轮	20Cr 20MnB 20CrMnTi	渗碳淬火 + 低温回火 58 ~ 63HRC	重型机床的变速箱齿轮、龙门铣床的电动机齿轮
4	高速、平稳、精密传动的运动较为平稳齿轮	35CrMo 35CrMoAl	调质 + 氮化 65 ~ 70HRC	精密机床的变速箱齿轮

（2）机床齿轮零件的选材、热处理与加工工艺路线。图 11 – 18 所示为 C6132 型车床传动齿轮简图。该齿轮载荷不大、转速中等、运转平稳、无强烈冲击、对心部强度和韧性要求也不高。该齿轮的选材、热处理与加工工艺路线如下。

材料：选用 40Cr 钢。

性能要求：硬度 50 ~ 55HRC。

工艺路线：下料→锻造→正火→粗加工→调质→半精加工→高频淬火 + 低温回火→精磨。

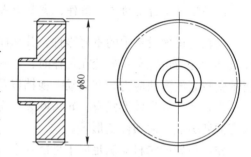

该工艺路线中，正火的目的是为了获得合适的硬度，便于切削加工，同时为调质作好组织准备；调质处理可使半轴获得所需要的综合力学性能；高频淬火可提高齿轮表面的硬度和耐磨性，增强抗疲劳破坏能力；低温回火是为了消除高频淬火产生的应力。

图 11 – 18　C6132 型车床传动齿轮

11.3.2.3　汽车、拖拉机齿轮的选材与工艺路线

汽车、拖拉机齿轮主要装配在变速箱和差速器中。这些齿轮在工作中承受的载荷较大、摩擦压力也很大、负载冲击较为频繁，故其工作条件要比机床齿轮恶劣。因此，对于耐磨性、疲劳强度、心部强度和冲击韧度都有更高的要求。该类齿轮一般选用合金渗碳钢（如 20CrMo、20CrMnTi、20CrMnMo 等）制造，这类钢的淬透性较高，通过渗碳、淬火与低温回火后，齿面硬度为 58 ~ 63HRC，具有较高的疲劳强度和耐磨性；心部硬度为 33 ~ 45HRC，具有较高的强度。

（1）常见汽车、拖拉机齿轮的选材及热处理工艺见表 11 – 3。

表 11 – 3　常见汽车、拖拉机齿轮的选材及热处理工艺

序号	齿轮种类	选用材料	热处理工艺
1	汽车变速箱和差速器传动齿轮	20CrMo、20CrMnTi	渗碳
		40Cr	碳氮共渗
2	汽车驱动桥主动及从动圆柱、圆锥齿轮	20CrMo、20CrMnTi、20CrMnMo、20SiMnVB	渗碳
3	汽车启动电机齿轮	20Cr、20CrMo、20CrMnTi	渗碳
4	汽车曲轴正时齿轮	40、45、40Cr	调质
5	汽车里程表齿轮	20	碳氮共渗
6	拖拉机传动齿轮	20Cr、20CrMo、20CrMnTi、20CrMnMo、20SiMnVB	渗碳
7	拖拉机曲轴正时齿轮、凸轮轴齿轮、	45	调质
8	汽车、拖拉机液压泵齿轮	40、45	调质

（2）汽车、拖拉机齿轮零件的选材、热处理与加工工艺路线 图 11-19 所示为解放牌载重汽车变速箱传动齿轮简图。该齿轮工作时载荷较大、负载冲击较为频繁。该齿轮的选材、热处理与加工工艺路线如下。

材料：选用 20CrMnTi 钢。

性能要求：齿面硬度 58~62HRC，心部硬度为 33~45HRC。

工艺路线：下料→锻造→正火→粗加工、半精加工→渗碳→淬火＋低温回火→喷丸→精磨。

该工艺路线中，正火的目的是为了均匀和细化组织，消除锻造应力，改善切削加工性能；调质处理可使齿轮获得所需的综合力学性能；低温回火是为了消除淬火应力；喷丸处理的目的是除去氧化皮，减少表面缺陷，使齿面形成预加压应力，以提高疲劳强度。

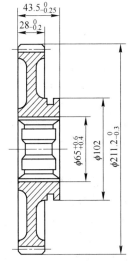

图 11-19　汽车变速箱
传动齿轮

 ## 思考与练习题

11-1　解释名词
　　　失效、断裂失效、表面损伤失效、过量变形失效、腐蚀失效
11-2　常见零件的失效形式有哪些？
11-3　引起零件失效的因素有哪些？
11-4　零件选材的一般原则有哪些？
11-5　简述选材的基本要素。
11-6　简述选材的一般步骤。
11-7　轴的主要失效形式有哪些？作为轴的选材应满足哪些性能要求？
11-8　简述 CA6140 型卧式车床主轴的选材、热处理与加工工艺路线。
11-9　简述齿轮的工作条件、失效形式与性能要求。
11-10　简述 C6132 型车床传动齿轮的选材、热处理与加工工艺路线。

参 考 文 献

[1] 郑明新. 工程材料 [M]. 北京：清华大学出版社，2001.

[2] 王运炎. 机械工程材料 [M]. 北京：机械工业出版社，2000.

[3] 何世禹，金晓鸥. 机械工程材料 [M]. 北京：哈尔滨工业大学出版社，2006.

[4] 周达飞. 材料概论 [M]. 北京：化学工业出版社，2009.

[5] 方昆凡. 工程材料手册 [M]. 北京：北京出版社，2001.

[6] 刘天模，徐辛梓. 工程材料 [M]. 北京：机械工业出版社，2001.

[7] 朱张校. 工程材料 [M]. 北京：清华大学出版社，2001.

[8] 王忠. 机械工程材料 [M]. 北京：清华大学出版社，2005.

[9] 李春胜，黄德彬. 金属材料手册 [M]. 北京：化学工业出版社，2005.

[10] 付广艳. 工程材料 [M]. 北京：中国石化出版社，2007.

[11] 闫康平，工程材料 [M]. 北京：化学工业出版社，2008.

[12] 申荣华，丁旭. 工程材料及成形技术基础 [M]. 北京：北京大学出版社，2008.

[13] 左禹，熊金平. 工程材料及耐蚀性 [M]. 北京：中国石化出版社，2008.

[14] 侯旭明. 工程材料及成形工艺 [M]. 北京：化学工业出版社，2003.

[15] 杨红玉，刘常青. 工程材料与成形工艺 [M]. 北京：北京大学出版社，2008.

[16] 朱明，王晓刚. 工程材料及热处理 [M]. 北京：北京师范大学出版社，2010.

[17] 刘劲松. 工程材料与热加工实践 [M]. 北京：清华大学出版社，2011.

[18] 朱征. 机械工程材料 [M]. 北京：国防工业出版社，2011.

[19] 刘云. 工程材料应用基础 [M]. 北京：国防工业出版社，2011.

[20] 孙刚，于晗. 工程材料及热处理 [M]. 北京：冶金工业出版社，2012.

[21] 上官晓峰，要玉宏，金耀华. 工程材料学 [M]. 北京：化学工业出版社，2012.

[22] 刘新佳，姜世杭，姜银方. 工程材料 [M]. 北京：化学工业出版社，2013.

[23] 丁文溪. 工程材料及应用 [M]. 北京：中国石化出版社，2013.

冶金工业出版社部分图书推荐

书　名	作　者	定价(元)
现代企业管理（第2版）（高职高专教材）	李　鹰	42.00
Pro/Engineer Wildfire 4.0（中文版）钣金设计与　焊接设计教程（高职高专教材）	王新江	40.00
Pro/Engineer Wildfire 4.0（中文版）钣金设计与　焊接设计教程实训指导（高职高专教材）	王新江	25.00
应用心理学基础（高职高专教材）	许丽遐	40.00
建筑力学（高职高专教材）	王　铁	38.00
建筑CAD（高职高专教材）	田春德	28.00
冶金生产计算机控制（高职高专教材）	郭爱民	30.00
冶金过程检测与控制（第3版）（高职高专国规教材）	郭爱民	48.00
天车工培训教程（高职高专教材）	时彦林	33.00
工程图样识读与绘制（高职高专教材）	梁国高	42.00
工程图样识读与绘制习题集（高职高专教材）	梁国高	35.00
电机拖动与继电器控制技术（高职高专教材）	程龙泉	45.00
金属矿地下开采（第2版）（高职高专教材）	陈国山	48.00
磁电选矿技术（培训教材）	陈　斌	30.00
自动检测及过程控制实验实训指导（高职高专教材）	张国勤	28.00
轧钢机械设备维护（高职高专教材）	袁建路	45.00
矿山地质（第2版）（高职高专教材）	包丽娜	39.00
地下采矿设计项目化教程（高职高专教材）	陈国山	45.00
矿井通风与防尘（第2版）（高职高专教材）	陈国山	36.00
单片机应用技术（高职高专教材）	程龙泉	45.00
焊接技能实训（高职高专教材）	任晓光	39.00
冶炼基础知识（高职高专教材）	王火清	40.00
高等数学简明教程（高职高专教材）	张永涛	36.00
管理学原理与实务（高职高专教材）	段学红	39.00
PLC编程与应用技术（高职高专教材）	程龙泉	48.00
变频器安装、调试与维护（高职高专教材）	满海波	36.00
连铸生产操作与控制（高职高专教材）	于万松	42.00
小棒材连轧生产实训（高职高专教材）	陈　涛	38.00
自动检测与仪表（本科教材）	刘玉长	38.00
电工与电子技术（第2版）（本科教材）	荣西林	49.00
计算机应用技术项目教程（本科教材）	时　魏	43.00
FORGE塑性成型有限元模拟教程（本科教材）	黄东男	32.00
自动检测和过程控制（第4版）（本科国规教材）	刘玉长	50.00